"十二五"普通高等教育本科国家级规划教材/国家精品课程

"十二五"国家重点图书出版规划项目/机电工程系列

金属工艺学

（第3版）

邢忠文　张学仁　主编

陈鸿勋　主审

U0222951

哈尔滨工业大学出版社

内 容 提 要

本书分上、下两编。上编共六章:金属结构、金属的工艺性能、金属材料的改性方法、铸造、塑性加工、焊接;下编共八章:金属切削加工基础、外圆内孔平面加工、螺纹和齿形加工、精密加工、特种加工、机械加工工艺过程的制定、零件结构工艺性、数控加工。全书较系统地介绍了金属材料的工艺性能及各种加工方法的原理、特点、工艺过程和零件结构设计原则。同时对有关的新技术、现代加工方法也作了简要介绍。

本书可作为高等工科院校相关专业的教材,也可供有关的工程技术人员参考。

图书在版编目(CIP)数据

金属工艺学/邢忠文,张学仁主编.3 版.—哈尔滨:哈尔滨工业
大学出版社,2008.11(2020.8 重印)
ISBN 978 − 7 − 5603 − 1437 − 2
Ⅰ.①金… Ⅱ.①邢…②张… Ⅲ.①金属加工-工艺学 Ⅳ.①TG

中国版本图书馆 CIP 数据核字(2008)第 151854 号

责任编辑 王桂芝 黄菊英
出版发行 哈尔滨工业大学出版社
社 址 哈尔滨市南岗区复华四道街 10 号 邮编 150006
传 真 0451 − 86414749
网 址 http://hitpress.hit.edu.cn
印 刷 哈尔滨市工大节能印刷厂
开 本 787mm×1092mm 1/16 印张 16.5 字数 399 千字
版 次 1999 年 10 月第 1 版 2008 年 11 月第 3 版
2020 年 8 月第 12 次印刷
书 号 ISBN 978 − 7 − 5603 − 1437 − 2
定 价 35.00 元

第3版前言

本书是以 2003 年版《金属工艺学》(邢忠文、张学仁主编)为基础,根据 2002 年教育部机械基础课程教学指导分委员会关于《工程材料及机械制造基础系列课程教学基本要求》(修订稿)和《工程材料及机械制造基础系列课程教学改革指南》(修订稿)的精神,结合本书第 2 版 5 年多的教学体会和目前的实际教学需要而改编的。

本次修订主要进行了以下几方面的工作:

(1) 结合国家有关最新标准,对第 2 版中过时的名词、术语、符号、量纲等进行了修正。

(2) 纠正了第 2 版中的文字错误和插图错误。

(3) 在对基本内容进行适当深化和增补的基础上,还对第 2 版的部分内容进行了调整;同时反映了当今金属生产工艺中的新技术、新工艺和新方法,增加了 7.1、7.6、11.6、11.7、11.8 节等内容。

本书共分上、下两编。上编修订由邢忠文担任主编,下编修订由张学仁担任主编,参加修订工作的有邢忠文(上编第一、二、三、四、五、六章)、张学仁(下编第七、十一、十四章)、韩秀琴(下编第八、九、十二、十三章)、王少纯(下编第十章)。杜丽娟、胡秀丽、包军参与了上编的修订工作,杨洪亮、蔡志刚参与了下编的修订工作。全书由陈鸿勋主审。

由于编者水平所限,书中仍难免有疏漏和不妥之处,敬请读者批评指正。

作　　者
2008 年 10 月

前　言

　　金属工艺学是研究金属零件加工工艺方法的综合性很强的技术基础学科，是现代工程材料和机械制造高等工科教育中不可缺少的部分。尤其在培养学生的工程意识、创新思想、运用规范的工程语言和技术信息解决工程实际问题的能力方面，更具有其他学科所不能替代的重要作用。

　　本书内容力求全面反映前国家教委《工程材料及机械制造课程教学基本要求》和工程材料及机械制造基础课程指导组《工程材料及机械制造基础系列课程改革指南》的精神，结合哈尔滨工业大学多年的教学改革经验，在介绍传统工艺方法的同时，更加注重了新方法、新技术及其发展趋势的介绍。在内容安排上，打破传统的内容体系，将各种工艺方法中基础、共性的知识综合在一起，放在前面首先介绍，为后续内容奠定基础。

　　本书力求简洁明了、重点突出。对传统内容作了较大的压缩和调整，并尽量避免与金工实习的内容重复，使之更适应学科调整后的学时安排。

　　本书尽可能贯彻新国标及标准名词术语。

　　本书共分上、下两编。上编由邢忠文主编；下编由张学仁主编。上编第一、二、三、五、六章由邢忠文编写，第四章由齐秀梅编写；下编第一、五、八章由张学仁编写，第二、三、六、七章由韩秀琴编写，第四章由王少纯编写，杨洪亮参与第六章的编写。全书由陈鸿勋主审。

　　由于作者水平所限，书中难免有疏漏和不妥之处，恳请读者批评指正。

作　　者

1999 年 6 月

目　录

上　编

下　　编

上　编

第一章　金属结构

1.1　晶格类型

固态金属的原子彼此靠金属键结合在一起,表现出有规则排列的特征。即固态金属具有晶体结构。

为了便于说明晶体中原子排列的规律,用假想直线将各原子的振动中心连接起来,构成空间格架。这种用以描述原子在晶体中排列形式的空间格架称为晶格(图 1.1(a))。

晶格中原子组成的平面称为晶面,故晶格或晶体可以看成是由层层晶面堆砌而成的结构。晶格中通过两个以上原子振动中心的直线称为晶向。它能表示晶格或晶体的空间方位。而晶格中最简单、最基本、最典型的空间几何体称为晶胞(图 1.1(b))。它代表着晶格的结构形式。整个晶格就是由许多个大小、形状和位向相同的晶胞重复堆集而成的。晶胞的棱边长度称为晶格常数,其大小用 Å($1Å = 10^{-10}$m)来度量。

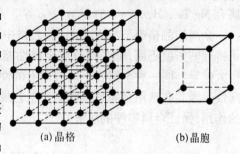

(a)晶格　　　　(b)晶胞

图 1.1　原子规则排列示意图

固态纯金属的晶格有多种形式,90%以上的金属晶体属于以下三种基本类型:

一、体心立方晶格

体心立方晶格的晶胞如图 1.2(a)所示。8 个原子组成一个立方体,立方体的中心处

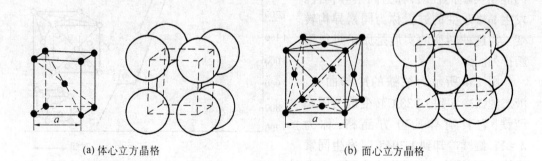

(a) 体心立方晶格　　　　　　　　(b) 面心立方晶格

图 1.2

还分布有 1 个原子。这种晶胞所占有的实际原子数为 2,各棱边长度相等,用一个晶格常数表示。具有这种晶格的金属有 α – Fe、Cr、Mo、W、V 及 β – Ti 等。

二、面心立方晶格

面心立方晶格的晶胞如图 1.2(b)所示。8 个原子组成一个立方体,立方体各面的中心处还分布有 1 个原子。这种晶胞所占有的实际原子数为 4,各棱边长度相等,用一个晶格常数表示。具有这种晶格的金属有 γ – Fe、Cu、Al、Ni、Pb 及 β – Co 等。

三、密排六方晶格

密排六方晶格的晶胞如图 1.3 所示。12 个原子组成一个六棱柱体,上下两个六边形中心处各有 1 个原子,六棱柱体的心部还分布有 3 个原子。这种晶胞所占有的实际原子数为 6,用两个晶格常数(六边形的一个边长和棱柱长度)表示。具有这种晶格的金属有 Mg、Be、Cd、Zn、α – Ti 及 α – Co 等。

金属的晶格类型和大小不同,晶格中原子排列的密度不同,都必将造成金属性能的

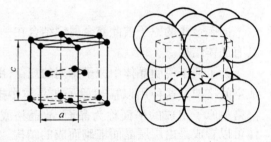

图 1.3　密排六方晶格

很大差异。同一种金属在不同方向上的性能也会有所不同,即表现出金属的性能具有方向性。因此在选用金属材料和制定工艺规程中,要考虑这个特性,以保证能充分发挥材料的作用,保证金属零件的质量。

1.2　金属的同素异构转变

多数固态纯金属的晶格类型不会改变。但有些金属(如铁、锰、锡、钛、钴等)的晶格会因温度的改变而发生变化。固态金属在不同温度区间具有不同晶格类型的性质,称为同素异构性。发生晶格改变的过程称为同素异构转变。而这种转变的实质是原子进行重新排列。

图 1.4 所示为纯铁的冷却曲线。液态纯铁冷却到 1 538℃转变成为固态纯铁,它具有体心立方晶格,称为 δ – Fe。继续冷却到 1 394℃时发生同素异构转变,晶格类型转变成为面心立方晶格,称为 γ – Fe。温度降至 912℃时

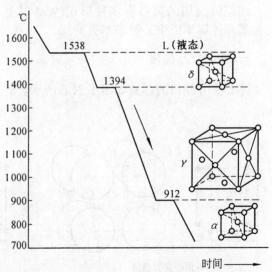

图 1.4　纯铁的冷却曲线

再次发生同素异构转变,获得体心立方晶格的 α - Fe。直至室温,纯铁的晶格类型不再发生变化。

冷却曲线上的水平段,说明同素异构转变是恒温转变。即同素异构转变中,金属内部有能量变化,放出潜热平衡所散失的热量,使整个系统的温度不发生改变。

同素异构转变前后,因晶格类型不同,将引起金属体积的变化。如 γ - Fe 转变为 α - Fe 时,纯铁的体积增大。这种体积变化的现象会对热加工产品的质量产生一定的影响,应加以注意。

纯金属具有同素异构性,在掺入其他元素后,其结构会有多种类型。这样,就可以采用热处理工艺来改变金属的性能,自然也就扩大了该种金属的使用范围。

1.3 实际金属的晶体结构

金属内所有原子排列的形式和方位都完全一致的结构,称为单晶体。具有单晶体结构的金属,其性能表现出明显的方向性,但其获得非常困难。而实际固体金属是由许许多多的小晶体所组成,称为多晶体。

图 1.5 所示为固体金属的多晶体结构。其中每一个外形不规则的小晶体称为晶粒。晶粒间的界面称为晶界。实际金属的结构基本都是多晶体结构,每个晶粒的尺寸约为 $10^{-1} \sim 10^{-3}$ mm。由于各晶粒的位向不同,各晶粒性能的方向性彼此抵消,因而多晶体结构的金属,在性能上没有方向性。

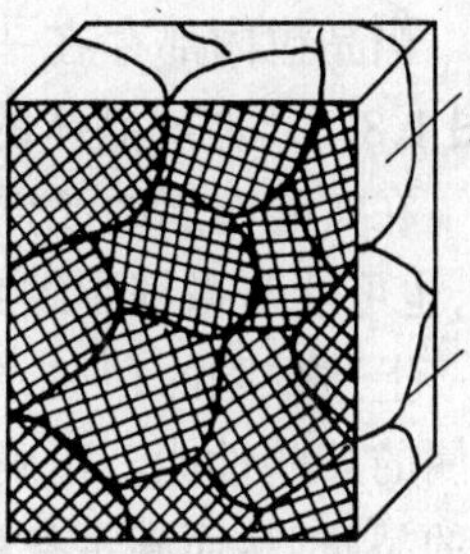

图 1.5 多晶体

另外,实际金属的晶体结构中都存在有缺陷,这些缺陷对金属的性能有很大影响。

1. 点缺陷

实际金属的晶格中并非所有原子都处在正常位置上。在外界条件的干扰下,某些原子会脱离其平衡位置,使该处成为空位状态。同时,在晶格的间隙中也可以滞留多余原子(图 1.6)。这些情况都使晶格的规则性受到破坏,形成晶格的缺陷。

晶格中有空位和间隙原子时,使其周围原子间的作用力不再平衡,这些原子也将被迫偏离原平衡位置,致使该局部晶格的形状和晶格常数都发生改变,即产生了晶格畸变。

2. 线缺陷

线缺陷是指晶格中某一列或若干列原子出现有规律的错排(称为位错),破坏了晶格的规则性而形成的缺陷(图 1.7)。

位错类型有许多种,图 1.7 所示刃型位错是最简单的一种。图中的 *EF* 线称为位错线。通常以单位体积内位错线的总长度来表示位错密度,其单位为 cm/cm^3(或 cm^{-2})。实际金属中位错密度在 $10^4 \sim 10^{12}$ cm/cm^3 范围内。对金属进行不同的工艺处理,位错密度将明显改变,金属的力学性能也随之有较大的变化。

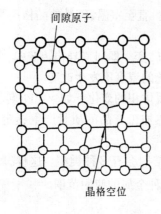

间隙原子

晶格空位

图 1.6　晶格点缺陷

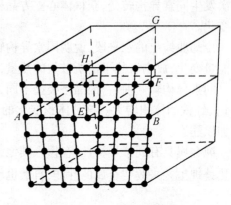

图 1.7　刃型位错示意图

3. 面缺陷

由于实际金属是多晶体结构,故有晶界存在,晶界的存在就是晶体面缺陷的一种。晶界有一定的厚度,它是不同位向晶粒间原子不规则排列的过渡层,晶界厚度的不同,晶界处的状态(如存在杂质或为平面形等)不同,都直接改变着金属的性能。

当晶粒内部存在一系列刃型位错时,就会形成所谓的亚晶界(图 1.8),此亦属晶体的面缺陷。

在实际金属的晶体结构中,还会存在非金属氧化物等颗粒状物质,也可能有微细裂纹或孔洞类缺陷。这些可视为晶体的体缺陷。

上述缺陷的存在,既可能降低金属的性能,也可能改善和提高金属的某些性能。正确处理好缺陷的形式或数量,就可以控制金属件的品质,从而满足各种条件对零件性能的要求。

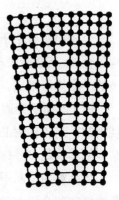

图 1.8　亚晶界图

1.4　铁 碳 合 金

一、合金及其结构

两种或两种以上的元素(组元)组成的金属物质称为合金。合金是金属,因而合金的组元中必有金属元素,且含量应占较大比例。而其他含量少的元素可以是金属元素,也可以是非金属元素。如黄铜是铜锌合金,黄铜的组元都是金属元素。而钢是铁、碳等元素组成的合金,所含铁、锰等元素是金属元素,但碳、硅等则是非金属元素。其中铁元素的含量最大。

合金中各组元之间相互影响、相互作用,因而可组成各种不同的结构。

1. 固溶体

固态合金中,各组元相互溶解而形成的均匀物质称为固溶体。固溶体的晶格类型与其中某一组元的晶格类型相同,而其他组元则以原子形态存在于固溶体的晶格中。固溶体中保持原有晶格的组元(该组元含量较大)称为溶剂,而以原子形态存在于固溶体中的

组元(含量较小)称为溶质。根据溶质原子在固溶体中所处位置不同,固溶体分为两种:

(1) 置换式固溶体。溶质原子替代溶剂的部分原子占据着晶格的正常位置,仍结合成溶剂的晶格类型所形成的固体,称为置换式固溶体(图1.9)。形成置换式固溶体的基本条件是溶质原子直径与溶剂原子直径相差较小。如果溶质与溶剂的晶格类型又相同时,溶质原子替代溶剂原子的数量可以很大(即溶解度很大)。

(2) 间隙式固溶体。溶质原子存在于溶剂晶格间隙处所形成的固溶体,称为间隙式固溶体(图1.10)。通常条件下,溶质原子直径与溶剂原子直径相差较大,两直径之比小于0.59时易形成此类固溶体。其溶解度是有限的。

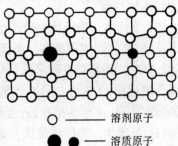

○ —— 溶剂原子

● —— 溶质原子

图1.9　置换式固溶体

无论哪种固溶体,由于溶质原子的掺入,固溶体的晶格都存在畸变现象,从而改变了合金性能,表现为强度指标升高,称为固溶强化。因而可利用此现象获取高强度合金材料。

2. 化合物

合金的组元按固定比例经化合而形成的物质称为化合物。在合金中,化合物分为金属化合物(如 Fe_3C、$CuZn$、Cr_7C_3…)和非金属化合物(如 FeS、MnS…)两种。非金属化合物不是金属键结合,也不具有金属特性,故属合金中的夹杂物。金属化合物的晶格类型完全不同

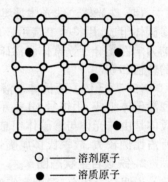

○ —— 溶剂原子

● —— 溶质原子

图1.10　间隙式固溶体

于组元的晶格类型,一般都属于复杂晶格结构。因此,金属化合物都表现出熔点高、硬度大、比较脆等特点。合金中金属化合物增多,则合金的强度、硬度和耐磨性提高,而塑性和韧性会明显下降。

3. 机械混合物

合金中的组元以各自的晶格类型相互掺杂在一起的结构,称为机械混合物。机械混合物可以是纯元素、固溶体或化合物各自存在的混合物,也可以是三者兼有的混合物结构(后者是最常见的结构)。合金的性能随混合物中各种结构的比例不同而在较大范围内变化。

二、铁碳合金

现代工业中广泛使用的碳钢和铸铁就是以铁和碳为主要元素组成的合金。当加入某些元素(称为合金元素)后,更加扩大了钢铁材料的品种。目前在我国普遍使用的钢铁材料品种不下百余种。这与铁碳合金在结构上的多样性和易改变性有密切关系。

1. 铁碳合金的基本组织

(1) 铁素体。铁素体是碳溶解在 $\alpha-Fe$ 中的固溶体,用符号 F 表示。铁素体具有体心立方晶格,属间隙式固溶体,溶碳能力很有限。室温时仅可溶解0.006%的碳,727℃时

溶碳质量分数可达 0.021 8%。铁素体的性能与纯铁相近,强度较低,布氏硬度值约为 80,而塑性和韧性较好。

(2)奥氏体。奥氏体是碳溶解在 γ – Fe 中的固溶体,用符号 A 表示,奥氏体具有面心立方晶格,属间隙式固溶体。奥氏体溶解碳的能力较强,温度在 1 148℃时溶碳质量分数可达2.11%。随着温度的降低,其溶碳能力下降,727℃时溶碳质量分数为 0.77%。奥氏体属高温组织,无磁性。只有当某些合金元素含量较多时,奥氏体才能保持到室温。奥氏体的强度不高,而塑性很好,适合于塑性加工成形。

(3)渗碳体。渗碳体是铁与碳形成的金属化合物,用 Fe_3C 表示。其含碳质量分数为 6.69%,具有复杂的晶格结构。渗碳体的硬度高(HB = 800),塑性和韧性很差,是一种脆性组织。铁碳合金的性能在很大程度上与渗碳体的数量、形状和分布状态有关。同时,渗碳体在一定条件下会发生分解,使铁碳合金具有石墨组织。

(4)珠光体。珠光体是奥氏体在恒温条件下分解而获得的机械混合物,由铁素体和渗碳体组成,用符号 P 表示。珠光体的含碳质量分数为 0.77%,呈层片状结构。珠光体的力学性能介于铁素体和渗碳体的性能之间。中等强度,布氏硬度值约为180,具有一定的塑性和韧性。

(5)莱氏体。莱氏体是液态合金在恒温条件下结晶后获得的机械混合物,由奥氏体和渗碳体组成,用符号 Ld 表示。莱氏体的含碳质量分数为 4.3%。温度低于727℃的莱氏体是由珠光体与渗碳体组成的机械混合物,用符号 Ld′ 表示。由于渗碳体在莱氏体中所占比例较大,故莱氏体属脆性组织。

2. 铁碳合金状态图

说明合金成分、温度和组织三者关系的图形称为状态图。它是通过一系列实验测出不同成分合金在缓慢冷却过程中的冷却曲线和组织转变后,在成分 – 温度坐标图中标定相应的转变点,把同性点连成线所构成的完整图形。

图 1.11 所示为铁碳合金状态图。图中各线段的名称和含意如下:

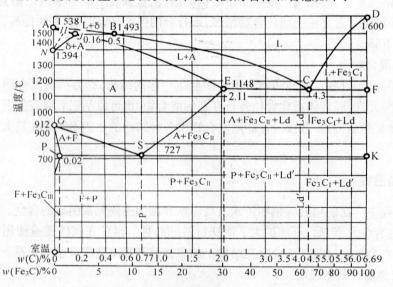

图 1.11　铁碳合金状态图

　　ABCD 线——液态线。合金温度高于此线温度必处于液体状态。当冷却到此线温度时,合金开始由液态向固态转变(结晶)。铁碳合金采用液态成形工艺获取金属制品时,浇注温度必须高于此线温度。

　　AHJECF 线——固态线。合金的温度低于此线温度则处于固体状态。铁碳合金采用固态塑性变形工艺获取产品或进行改变性能的处理工艺时,加热温度绝对不能高于该线温度。否则,会因出现局部熔化而造成废品。

　　其中的 *ECF* 线称为共晶线。它表示含碳质量分数超过 2.11% 的铁碳合金冷却到该线温度必发生共晶转变。即液态金属在该温度同时结晶出奥氏体和渗碳体的机械混合物(莱氏体)。该线上的点 *C* 称为共晶点。

　　GS 线——铁碳合金在冷却时,从奥氏体中析出铁素体的起始线。习惯上也用 A_3 线来表示。其实质,析出铁素体的过程,就是面心立方晶格的 $\gamma - Fe$ 向体心立方晶格的 $\alpha - Fe$ 转变,并有碳原子向奥氏体内集中的过程。温度不断降低,铁素体的数量增多,也使奥氏体的含碳质量分数不断增加。合金冷却到 727℃ 时,奥氏体的含碳质量分数达到 0.77%,随后将发生奥氏体向珠光体的转变,这种转变亦称共析转变。

　　ES 线——铁碳合金在冷却时,从奥氏体中析出二次渗碳体(Fe_3C_{II})的开始线。习惯上也用 A_{cm} 线来表示。其实质,该线是表示 $\gamma - Fe$ 溶碳能力随温度而变化的曲线,即碳在奥氏体中的饱和溶解度曲线。随着温度的降低,$\gamma - Fe$ 溶碳能力减弱,多余碳原子以渗碳体形式析出,并使奥氏体的含碳质量分数减小。冷却到 727℃ 时,奥氏体的含碳质量分数降至 0.77%,随后就发生共析转变,得到珠光体。为区别于其他条件下得到的渗碳体,把从奥氏体中析出的 Fe_3C 称为二次渗碳体。

　　PSK 线——共析线。习惯上也用 A_1 线来表示。铁碳合金冷却到该线温度必将发生共析转变,即含碳质量分数为 0.77% 的奥氏体转变成铁素体与渗碳体的机械混合物(珠光体)。该线上的点 *S* 称为共析点。

　　铁碳合金在不同温度区间的内部组织结构标示在状态图中。因该图把 Fe_3C 视为合金的一个组元,故成分坐标也可以表示 Fe_3C 在铁碳合金中的含量。所以也把该图称为 $Fe - Fe_3C$ 状态图。

　　铁碳合金状态图中的每一点,都表示确定成分的合金(该点在横坐标上的数据即为该合金的成分)在确定的温度(该点在纵坐标上的数据即为合金的温度)下所具有的内部组织。通过在状态图上选定合金作冷却分析,即可了解和掌握该合金内部组织的变化情况,并定性了解其大致性能。从而为零件设计时的选材、确定成形方法和制定热加工工艺规程提供依据。

　　根据状态图,将含碳质量分数小于 2.11% 的铁碳合金称为钢,含碳质量分数大于 2.11% 的铁碳合金称为生铁。按室温时的组织,把含碳质量分数小于 0.77% 的铁碳合金称为亚共析钢,含碳质量分数为 0.77% 的铁碳合金称为共析钢,含碳质量分数在 0.77% ~ 2.11% 的铁碳合金称为过共析钢。当钢中的常存杂质(如 Si、Mn)的含量较多或含有特殊元素(如 Cr、Ni、W、Mo、V…)时,则称为合金钢。生铁中,含碳质量分数小于 4.3% 的铁碳合金称为亚共晶生铁,含碳质量分数等于 4.3% 的铁碳合金称为共晶生铁,含碳质量分数大于 4.3% 的铁碳合金称为过共晶生铁。

第二章　金属的工艺性能

金属的工艺性能是一种综合性能,是金属材料在工艺过程中所具有和表现出来的性能。它与金属的物理性能、化学性能、力学性能等有关,也与环境条件(如温度、受力状态、成形条件等)有关。金属材料工艺性能的优劣,不仅影响工艺过程的繁简难易程度,也影响金属制品质量的高低粗精。深入理解、掌握和运用金属的工艺性能及其影响因素,就能创造出更新的高水平工艺,获得既合理、又经济的优质产品,推动生产技术的进一步发展。

目前工业中的金属制品,尤其是机械零件,仍以钢铁为主要材料,因此本章就钢铁的工艺性能进行说明。

2.1　金属的加热

金属的热加工工艺过程,多数情况是通过改变温度使金属具有确定的工艺性能,然后再改变金属的宏观形态和微观结构,从而制得所需金属物件。

对金属进行加热的手段有很多种,如火焰加热、电阻加热、高频加热、超声波加热等。从加热状态看,可分为平衡加热和非平衡加热两种。

一、平衡加热

对金属进行平衡加热是指加热速度缓慢、金属发生的变化(如组织转变)时间足够、不受约束(如体积膨胀)、周围介质不参与变化(如无氧化)的加热状态。

整体金属受热,其温度达到该金属状态图的液态线温度后,就转变为液体状态。温度低于该金属状态图的固态线时,金属内部就有组织转变过程发生。

以钢为例,当其温度超过铁碳合金状态图的 A_3 或 A_{cm} 线后,内部结构应是单一奥氏体组织。这样,在钢加热过程中,将首先在727℃时发生珠光体向奥氏体的转变,随后有铁素体向奥氏体转变或者二次渗碳体的溶解过程。

珠光体转变为奥氏体的过程,是由形成奥氏体晶核、奥氏体晶核的长大、残余渗碳体的溶解和奥氏体成分均匀化等阶段构成的(图2.1)。

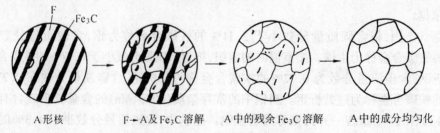

A形核　　　F→A及Fe₃C溶解　　A中的残余Fe₃C溶解　　A中的成分均匀化

图2.1　奥氏体形成过程示意图

正常珠光体是层片状结构,铁素体与渗碳体间隔排列。由于两者原子排列的形式差异很大,致使在交界面上的原子分布处于紊乱状态。交界面处的碳原子浓度比渗碳体中的浓度低,却比铁素体中的浓度高。当温度达到 727℃时,处于紊乱状态的原子极容易排列成该温度时的晶格类型。即铁原子组成面心立方晶核,并溶解较高浓度的碳,从而形成了奥氏体的小晶体(奥氏体晶核)。随后该晶核不断长大,奥氏体的界面不断向铁素体和渗碳体的内部推进,使珠光体的数量不断减少。由于铁素体的晶格类型与奥氏体的晶格类型相近,铁原子移动距离较小,故其转变速度较快。而渗碳体的转变除了应改变铁原子的排列形式外,同时伴随有大量碳原子的长距离扩散过程,所需能量多,消耗时间长,出现残余渗碳体的溶解阶段。当全部残余渗碳体溶解后,仍需一定的时间,使碳原子充分扩散,形成成分均匀一致的奥氏体组织。此时的奥氏体具有细晶粒结构。

随着保温时间的增长(或者把温度继续升高)、原子的动能增大,则位向相差不大的相邻晶粒有取向一致的倾向,相互吞并形成粗大的奥氏体晶粒,即奥氏体晶粒会长大。温度越高,长大速度越快。粗晶粒结构使钢的力学性能变差。

奥氏体晶粒长大的趋势与钢种有关。钢液经 Si、Mn 脱氧后再用 Al 脱氧或钢中含有 Al、Ti、W、V、Mo 等元素时,加热至 930℃,奥氏体仍能保持细晶粒结构,称此类钢为"本质细晶粒钢"。仅用 Si、Mn 脱氧又不含有上述合金元素的钢,奥氏体晶粒在 930℃之前就会迅速长大形成粗晶粒结构,称此类钢为"本质粗晶粒钢"。对于重要零件或承受重载荷又需进行热处理的零件,应优先选用"本质细晶粒钢"来制造,否则使用性能和零件寿命将受影响。

平衡加热中的严重缺陷是出现过热现象。由于奥氏体晶粒有长大倾向,当金属长时间处于高温状态,特别是温度超过 1 100℃后,无论哪种钢的奥氏体晶粒都会迅速长大,形成粗晶粒结构。再冷却至室温,钢的力学性能下降,韧性的变化尤为明显。此现象称为"过热"。因此,在热加工工艺过程(如塑性加工、热处理)中,对金属加热必须保证不出现过热。

二、非平衡加热

不具备平衡加热条件的升温都是非平衡加热。表现为加热速度快,温度分布不均匀,存在局部金属温度过高,工件各部分之间或表层与心部之间温差大。当周围介质再参与热过程时,必将使加热结果极不理想,影响零件(或毛坯)的最终质量。实际生产中,非平衡加热是最普遍的加热状况。

1. 金属组织转变

金属非平衡加热时,其内部温度的分布很不均衡,因而金属组织的变化大大不同于平衡加热时的组织转变结果。显然,此时金属组织的转变是一个与温度和时间有关的动态过程。组织转变结果主要取决于各层金属所能达到的最高温度。据此,可以依据最高温度、参照平衡加热转变的结果加以分析。

以焊接接头为例,焊缝及附近金属各层最高温度的分布如图 2.2 所示。金属件成分为图(b)中所标示的 A。各层金属达最高温度时,内部组织可由该合金的状态图来决定。两图温度坐标的比例相同,将成分线与状态图各线交点的温度引到图(a)中,就可看到各层的组织结构。

超过 1 点温度的金属完全处于液体状态，冷却下来，因冷却速度快，会形成以柱状晶粒为主的形态。

处于 1、2 两点对应温度范围内的金属是一种半熔化状态的结构，称为熔合区。该区金属冷却至室温时具有过热和铸态组织，性能差，容易产生裂纹，并可能迅速扩展，使整个构件断裂。

处于 1 100℃ 以上至 2 点温度范围内的金属，具有粗晶粒奥氏体组织。冷却后常形成铁素体分布于晶界处，并可呈针状横穿珠光体的结构，使金属的塑性和韧性急剧下降。此区称为过热区。

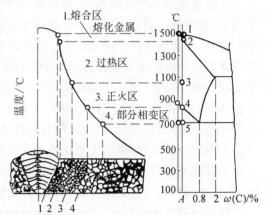

(a)最高温度分布曲线　(b)铁碳合金状态图及金属组织

图 2.2　低碳钢的热影响区

处于 4 点以上至 1 100℃ 温度范围内的金属，具有细晶粒奥氏体组织。冷却后金属的力学性能很好，相当于进行了热处理中的正火处理，故将该区称为正火区。

在 4、5 两点对应温度范围内的金属，具有铁素体和奥氏体组织。因温度较高，铁素体晶粒明显长大，而奥氏体晶粒较细但数量小。冷却至室温后，粗晶粒铁素体与细晶粒珠光体混杂在一起，也会降低金属的性能。该层金属中只有部分组织发生转变，故称部分组织转变区（或称部分相变区）。

在 5 点对应温度以下的金属，内部组织不会因温度的变化而发生转变，其性能与原金属性能相同。

上述情况是熔焊焊接金属构件时引起金属性能变化的典型状态。全部熔化的金属冷却凝固形成焊缝，而焊缝两侧发生组织和性能变化的区域称为热影响区。此区的宽窄和状态都对焊接构件质量和使用性能有很大影响。

金属工件在热处理或塑性加工过程中，加热速度快、加热不均匀或保温时间过长，同样会发生上述不理想变化，势必影响产品性能。

2.加热缺陷

（1）过热和过烧。平衡加热中产生的过热现象，在非平衡加热中同样存在。

由于实际金属材料中不可避免地有杂质存在，同时在非平衡加热中周围介质一定参与反应，极易产生过烧缺陷。过烧是指加热温度尚未到达该金属的熔点时，金属内部出现液态物质的现象。这是由于金属杂质多以低熔点共晶体存在于晶界处，降低了该处物质的熔点所致。

过烧的另一种表现是晶界被氧化。高温状态下，金属极易被氧化。金属表层氧化物中的氧原子有能力沿晶界向金属内部渗透，使晶粒间的联系被脆性氧化物所割裂开来。这种结构极脆，使材料失去了使用价值。显然过烧是一种无法补救的永久性缺陷，故在加热过程中绝对不允许产生过烧现象。

（2）氧化和脱碳。金属在氧化性气氛中加热，不可避免地会产生氧化现象，对于钢铁材料就是形成氧化皮。这不仅损耗金属，还将影响产品的精度和表面质量。氧化皮附着在金属表面上，会降低模具的寿命，加快切削刀具的磨损。

氧化皮形成的同时，钢铁材料中其他元素也会被氧化，尤其是碳元素会与氧结合生成CO进入炉气中，使金属表面层的含碳质量分数减小，此称为脱碳。脱碳后的钢铁材料，表面硬度降低，耐磨性锐减，从而影响使用性能。

（3）吸气及蒸发。在空气中加热金属，随着温度的升高和时间的增长，金属会吸收氢气和氮气。尤其是当金属达到液态时，吸收能力发生突变，吸气数量剧增。与此同时，金属内部原子的活动能力增强，产生元素蒸发现象。

吸气和蒸发现象的出现，会严重改变金属的成分和结构，即有害气体成分增多，有益元素减少。这种金属再冷却至室温时，其性能明显变差。有益元素含量减少，金属的力学性能降低。氮气的存在使金属的塑性、韧性和抗疲劳的能力减弱。而氢气极有可能以气孔形式存在，也可以过饱和溶解在金属中，使钢的内部产生微裂纹，出现"氢脆"现象。因此，对重要工件加热，应尽量在真空条件、还原性气氛或惰性气体环境中进行。

（4）应力和变形。非平衡方式加热金属工件时，必然存在温差较大的状态，引起工件各部分的膨胀量不同。当彼此制约而不能自由伸长时，就会形成应力、变形或裂纹。

图2.3所示框形构件，由于截面不等，加热中每时每刻粗细各杆的温度都有差异。细杆温度高，伸长量大；粗杆温度稍低，伸长量小。它们在横杆的约束下，彼此产生作用，细杆强迫拉长粗杆，同时细杆又在粗杆反作用下被迫缩短。粗细杆之间就存在了内应力。显然，温度高的部分中存在压应力，温度低的部分中存在拉应力。应力值的大小与加热速度、金属特性（传热能力、塑性等）及工件结构特点有关。当应力值较大时，使工件产生变形。当应力值超过金属的强度极限（σ_b）时，工件甚至会产生断裂现象。

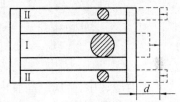

图2.3　非平衡加热应力的形成

综上所述，非平衡加热会产生缺陷，甚至会出现严重后果。因此，必须严格控制加热规范，并针对加热条件、材料特性及工件结构特点等，采取必要的工艺措施来防止加热缺陷的产生。

2.2　金属的冷却

金属在热加工工艺过程中，都存在冷却阶段。根据冷却状态，也可把冷却分为平衡冷却和非平衡冷却两种。

一、平衡冷却

金属的平衡冷却系指冷却速度缓慢、各种转变进行得充分、金属各部分间不存在温差的冷却。按金属的状态,平衡冷却中的转变存在两个阶段:一是由液态转变为固态;另一个是固态下的组织转变。

1. 金属的结晶

液态物质转变为固态物质的现象称为凝固。而凝固时获得晶体结构的过程则称为结晶。

由金属学可知,金属的结晶有两种情况,纯金属和共晶类合金是在恒温下进行结晶,而大多数合金的结晶过程,是在一段温度范围内完成的,即开始结晶的温度与结晶结束的温度不相同。

无论哪种情况,金属的结晶都是由形成晶核和晶核不断长大两个阶段组成。在晶核长大的同时,又会有新晶核产生并随之也长大。直至液体金属被长大的小晶体全部“瓜分”完了,结晶过程才宣告结束。最后使固体金属由许多个形状不规则、大小不相等、晶格方位各不相同的小晶体(称为晶粒)所构成(图2.4)。

(a)形成晶核　　(b)晶核长大,　　(c)晶核继续长大,　　(d)结晶结束
　　　　　　　　　形成晶核　　　　形成新晶核

图2.4　结晶过程示意图

平衡冷却中,金属结晶后内部的成分均匀一致。对于在一段温度范围内结晶的金属(图2.5),在结晶过程中,除形成晶粒外,还存在晶粒内原子的扩散。图2.5中的合金 K 冷却至点 P 时,是液体与固体共存的状态。此时固体中的含 B 质量分数为 n 点对应的横坐标值 x,液体的含 B 质量分数则为 m 点对应的横坐标值 y。温度降至点 P′ 时,晶体的含 B 质量分数则应是 n′ 点对应的横坐标值 x′。点 P 处结晶出来的固体成分,通过原子的扩散由数值 x 降到 x′,才能保持整个系统的平衡。液体的含 B 质量分数则应是数值 y′。因此,该合金在整个结晶过程中,固体的含 B 质量分数沿固态线变化,

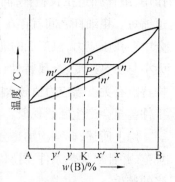

图2.5　晶体成分变化图

液体的含 B 质量分数沿液态线变化。全部结晶成固体后,晶粒内的成分才是所选定合金的成分 K。

由于结晶过程中生成的晶核数目和其长大速度受多种因素的影响,因而结晶后所得晶粒的多少和大小不会完全一致。晶核数目多而长大速度慢时,则可得到细晶粒结构的金属,其力学性能好。反之,将获得性能差的粗晶结构的金属。

金属的结晶过程,实质是原子重新排列的过程,是金属从一种稳定状态向另一种稳定状态转变的过程。状态转变的进程中伴有热现象,即伴有结晶潜热放出的现象。在散热条件不变的情况下,结晶潜热的放出,必然减缓金属的冷却速度。当结晶潜热放出量等于金属所散失的热量时,结晶过程就在恒温下进行。而大多数金属的结晶是在一段温度范围内进行。

2. 固态金属的转变

液态金属结晶后转变为高温固体。随着温度的降低,固体金属的内部结构将按该类合金状态图进行转变。

以钢为例,它在结晶后得到单一奥氏体组织。对亚共析钢继续冷却到 A_3 线温度,奥氏体中开始析出铁素体。而过共析钢冷却到 A_{cm} 线温度,奥氏体中开始析出二次渗碳体。所有各类钢冷却到 A_1 线温度,则发生奥氏体转变为珠光体的过程。

奥氏体在析出铁素体或二次渗碳体时,因所放出的结晶潜热不足以抵消散失的热量,故都是在一段范围内进行。同时,奥氏体中的含碳质量分数分别沿 A_3 线或 A_{cm} 线变化。冷却到 A_1 线温度时,奥氏体中的含碳量恰为点 S 对应的共析成分,从而发生向珠光体转变的过程。这一过程是在恒温下进行的。转变结束后,继续冷却至室温,钢内不再发生变化。

二、非平衡冷却

实际生产中金属制品的冷却,基本上都是非平衡冷却。掌握和控制非平衡冷却过程,是很重要的。

1. 对结晶的影响

(1) 过冷。非平衡冷却中,金属的结晶过程基本上也是由生成晶核和晶核长大两阶段构成。同时伴有放出结晶潜热使冷却速度减慢的现象。

促使结晶过程发生的动力条件,就是液体金属应处于过冷状态。由于实际结晶温度低于理论结晶温度而发生结晶的现象称为过冷。两个温度的差值称为过冷度。过冷度的大小与冷却速度有关。冷却速度越大,过冷度越大。

过冷度对结晶过程的两个阶段都有影响,而对形成晶核数目(生核率)的影响尤为明显。过冷度越大,生核率增长得越快,结晶后金属的晶粒越细小。因此生产中改变金属的冷却条件(如砂型铸造改为金属型铸造),可有效地改变金属制品的力学性能。

(2) 偏析。对于在一段温度范围内结晶的金属,在冷却速度较快的情况下,晶体内原子扩散运动不能得到充分进行,造成不同温度点上结晶的晶体之间(或已有晶体的增长部分与原晶体之间)存在成分上的差别。这种在金属整体或晶粒内部化学成分不均匀的现象称为偏析。偏析的存在会影响工件的性能,应加以避免和消除。

(3) 晶粒不均匀。金属的冷却速度加快,金属整体和截面上存在温度差现象,结晶后得到形状和大小很不相同的结构。图 2.6 为铸锭截面的典型晶体结构,由细晶层、柱状晶体区和心部等轴状晶粒组成。这是由于液体进入成形模具(铸型、锭模、结晶器等)后,各点冷却速度不同所致。

液体金属进入成形模具初期,低温模具造成金属的强烈过冷状态,从而形成细晶层。模具吸热升温后,使金属的冷却速度减缓,在稳定散热条件下,一些晶核沿散热反方向不断向液体金属中延伸长大,形成柱状晶体区。心部剩余液体金属温度趋于一致时,又在某些杂质的影响下,晶核数目增多,加之分布较均匀,晶核长大形成等轴状晶体区。

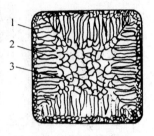

晶体结构不同,性能就有差异。细晶层的性能很好,但很薄。柱状晶体很致密,但晶界过于整齐,一旦出现平面形晶界,则抗载荷能力显著下降。等轴状晶体在性能上无方向性,也不存在脆弱界面,但易产生不致密或其他缺陷而影响性能。可见成形条件对金属结构有直接作用,生产中应采取相应工艺措施来控制,以获得理想结构。

图 2.6　铸锭截面组织网

(4) 缩孔和缩松。液态金属在冷却中,随着温度的降低体积会减小,即产生收缩现象。当收缩不能得到充分补充(称补缩)时,就会产生缩孔或缩松缺陷。

图 2.7(a)所示为液体金属充满模具型腔的瞬时状态。由于模具温度低,立即大量吸收靠近型腔表面处金属的热量,使该层金属温度降至结晶温度以下,形成一薄层固体(图2.7(b))。随后,模具把热量传给周围介质,形成较为稳定的散热过程。经过一段时间,金属温度下降,除了会形成一定厚度的固体层外,心部液体金属因降温而减小体积,致使液面下降(图2.7(c))。温度不断降低,固体层不断加厚,金属液面也随之不断下降。待金属全部结晶后,其上部就形成了一个内表面不光滑的倒锥形孔洞(图2.7(d)),称为缩孔。在缩孔形成的最后阶段,心部液体金属的温度趋于均衡。到达结晶温度时,产生大量晶核,在长大过程中将形成许多互不连通的封闭区间。在此区间中的液体金属,因降温而减小的体积得不到补充,就形成了许多细小而分散的孔洞(图2.7(e)),称为缩松。

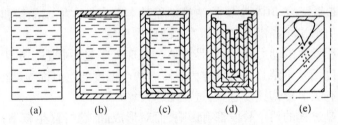

(a)　　　　(b)　　　　(c)　　　　(d)　　　　(e)

图 2.7　缩孔及缩松的形成

由此可知,金属按一定次序结晶(顺序凝固)易形成缩孔;金属在大范围内结晶(同时凝固)易形成缩松。缩孔和缩松的存在都是缺陷。生产金属制品时,都应采取相应的工艺措施(控制凝固方式、选择合适的金属、安放冒口或冷铁等)加以预防和消除。

2. 对固体金属的影响

(1) 过冷奥氏体的转变。高温固体钢的内部组织为奥氏体。在非平衡冷却影响下,使室温钢的组织和性能有多种变化,为扩大应用范围和确定热处理方法提供了可能。实际生产中的冷却方式有等温冷却和连续冷却两种。

对共析钢进行等温冷却测定,可获得过冷奥氏体等温转变曲线(简称"C"曲线或"TTT"曲线)(图2.8)。

过冷奥氏体等温转变结果有以下三种类型:

温度在500℃以上的转变属珠光体型转变,得到具有层片状结构的组织。由于转变时过冷程度不同,所得片层的厚度和细密程度不同。层片较粗大的组织称为珠光体,可视为平衡组织。层片细密,需用高倍显微镜方可分辨的组织,称为索氏体。其硬度可达 35 HRC。具有更加细密、硬度在 40 HRC 左右结构的组织称为屈氏体。

温度在 500 ~ 230℃ 之间转变的组织称为贝氏体型转变。其中在 350℃ 以上转变的产物,称为上贝氏体。贝氏体具有羽毛状形貌,是由许多平行密集的铁素体片和分布在片间的断断续续、细小的 Fe_3C 所组成。其硬度约在 40 ~ 45 HRC 之间。350℃ 以下转变的称为下贝氏体。它具有竹叶状形貌,是竹叶状铁素体和其内存在有 Fe_3C 质点的结构。硬度可达 55 HRC 左右,且具有较好的塑性和韧性。

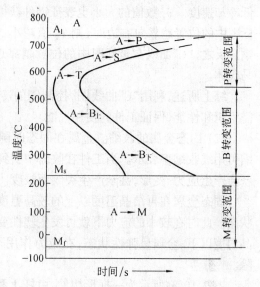

图 2.8　共析钢的"C"曲线

奥氏体快速冷却通过 230℃ 时的转变称为马氏体型转变。马氏体具有针状或板条状结构。马氏体型转变是非扩散型转变。原奥氏体中的碳全部溶解在铁素体中,故马氏体是碳溶解在 $\alpha - Fe$ 中的过饱和固溶体。由于大量碳原子夹在 Fe 的晶格间隙中,使晶格严重畸变,内应力较大,宏观上马氏体组织具有硬度高(65 HRC 左右)、耐磨性好的特点。马氏体型转变中体积将膨胀,这对其周围的奥氏体有较大的压力作用,使少量奥氏体可残留至室温。欲消除此残余奥氏体,则需降温至 - 50℃ 以下才能实现。

不同钢种的"C"曲线形状和在坐标图中的位置是不同的。钢中不同合金元素对"C"曲线的形状和位置也有不同的影响。这些都说明室温钢的组织具有多种多样的结构。"C"曲线是制定热处理工艺的重要依据。

钢在连续冷却中奥氏体的转变,可以通过实验测定出相当于"C"曲线的图形。但由于难于测准,曲线也不能完整,因此真实的连续冷却转变曲线无实用价值。常利用"C"曲线估测冷却后的组织和性能。

图 2.9 为共析钢的几种典型连续冷却与"C"曲线的关系。v_1 为缓慢的随炉冷却,获得珠光体组织。v_2 相当于在静止空气中冷却,冷却速度稍快,获得索氏体组织。v_3 相当于在油中冷却,冷却速度更快,获得屈氏体与马氏体的混合组织。v_4 相当于在水中的快速冷却,冷却曲线只与马氏体开始转变线相交,故可获得马氏体与少量残余奥氏体组织。

v_k 代表的冷却速度恰好与"C"曲线相切,称为临界冷却速度。它表示奥氏体转变为马氏体组织的最

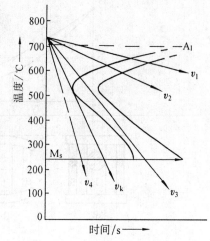

图 2.9　"C"曲线在连续冷却中的应用

低冷却速度。v_k 数值的大小也表征钢种获得马氏体的难易程度。当钢种的"C"曲线在坐标图中的位置越靠向右边时，则 v_k 值越小，说明此种钢容易获得马氏体，即属于易淬火钢。反之，"C"曲线在坐标图中的位置越靠近纵坐标轴，v_k 值越大，此种钢越不容易获得马氏体。

综上所述，利用"C"曲线图，控制钢的冷却速度或改变钢的冷却情况，就可以获得所需组织和性能，保证工件的使用性能。

(2) 固态金属的收缩。金属在固态时随温度的下降发生体积和尺寸的缩小，尺寸收缩可用线收缩率表示。当工件在收缩中受到自身或外界条件的约束而不能自由进行时，就会产生应力、变形，甚至产生裂纹而报废。

固态金属在再结晶温度以上的较高温度时（钢和铸铁为 620～650℃以上），处于塑性状态。此时在较小的应力下就可发生塑性变形，变形后应力基本上可自行消除。在再结晶温度以下，金属呈弹性状态，在应力作用下会发生弹性变形。变形后应力不能自行消除。

图 2.10(a)所示为一框形构件，由杆Ⅰ和杆Ⅱ两部分组成。杆Ⅰ较粗，杆Ⅱ较细。当构件处于高温阶段（图中 $T_0 \sim T_1$）时，两杆均处于塑性状态。尽管两杆的冷却速度不同，收缩不一致，但瞬时应力可通过塑性变形来消除。继续冷却后，冷速较快的杆Ⅱ已进入弹性状态，而粗杆Ⅰ仍处于塑性状态（图中 $T_1 \sim T_2$）。由于细杆Ⅱ冷却快，收缩量大于粗杆Ⅰ，所以细杆Ⅱ受拉伸、粗杆Ⅰ受压缩（图(b)），形成了内应力，但这个内应力随之被粗杆Ⅰ的微量塑性变形而减弱。当杆Ⅰ、杆Ⅱ长度相同时（图(c)），各杆内的应力消失。进一步冷却到更低温度时（图中 $T_2 \sim T_3$），已被塑性压缩的粗杆Ⅰ也处于弹性状态。此时，由于杆Ⅰ的温度较高，还将继续收缩。杆Ⅱ温度较低，收缩已基本停止。因此，杆Ⅰ的继续收缩必将受到细杆Ⅱ的强烈阻碍，于是，杆Ⅱ受压缩，杆Ⅰ受拉伸，直至室温，形成了应力（图(d)）。这种因冷却速度不同，构件各部分之间存在温度差使收缩量不同而形成的应

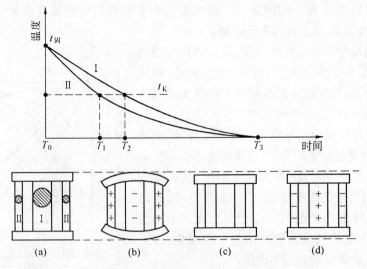

图 2.10　收缩过程中热应力的形成

+—拉应力；　—压应力

力,称为热应力。一般情况下,先冷却的是冷却速度快的部位(工件的薄壁部分),受压缩(处于压应力状态),而后冷却的是冷却速度慢的部位(工件的厚壁部分),受拉伸(处于拉应力状态)。

热应力值较大时,会引起工件的变形,如上述框形件的两根横梁会变弯。当该应力值超过金属的抗拉强度 σ_b 值时,就会在受拉杆中产生裂纹。因此,在热加工工艺过程中,必须注意冷却速度不能过快,以避免在构件中形成较大的温差。工件设计时也应避免壁厚差别过大。否则,会降低工件的使用可靠性,甚至断裂报废。

2.3　金属的塑性变形

一、塑性变形机理

金属在受到外力作用时,会在其内部产生应力,并迫使原子离开原来的位置,从而改变了原子间的相互距离,使金属发生变形,同时引起原子位能的增高。处于高位能的原子具有返回原来低位能平衡位置的倾向。当外力停止作用后,应力消失,变形也随之消失。金属的这种变形称为弹性变形。

当外力增大,使金属内部应力超过该金属的屈服强度后,即使外力停止作用,金属的变形也不能消失。这种变形称为塑性变形。

1. 单晶体的塑性变形

单晶体的塑性变形主要是晶粒内部的滑移变形。如图2.11所示,晶体在切应力 τ 的作用下,一部分相对于另一部分沿着一定的晶面(亦称滑移面)产生滑移,引起单晶体的塑性变形。此外,还有孪晶变形等也是单晶体塑性变形的重要形式。

实际上,单晶体的滑移变形除了晶体内两部分彼此以刚性的整体相对滑动外,晶体内部各种缺陷(尤其是位错)的运动更容易使晶体产生滑移变形(图2.12),而且位错运动所需切应力远远小于刚性的整体滑移所需的切应力。当位错运动到晶体表面时,就实现了单晶体的塑性变形。

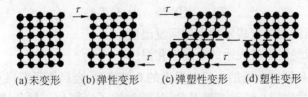

(a) 未变形　　(b) 弹性变形　　(c) 弹塑性变形　　(d) 塑性变形

图2.11　单晶体滑移变形示意图

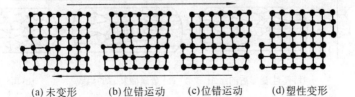

(a) 未变形　　(b) 位错运动　　(c) 位错运动　　(d) 塑性变形

图2.12　位错运动引起塑性变形示意图

2. 多晶体的塑性变形

多晶体的塑性变形包括各个单晶体的塑性变形(称为晶内变形)和各晶粒之间的变形(称为晶间变形)。晶内变形主要是滑移变形,而晶间变形则包括各晶粒之间的滑动和转动变形(图2.13)。通常情况下的塑性变形主要是晶内变形,当变形量特别大(尤其是超塑性变形)时,晶间变形占主导地位。

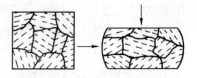

图2.13　多晶体塑性变形示意图

金属变形时首先发生的是弹性变形。应力增大到一定程度后将产生塑性变形。因此,塑性变形过程中会伴有弹性变形。当外力消除后,弹性变形将恢复,称为"弹复"现象。"弹复"对塑性加工工艺影响很大,生产中必须予以考虑。

二、塑性变形后金属的组织和性能

金属在常温下经过塑性变形后,内部组织将发生如下变化:① 晶粒沿变形最大的方向伸长;② 晶格与晶粒均发生扭曲,产生内应力;③ 晶粒间产生碎晶。

金属的力学性能随其内部组织的改变而发生明显变化。变形程度增大时,金属的强度和硬度升高,而塑性和韧性下降(图2.14)。其原因是由于滑移面上的碎晶块和附近晶格的强烈扭曲,增大了滑移阻力,使滑移难于继续进行。这种随变形程度增大、硬度上升而塑性下降的现象称为加工硬化。

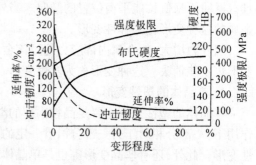

图2.14　常温下塑性变形对低碳钢力学性能的影响

加工硬化是一种不稳定现象,具有自发地回复到稳定状态的倾向。但在室温下不易实现。提高温度,原子获得热能,热运动加剧,使原子得以回复正常排列,消除了晶格扭曲,可使加工硬化得到部分消除。这一过程称为"回复"(图2.15(b))。这时的温度称为回复温度,即

$$T_{回} = (0.25 \sim 0.3) T_{熔}$$

式中　$T_{回}$ —— 以绝对温度表示的金属回复温度;

$T_{熔}$ —— 以绝对温度表示的金属熔化温度。

当温度继续升高到该金属熔点绝对温度的0.4倍时,金属原子获得更多的热能,则开始以某些碎晶或杂质为核心结晶成新晶粒,从而消除了全部加工硬化现象。这个过程称

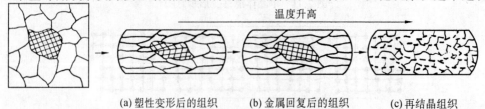

(a) 塑性变形后的组织　　　(b) 金属回复后的组织　　　(c) 再结晶组织

图2.15　金属的回复和再结晶示意图

为再结晶(图 2.15(c))。这时的温度称为再结晶温度,即

$$T_{再} = 0.4T_{熔}$$

式中　　$T_{再}$ —— 以绝对温度表示的金属再结晶温度。

利用金属的加工硬化可提高金属的强度,这是工业生产中强化金属材料的一种手段。在塑性加工生产中,加工硬化使金属难以继续进行塑性变形,应加以消除。常采用加热的方法是使金属发生再结晶,从而再次获得良好塑性。

当金属在高温下受力变形时,加工硬化和再结晶过程同时存在。不过变形中的加工硬化随时都被再结晶过程所消除,变形后没有加工硬化现象。

由于金属在不同温度下变形得到的组织和性能不同,因此金属的塑性变形主要分为冷变形和热变形两种。

在再结晶温度以下的变形叫冷变形。变形过程中无再结晶现象,变形后的金属只具有加工硬化现象。所以,变形过程中变形程度不能过大,避免产生破裂。冷变形能使金属获得较高的硬度和精度。生产中常应用冷变形来提高产品的性能。

在再结晶温度以上的变形叫热变形。变形后,金属具有再结晶组织,而无加工硬化痕迹。金属只有在热变形情况下,才能以较小的功完成较大的变形,同时能获得具有较高力学性能的再结晶组织。因此,金属塑性加工生产多采用热变形。

金属塑性加工最原始的坯料是铸锭。其内部组织很不均匀,晶粒较粗大,并存在气孔、缩松、非金属夹杂物等缺陷。将这种铸锭加热进行塑性加工后,由于金属经过塑性变形及再结晶,从而改变了粗大的铸造组织(图 2.16(a)),获得细化的再结晶组织。同时还可以消除铸锭中的气孔、缩松,使金属更加致密、力学性能更好。

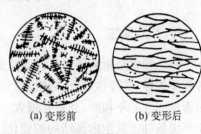

(a) 变形前　　　　(b) 变形后

图 2.16　铸锭热变形前后的组织

此外,铸锭在塑性加工中产生塑性变形时,基体金属的晶粒形状和沿晶界分布的杂质形状都发生了变化,它们将沿着变形方向被拉长,呈纤维形状。这种结构叫纤维组织(图 2.16(b))。

纤维组织使金属在性能上有了方向性,对金属变形后的质量也有一定影响。纤维组织越明显,金属在纵向(平行纤维方向)上塑性和韧性提高,而在横向(垂直纤维方向)上塑性和韧性降低。

纤维组织的明显程度与金属的变形程度有关。变形程度越大,纤维组织越明显。塑性加工过程中,常用锻造比($Y_{锻}$)来表示变形程度。

拔长时的锻造比为　　　　　　　　$Y_{拔} = F_0 / F$

镦粗时的锻造比为　　　　　　　　$Y_{镦} = H_0 / H$

式中　　H_0、F_0 —— 坯料变形前的高度和横截面积;

H、F——坯料变形后的高度和横截面积。

纤维组织的稳定性很高,不能用热处理方法加以消除。只有经过锻压使金属变形,才能改变其方向和形状。因此,为了获得具有最好力学性能的零件,在设计和制造零件时,都应使零件在工作中产生的最大正应力方向与纤维方向一致、最大切应力方向与纤维方向垂直、纤维分布与零件的轮廓相符合,使纤维组织不被切断。

例如,当采用棒料直接经切削加工制造螺钉时,螺钉头部与杆部的纤维被切断,不能连贯起来,受力时产生的切应力顺着纤维方向,故螺钉的承载能力较弱(图 2.17 (a))。当采用同样棒料经局部镦粗方法制造螺钉时(图 2.17(b)),纤维不被切断,连贯性好,方向也较为有利,故螺钉质量较好。

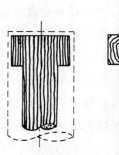

(a) 切削加工　　　(b) 局部镦粗
　　制造的螺钉　　　　制造的螺钉

图 2.17　不同工艺方法对纤维组织
　　　　　形状的影响

2.4　金属的工艺性能

一、热处理性

热处理性是指金属材料在改变温度过程中获得所需组织和性能的能力。对钢而言,常指淬透性、淬硬性、回火脆性及产生裂纹的倾向性等。不同的金属材料,热处理性的实际衡量标准各不相同,且差异很大。但最根本的问题,是要看金属材料在固态下能否因改变环境条件而发生内部结构的变化。能发生改变而又容易保证零件的质量和使用性能的金属材料,就认定该材料的热处理性好,反之则认为该材料的热处理性差。对于具体材料,应根据要求和通过实验来确定其热处理性,进而在零件设计中提出合理的性能要求,在制造中确定合理的工艺规范,以保证制造出经济、实用、耐久的产品。

二、铸造性

铸造性是指金属在铸造成形过程中所表现出的能力。铸造性好,可以铸造出形状准确、结构复杂的铸件,并可简化工艺过程和提高成品率。铸造性的好坏主要取决于金属的充型能力和收缩等。

1. 充型能力

液态金属充填铸型型腔的能力称为充型能力。它既包含金属流入型腔的特性,又包含液态金属准确、清晰复制型腔结构的能力。因此,当金属的充型能力较弱时,影响铸件成形,容易产生浇不足、冷隔、夹渣和气孔等缺陷。影响充型能力的因素有以下三个方面:

(1) 金属成分。成分不同的金属具有不同的结晶特点,其充型能力相差很大。纯金属和共晶成分的金属,都是在恒温下结晶,表现出较好的充型能力。这是由于,这类金属浇入型腔后,金属温度受铸型吸热影响,金属温度分布如图 2.18(a)所示。由图可见,凝固过程中固体和液体存在明显的分界,该固体层金属表面较光滑,产生的阻力小,故液态金属流入型腔的能力强。另外共晶成分的合金熔点低,相同浇注温度条件下,保持液态时间长,对充型极为有利。其他成分的合金都是在一段温度范围内进行结晶的。

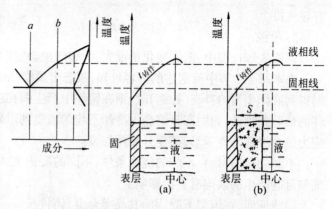

图 2.18　合金成分对充型的影响

当它们进入铸型后,其温度分布与共晶合金相同时(图 2.18(b)),除有固体层外,还有一个固液共存的 S 层。此层内的固体质点不仅阻碍液体金属的流动,而且又加速液体金属的冷却,明显降低该类合金的充型能力。结晶温度范围(结晶区间)越宽,合金的充型能力越差。

对铁碳合金而言,碳、硅、磷等元素含量高的铸铁,充型能力强。而含硫量高时,铸铁的充型能力弱。由于钢的熔点高,结晶区间较大,它的充型能力很低,不适合薄壁件的成形。

(2) 温度和压力。液态金属的温度越高,原子的动能越大,在充型中克服阻力的能力越强。另外,液态金属温度高,保持液态的时间长。同时传给铸型的热量多,可以减缓铸型对金属的激冷作用,因而有利于液体金属的充型。高温低粘度的液体金属,易于排渣和排气。所以,适当提高浇注温度,是保证铸件成形和少产生缺陷的有效手段。但温度过高,又会使金属的收缩量加大,金属中的吸气量增多,氧化现象严重,铸件易产生缩孔、粘砂、气孔等缺陷。故生产中应严格控制浇注温度,确保铸件质量。

金属充型过程与外力有关。提高压力(如增加直浇道高度、改变压力场等)都能显著改善金属的充型能力。改变力场条件(如压力铸造、真空吸铸、离心铸造)获得优质铸件已使铸造生产面貌发生很大变化。

(3) 铸型填充条件。铸型中所有增加金属充型阻力、影响金属流动速度的因素都会降低金属的充型能力。

① 铸型的蓄热能力,即铸型从金属中吸收和储存热量的能力。铸型材料的导热系数和比热越大,对液态金属的激冷能力越强,金属的充型能力就越差。如金属型铸造较砂型铸造容易产生浇不足等缺陷。

② 铸型温度。直接影响液态金属的冷却速度。温度高,可减少铸型与液态金属的温度差,从而减缓冷却速度,提高充型能力。如金属型铸造和熔模铸造时,常将铸型预热到数百度。

③ 铸型排气能力。高温下,型腔中的气体膨胀,型砂中水分汽化,有机物燃烧,将产生大量气体,加之金属析出的气体,导致铸型中压力增大,阻碍液态金属的充型。因此,生产中除应设法减少气体来源外,还应使铸型具有良好的透气性,并在远离浇口的最高部位

开设气口。

2. 收缩

铸件成形过程中,温度变化量很大,收缩现象必定明显表现出来。

由本章2.2节中所阐述的内容可知,液态金属结晶成高温固态的阶段中,如果不能及时得到液体金属的补充(补缩)时,则在铸件中产生缩孔或缩松缺陷,缩孔存在的部位是铸件的最后凝固处,而固态收缩会因冷却不均匀或受到阻碍而产生热应力或机械阻碍应力,应力过大引起铸件变形,甚至开裂而报废。

不同的金属材料、不同的浇注条件、不同的凝固方式、不同的铸型结构都对铸件的收缩和可能产生的缺陷有直接影响。

实践证明,在恒温下凝固的共晶类合金、铸件按一定次序凝固(顺序凝固)、金属温度过高、铸型激冷作用较强、铸件横截面内切圆直径大(称该部为热节)等部位,会因补缩不良产生缩孔。而金属结晶区间大、铸件整体温差小实现同时凝固、铸件横截面较大时,易产生缩松缺陷。

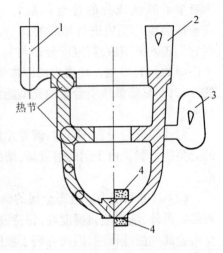

图2.19　阀体件的铸造方案
1—浇口;2—明冒口;3—暗冒口;4—冷铁

在铸型中设置和安放冷铁(图2.19),是消除缩孔和缩松的有效措施。它们起到控制凝固方式和有效补缩的作用,使应该存在于铸件内的缺陷转移到冒口中,最后将冒口切除,保证铸件无缺陷。

金属固态收缩大、铸件结构复杂、铸型型芯多、铸型退让性差以及金属冷却中存在温差大等情况,易使铸件产生应力、变形或裂纹。因此,应从铸件结构设计、正确安排铸造工艺方案、合理选材和适当的工艺措施等方面综合考虑,防止和消除因收缩而产生的各种缺陷。

衡量金属的铸造性,还应注意金属的吸气和产生偏析的可能性,以确保生产优质铸件。

三、可锻性

金属的可锻性是衡量材料通过塑性加工获得优质零件的难易程度的工艺性能。金属的可锻性好,表明该金属适合于塑性加工成形;可锻性差,说明该金属不宜选用塑性加工方法成形。

可锻性常用金属的塑性和变形抗力来综合衡量。塑性越高,变形抗力越小,则可认为金属的可锻性好。反之则差。

金属的塑性用金属的截面收缩率 Ψ、延伸率 δ 和冲击韧度 a_k 等来表示。凡是 Ψ、δ、a_k 值越大或镦粗时在不产生裂纹情况下变形程度越大的,其塑性就越高。变形抗力系指在变形过程中金属抵抗工具作用的力。变形抗力越小,则变形中所消耗的能量也越少。

金属的可锻性取决于金属的本质和加工条件。

1. 金属的本质

（1）化学成分的影响。不同化学成分的金属，其可锻性不同。一般情况下，纯金属的可锻性比合金好。例如，纯铁的塑性就比含碳质量分数高的钢好，变形抗力也较小。又如钢中含有形成碳化物的元素（如铬、钼、钨、钒等）时，则可锻性显著下降。

（2）金属组织的影响。金属内部的组织结构不同，其可锻性有很大差别。纯金属及固溶体（如奥氏体）的可锻性好，而碳化物（如渗碳体）的可锻性差。铸态柱状组织和粗晶粒结构不如晶粒细小而又均匀组织的可锻性好。

2. 加工条件

（1）变形温度的影响。提高金属变形时的温度，是改善金属可锻性的有效措施，并对生产率、产品质量及金属的有效利用等均有很大影响。

金属在加热中随温度的升高，其性能的变化很大。基本上是随温度升高，金属的塑性上升，变形抗力下降，即金属的可锻性增加。其原因是金属原子在热能作用下，处于极为活泼的状态中，很容易进行滑移变形。对碳素结构钢而言，加热温度超过 Fe－C 合金状态图的 A_3 线，其组织为单一的奥氏体，塑性好，故很适宜于进行塑性加工。

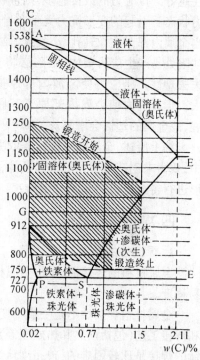

图 2.20　碳钢的锻造温度范围

但温度过高必将产生过热、过烧、脱碳和严重氧化等缺陷，甚至使锻件报废。因此，应严格控制锻造温度。

锻造温度系指始锻温度（开始锻造的温度）和终锻温度（停止锻造的温度）间的温度范围。碳素钢的始锻温度和终锻温度的确定以 Fe－C 合金状态图为依据。例如，碳钢的始锻温度和终锻温度如图 2.20 所示。始锻温度比 AE 线低 200℃左右，终锻温度约为 800℃左右。终锻温度过低，金属的加工硬化严重，变形抗力急剧增加，使加工难于进行。强行锻造，将导致锻件破裂报废。

（2）变形速度的影响。变形速度即单位时间内的变形程度。它对金属可锻性的影响是矛盾的。一方面由于变形速度的增大，回复和再结晶不能及时克服加工硬化现象，金属则表现出塑性下降、变形抗力增大（图 2.21），可锻性变坏；另一方面，金属在变形过程中，消耗于塑性变形的能量有一部分转化为热能，使金属温度升高（称为热效应现象）。变形速度越大，热效应现象越明显，则金属的塑性提高、变形抗力下降（图 2.21 中点 a 以后），可锻性变好。但热效应现象除高速锤锻造外，一般塑性加工的变形过程中，因速度低故不甚明显。

（3）应力状态的影响。金属在经受不同方法进行变形时，所产生的应力大小和性质（压应力或拉应力）是不同的。例如，挤压变形时（图 2.22）为三向受压状态，而拉拔时（图 2.23）则为两向受压、一向受拉的应力状态。

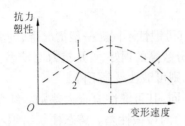

图 2.21　变形速度对塑性
及变形抗力的影响

1—变形抗力曲线；2—塑性变化曲线

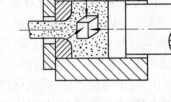

图 2.22　挤压时金属应力状态

实践证明，三个方向中压应力的数目越多，则金属的塑性越好。拉应力的数目越多，则金属的塑性越差。而同号应力状态下引起的变形抗力大于异号应力状态下的变形抗力。当金属内部存在像气孔、小裂纹等缺陷时，在拉应力作用下，缺陷处易产生应力集中，缺陷必将扩展，甚至破坏而使金属失去塑性。压应力使金属内部摩擦增大，变形抗力随之增大。但压应力使金属内部原子间距减小，又不易使缺陷扩展，故金属的塑性会增高。

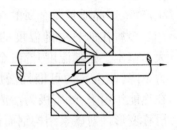

图 2.23　拉拔时金属应力状态

综上所述，金属的可锻性既取决于金属的本质，又取决于变形条件。在塑性加工过程中，要力求创造最有利的变形条件，充分发挥金属的塑性，降低变形抗力，使功耗最少，变形进行得充分，达到加工目的。

四、焊接性

1. 焊接性的概念

金属材料的焊接性，是指金属材料在一定的焊接工艺条件下，获得优质焊接接头的难易程度。

金属材料焊接性不是一成不变的。同一种金属材料，采用不同的焊接方法、焊接材料和焊接工艺（包括预热和热处理等），其焊接性可能有很大差别。例如化学活泼性极强的钛的焊接是比较困难的，曾一度认为钛的焊接性很不好，但从氩弧焊应用比较成熟以后，钛及其合金的焊接结构已在航空等工业部门广泛应用。由于新能源的发展，等离子弧焊接、真空电子束焊接、激光焊接等新的焊接方法相继出现，使钨、钼、钽、铌、锆等高熔点金属及其合金的焊接都已成为可能。

焊接性包括两个方面：一是工艺焊接性，主要是指焊接接头产生工艺缺陷的倾向，尤其是出现各种裂缝的可能性；二是使用焊接性，主要是指焊接接头在使用中的可靠性，包括焊接接头的力学性能及其他特殊性能（如耐热、耐蚀性能等）。金属材料这两方面的焊接性可通过估算和试验方法来确定。

2. 焊接性的估算方法

实际焊接结构所用的金属材料绝大多数是钢材。影响钢材焊接性的主要因素是化学成分。各种化学元素加入钢中以后，对焊缝组织性能、夹杂物的分布以及对焊接热影响区的淬硬程度等影响不同,产生裂缝的倾向也不同。在各种元素中,碳的影响最明显,其他元素的影响可折合成碳的影响,因此,可用碳当量方法来估算被焊钢材的焊接性。硫、磷对钢材焊接性能影响也很大,在各种合格钢材中,硫、磷都受到严格限制。

碳钢及低合金结构钢的碳当量经验公式为

$$w(C_{当量})/\% = w(C) + \frac{w(Mn)}{6} + \frac{w(Cr) + w(Mo) + w(V)}{5} + \frac{w(Ni) + w(Cu)}{15}$$

式中　$w(C)$、$w(Mn)$、$w(Mo)$、$w(V)$、$w(Ni)$、$w(Cu)$为钢中该元素的质量分数。

根据经验:

当 $w(C_{当量}) < 0.4\%$ 时,钢材塑性良好,淬硬倾向不明显,焊接性良好。在一般的焊接工艺条件下,焊件不会产生裂缝,但对厚大工件或低温下焊接时应考虑预热。

当 $w(C_{当量}) = 0.4\% \sim 0.6\%$ 时,钢材塑性下降,淬硬倾向明显,焊接性较差。焊前工件需要适当预热,焊后应注意缓冷,要采取一定的焊接工艺措施才能防止裂缝。

当 $w(C_{当量}) > 0.6\%$ 时,钢材塑性较低,淬硬倾向很强,焊接性不好。焊前工件必须预热到较高温度,焊接时要采取减少焊接应力和防止开裂的工艺措施,焊后要进行适当的热处理,才能保证焊接接头质量。

利用碳当量法估算钢材焊接性是粗略的,因为钢材焊接性还受结构刚度、焊后应力条件、环境温度等影响。例如,当钢板厚度增加时,结构刚度增大,焊后残余应力也较大,焊缝中心部位将出现三向拉应力,这时实际允许的碳当量值将降低。因此,在实际工作中确定材料焊接性时,除初步估算外,还应根据情况进行抗裂试验及焊接接头使用焊接性试验,为制定合理工艺规程与规范提供依据。

3.小型抗裂试验法

小型抗裂试验法的试样尺寸较小,应用简便,能定性评定不同约束形式的接头产生裂缝的倾向。常用的试验方法有刚性固定对接试验法、Y形坡口试验法(小铁研法)、十字接头试验法等。

图2.24是刚性固定对接试验法的试件简图,切制一个厚度大于40 mm的方形刚性底板,手工焊时取长为300 mm,自动焊时取边长大于400 mm。再将待试焊接性的钢材按原厚度切制两块长方形试板,按规定开坡口后,如图将其焊在刚性底板之上。试板厚度 $\delta \leqslant 12$ mm时,取焊脚 $k = \delta$,试板厚度 $\delta > 12$ mm时,焊脚 k 取为12 mm,待周围固定焊缝冷却到常温以后,按实际产品的焊接工艺进行单层焊或多层焊。焊完后在室温放置24 h,先检查焊缝表面及热影响区表面有无裂缝,再从垂直焊缝方向切取厚度为15 mm的金相磨片两块,进行低倍放大的裂缝检验。

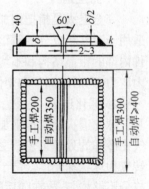

图2.24　刚性固定对接抗裂试验简图

从应用一般焊接工艺焊后有无裂缝或裂缝多少,即可初步评定试板材料的焊接性好坏;而后调整工艺(如预热、缓冷等),再焊接试板,使之达到不裂,从而参考抗裂试验制定出合理的焊接工艺规程与规范。

第三章 金属材料的改性方法

金属材料的原始性能不能满足各种零件工作条件的要求,必须采用某些工艺方法(如热处理、塑性变形等)使之具有理想的性能。金属性能主要取决于内部结构,一切改变金属内部结构的手段均属改性方法。其中,热处理工艺是主要方法。

3.1 整体热处理方法

热处理是指金属在固态下通过改变温度、保温和随后调整至室温,实现改变金属组织,从而获得所需性能的工艺方法。热处理中改变温度的目的是使金属内部发生组织转变。保温的作用主要是保证组织转变进行得彻底。调整至室温的阶段是热处理中的重要阶段。经过这个阶段可使金属具有多种组织结构,且性能差异很大,极大地扩展了金属的使用范围,满足了科学技术迅速发展对金属制品的各种要求。因此,热处理工艺在工业中占有很重要的地位。

一、退火

退火是指把钢加热到某一温度,经保温后缓慢冷却(随炉冷却或在导热能力差的介质中冷却),以获得接近平衡组织的工艺方法。退火的目的是:降低硬度以便于切削加工;提高塑性以利于塑性加工成形;细化晶粒以提高力学性能;消除应力以防止变形或开裂。

依据加热温度的不同,退火有以下几种:

1. 完全退火

完全退火是指把钢加热到 A_3 线以上 $30 \sim 50℃$,保温后缓慢冷却的处理工艺。主要适用于亚共析成分的铸钢件、锻件、热轧型材和焊接件。通过完全退火后,可消除上述工件内部的粗晶结构和不均匀组织,降低工件的硬度,提高强度和韧性,同时可以消除残余内应力,为后续加工和塑性变形作准备。

2. 球化退火

球化退火是指把钢加热到 A_1 线以上 $20 \sim 40℃$,保温后,缓慢冷却至 $600℃$ 出炉在空气中冷却的处理工艺。主要适用于过共析钢。其目的是把片状珠光体和网状二次渗碳体转变为球状珠光体。由于加热的温度仅稍高于 A_1 线温度,部分渗碳体溶解,而奥氏体的成分不够均匀,故在随后的缓冷中,会形成颗粒状渗碳体。同时由于球状表面能最小,奥氏体转变成珠光体中的渗碳体,聚集成颗粒状。这种球状珠光体硬度低,便于进行切削加工,并可使后续处理中避免产生变形和裂纹。

3. 等温退火

等温退火时加热温度与完全退火相同,但保温后快速冷却到 A_1 线以下再进行保温,使奥氏体的转变于稍低温度时进行,这样可以缩短转变时间,提高生产率。同时在转变过程中,整个工件的温度均衡,可获得均匀的组织与性能。等温退火主要适用于奥氏体稳定的合金钢工件和高合金钢件的处理。

4. 扩散退火

扩散退火是指把钢加热到 A_3 线以上 $150 \sim 250℃$ 长时间保温后,缓慢冷却的处理工艺。主要适用于合金钢铸锭和铸件。目的是为了消除铸件中存在的偏析缺陷,使成分均匀化。由于加热温度高,且保温时间长,奥氏体晶内的碳原子或合金元素的原子可进行充分扩散,而达到均匀化的目的。合金元素越多的钢,加热温度也越高。保温时间视工件大小和壁厚情况来确定,一般情况至少应保温 $10 \, h$ 以上。

扩散退火后的组织,成分虽均匀了,但存在过热现象。为了保证性能,必须再进行一次完全退火或正火,以消除过热带来的影响。

5. 去应力退火

去应力退火是指把钢加热到低于 A_1 线的某一温度(一般为 $600 \sim 650℃$),保温后缓慢冷却的处理工艺。主要用于消除铸件、锻件、焊接件、冷冲件以及切削加工件中存在的残余应力。退火过程中没有组织转变过程,残余应力的消除是通过保温时金属产生塑性变形来达到的。由于加热温度比完全退火时低,故氧化损失少,无脱碳现象,工件不会产生过大的变形。去应力退火又称低温退火或人工时效。

6. 再结晶退火

再结晶退火是指把钢加热至再结晶温度以上 $150℃$ 左右,保温后缓冷的处理工艺。主要适用于冷变形塑性加工件。用以消除工件的加工硬化现象,获得较好的综合力学性能。

二、正火

正火是指把钢加热到 A_3 线(对亚共析钢)或 A_{cm} 线(对过共析钢)以上 $30 \sim 50℃$,保温后,在静止空气中冷却的处理工艺。

正火冷却速度比退火快,得到的是非平衡组织,因而钢的性能有很大改变。正火的作用因钢种不同且有很大差别。

(1) 对普通结构钢件或低碳钢、低合金钢件,正火的目的是消除过热组织、细化晶粒、提高硬度、改善切削加工性,为保证后续加工质量和满足使用性能的要求奠定基础。

(2) 对中碳结构钢工件,正火可消除成形工艺过程中产生的某些组织缺陷,保持合适的硬度(HB 不超过 250),便于切削加工,为后续热处理(如调质)作好组织准备。

(3) 对过共析钢,经正火后可消除网状二次渗碳体,为球化退火和后续淬火作组织准备。

(4) 对某些高合金钢件,正火的冷却速度有可能大于获得马氏体的临界冷却速度,因而正火起到了淬火作用,故此时应把正火处理称为空淬。

三、淬火

淬火是指把钢加热到组织转变温度(A_3 或 A_1)以上 $30 \sim 50℃$,保温后快速冷却的处理工艺。其目的在于获得马氏体组织,使钢具有高硬度和高耐磨性。淬火是强化钢材的重要方法。

根据钢种的不同,淬火时所用的冷却介质也有所不同。目前生产中应用较广的冷却介质是水、油及盐或碱的溶液。由于水便宜,对工件的腐蚀作用弱,因此适合作为奥氏体稳定性较小的碳钢淬火时的冷却介质。盐或碱的水溶液激冷能力更强,使淬火后钢的硬度高而且均匀,但易使工件的内应力增大,并具有一定的腐蚀作用,淬火后对工件必须增加清洗工序,故不如水用得广。对于奥氏体稳定性较高的合金钢件,为减小工件因应力而产生的变形和裂纹,采用油作冷却剂可保证工件的淬火冷却速度,并可大于该钢种的临界冷却速度 v_k。其他混合型冷却介质(如水玻璃——碱或盐的水溶液、过饱和硝盐水溶液、合成冷却介质等)也逐渐被生产所采用。

淬火方法有以下几种:

1. 单液淬火法

单液淬火是将加热后的工件放入一种淬火介质中直接冷却到室温的操作方法。如碳钢件放入水中、合金钢件放入油中的操作过程,即为单液淬火。该方法操作简便,易于实现机械化和自动化,应用较为普遍。

2. 双液淬火法

双液淬火是将加热后的钢件,先放入冷却能力较强的介质中,冷却到稍高于点 M_s 温度,再立即转入另一种冷却能力弱的介质中进行淬火的方法。它克服了单液淬火法的缺点,淬火中工件内产生的应力小,不易变形和开裂,但操作难度较大。这是因为:如果工件温度还较高时取出缓冷,可能得到珠光体型转变组织,达不到淬火目的;如果工件温度过低(处于点 M_s 以下),等于进行了单液淬火,失去双液淬火的意义。所以应严格掌握转换介质的时间。

3. 分级淬火法

分级淬火法是将加热后的钢件放入温度稍高于点 M_s 的盐浴或碱浴槽中,停留 2 ~ 5 min,然后取出空冷的操作方法。分级淬火时,工件内外温差小,使淬火应力减至最小。在空冷阶段,工件截面上同时向马氏体转变。因而可保证工件变形很小,不易开裂,适合于形状复杂、截面面积小的碳钢及合金钢件的淬火。

4. 等温淬火法

等温淬火法是将加热后的工件放入温度稍高于点 M_s 的盐浴或碱浴槽中,保温足够时间,待奥氏体转变为下贝氏体后取出空冷的处理工艺。等温淬火的特点是内应力很小,工件不易变形和开裂。同时所得下贝氏体组织具有良好的综合力学性能,多数情况下,工件经等温淬火后不再进行回火处理,故常用来处理形状复杂、尺寸精度要求高,且硬度和韧性要求也较高的工件,如冷、热冲模、刀具和弹簧等件。由于低碳下贝氏体的性能不如低碳马氏体的性能,所以低碳钢工件不宜采用等温淬火处理。

淬火过程是一个典型的非平衡冷却过程。工件内部存在较大温差,必将产生热应力,同时组织转变的前后结构不同,因此会相应产生组织应力。两种应力如果叠加,势必引起工件的变形,并容易形成开裂废品。因此淬火时,其操作工艺必须合理,如正确选定预处理手段、正确选定加热温度和时间、正确选择方法和操作规程、正确设计零件结构等。

金属材料经淬火处理的效果如何,可用淬透性和淬硬性来表示和衡量。

淬透性是指钢在淬火时所能得到的淬硬层深度。理论上,淬硬层深度应该是全部淬透成马氏体的深度。但在未淬透情况下,肯定存在非马氏体组织,并与马氏体混杂在一起,无法准确测定全部为马氏体的极限部位。为此,规定将工件表面向里得到半马氏体组织(50%马氏体和50%非马氏体)的距离作为淬硬层深度。不同成分钢的半马氏体硬度取决于含碳质量分数,并可较准确地测出该层的硬度值,从而可了解材料淬透性的强弱。

淬硬性是指钢在淬火后能达到的最高硬度值。其实质是表明马氏体的硬度,而马氏体的硬度取决于它的含碳质量分数。含碳质量分数越高,则马氏体的硬度随之增高。但含碳质量分数大于0.6%以后,其变化趋于平缓。

四、回火

回火是把淬火后的钢加热到 A_1 线以下某一温度,保温后冷却至室温的处理工艺。这是淬火工件必须进行的一个工序,它决定了该工件在使用状态时的组织和性能,也可以说是决定了工件的使用性能和寿命。

回火的目的是为了消除淬火时因冷却过快而产生的内应力,降低淬火工件的脆性,稳定工件尺寸和使工件具有符合工作条件的性能。

根据回火加热温度的不同,回火可分为以下三种:

1. 低温回火

低温回火是把淬火后的钢加热至 150~200℃,保温后冷却至室温的处理工艺。保温中,马氏体开始分解,碳原子以碳化物形态析出,降低了马氏体中碳的过饱和程度。但因保温温度不够高,马氏体仍处于过饱和状态,析出的碳化物极为细小,并与构成马氏体的 α 固溶体在晶格上保持共格关系(指界面上的原子恰好处于两种晶格的共同结点位置的结构),称这种组织为回火马氏体。经低温回火的工件的硬度没有大的改变(60 HRC 左右),但应力减小很多。因此,低温回火是对刃具类、模具类及渗碳等工件必须进行的处理方法。

2. 中温回火

中温回火是把淬火后的钢加热至 350~500℃,保温后冷却至室温的处理工艺。由于保温温度较高,马氏体中碳原子析出量较多,使碳化物独立呈颗粒状分散存在,α 固溶体中的含碳质量分数接近平衡状态时的含量。这种组织称为回火屈氏体。回火硬度一般为HRC35~50,应力基本消除,工件的弹性和韧性很高,因此是对弹簧类、热变形模具类工件必须进行的处理方法。

3. 高温回火

高温回火是把淬火后的钢加热至 500~650℃,保温后冷却的处理工艺。由于温度高,渗碳体颗粒变大,铁素体发生由片状或板条状变为多边形细晶的再结晶过程,因此获得了回火索氏体组织(20 HRC 左右),但综合力学性能很高。因此,是对重要结构零件必须进行的处理方法。习惯上把淬火加高温回火的处理称为调质处理。

在回火过程中,保温温度应避开 250~350℃,否则钢的韧性明显降低,工件脆性显著,称这种现象为回火脆性。这是由于碳化物以断续薄片状沿马氏体界面分布所造成的。这一现象主要发生在碳素钢中,也称第一类回火脆性。合金钢回火处理时,保温温度控制在450~650℃,然后缓冷下来就将产生第二类回火脆性(高温回火脆性)。这是由于杂质和某些合金元素在马氏体晶界处聚集的结果。但这类回火脆性可在再次回火中通过短期加热和快速冷却来消除。

退火、正火加热温度范围如图 3.1 所示。

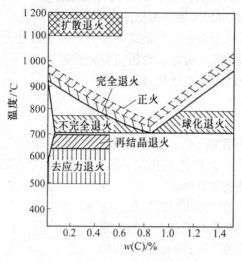

图 3.1　退火、正火加热温度示意图

3.2　表面热处理方法

许多零件(如齿轮、机床主轴、凸轮、曲轴、活塞销等)在工作中,表面层承受着比零件心部更高的应力和受到磨损。因而,要求零件的表面层具有高强度、高硬度、耐磨和抗疲劳能力,而心部则应保持较好的塑性和韧性,能经受重载荷作用和传递大的扭矩,为实现同一零件各部性能不同的要求,表面改性处理是有效手段,其中表面热处理应用得较为广泛。

一、表面淬火

钢的表面淬火是一种不改变表层化学成分,但改变表层组织的处理方法。这种方法是快速加热使工件表层奥氏体化,不等心部组织发生变化,立即快速冷却,表层起到淬火作用,其结果是表层获得马氏体组织,而心部仍保持塑性、韧性均好的组织,工件各部性能都能满足使用要求。

表面淬火时的加热方法很多,如电感应、火焰、电接触、浴炉、电解液、脉冲能量等加热方法。目前在我国采用较为普遍的是电感应加热和火焰加热。

1. 感应加热表面淬火

感应加热表面淬火是把工件置于通有一定频率电流的感应器中,表面快速升温达淬火温度,随即将工件放入淬火介质中冷却的处理工艺。工件在感应器产生的交变磁场中,会形成涡流加热工件。通入感应器的电流频率越高,感应电流越向工件表面集中(集肤现象),被加热的金属层厚度越小,淬火后的淬硬层深度越小。

根据工件的情况适当选择感应加热器。对小型件(如小模数齿轮、中小型轴类)可选择高频(200～300 kHz)感应加热,保证淬硬层深度在0.5～2 mm内即可满足要求。对于要求淬硬层深度在2～8 mm的大型轴类和大模数齿轮,适合选用中频(2～2.5 kHz)的感应加热器进行表面淬火。对于要求淬硬层深度大于10 mm而又无高、中频感应加热的电源设备条件时,可采用工频(50 Hz)加热方式,用于大直径钢材的穿透加热和要求淬硬层深的大直径零件的表面淬火。对于采用高、中频感应加热难以实现沿零件轮廓表面淬火的零件(如中、小模数齿轮、花键轴、链轮等),可采用超音频(20～40 kHz)感应加热,效果很好。

感应加热具有加热快(只需几十秒)、淬火组织细密、工件表面为残余压应力和生产率高,易实现机械化和自动化生产等优点,但加热需复杂昂贵的设备,形状复杂的零件,所需加热器制造困难,故不适合单件、小批量生产。

2. 火焰加热表面淬火

火焰加热表面淬火是用高温火焰(如氧－乙炔火焰)快速加热工件表面达淬火温度,随即喷水使表面快速冷却,获得所需表面硬层的工艺方法(图3.2)。

该法淬硬层一般为2～6 mm,适用于中碳钢、中碳合金钢制成的异型、大型或特大型工件的表面淬火。此法不需复杂设备,操作简便,但淬火效果不够稳定。

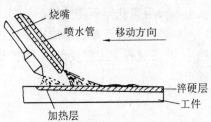

图3.2　火焰加热表面淬火示意图

二、化学热处理

化学热处理是将工件放在一定介质中加热和保温,使介质中的活性原子渗入工件表层,以改变工件表层的化学成分和组织,达到强化工件表面或保护工件表面的处理工艺。

1. 渗碳

渗碳是指提高工件表面含碳质量分数的工艺方法。目前工业中较为普遍的是固体渗碳和气体渗碳两种方法。

固体渗碳时采用木炭和碳酸盐(如$BaCO_3$、Na_2CO_3等),气体渗碳则采用煤油、丙酮、甲醇等有机物作渗碳剂。渗碳剂在高温下都可分解出活性碳原子,被工件吸收,然后碳原子向表面深处扩散,从而使工件在一定深度的表层(0.2～2 mm)含碳质量分数达0.35%～1.05%。渗碳中加热时间的长短、渗碳层的厚薄,视工件的大小和要求而定。

渗碳工件应选用低碳钢,经渗碳后表层与心部含碳质量分数相差明显,否则不会表现出表层硬、耐磨和心部韧性和塑性好的特点。渗碳后的工件一定要进行淬火和低温回火处理,使表层具有回火马氏体结构和消除渗碳过程中形成的粗晶粒结构。

2. 渗氮

渗氮是指提高钢件表面含氮质量分数的处理工艺。工业中应用较广泛的是气体渗氮法。把氨气通入炉中,在380℃以上的温度时,就可分解出活性氮原子,被工件表面吸收,并向内部扩散形成0.1～0.6 mm的渗氮层,即可明显改变工件表面的性能。硬度可达

69 HRC，抗磨、耐腐蚀，并具有较好的抗疲劳性。

渗氮对钢种有要求，一般选用 38CrMoAl 进行渗氮效果较好。如果为获得高的耐腐蚀性，可采用高温（达 720℃）、短时间处理工艺，获得 0.015～0.06 mm 厚的渗氮层，这种抗蚀氮化所适用的钢种可扩展到合金钢、碳钢和铸铁件。

渗氮件不需再进行其他热处理，但周期长、成本高，且需专用钢才有好效果，因此其应用受到一定限制。

3. 碳氮共渗处理

碳氮共渗处理是向钢的表面同时渗入碳和氮原子的处理工艺。其目的是提高钢的疲劳强度和工件表面硬度及耐磨性。

碳氮共渗时，是向炉内通入氨气和滴入煤油，在 820～860℃温度时，即可获得活性碳氮原子，被工件表面吸收，并逐渐扩散到内部，形成 0.2～1.0 mm 厚的共渗层。经淬火和低温回火后可获得所需性能。

碳氮共渗具有单独渗碳或单独渗氮的共同优点。表面硬度高且高硬区较深，表面脆性小，共渗过程中工件变形小，生产周期短。碳氮共渗在汽车制造业中应用，取得了良好效果。

第四章 铸 造

铸造是将液体金属浇入铸型中,冷却凝固后获得铸件的工艺方法。它是以金属的铸造性能为基础的一种工艺方法。金属的铸造性能越好(充型能力强、收缩小、产生裂纹的倾向性小等),越能获得优质铸件。

铸造是一种古老的生产金属件的方法,也是当今工业生产中制取金属件必不可少的重要方法之一。这是因为:

1. 铸造方法具有较强的适应性

铸造可以生产出小至几克大至数百吨、壁厚从 0.2 mm ~ 1 m、长度从几毫米至十几米、结构从较简单至很复杂的铸件,尤其是具有复杂内腔的金属件用铸造方法成形更为突出。就材质而言,几乎所有金属液体都具有一定的充型能力,均适合于用铸造方法制取常温下为固体的金属件。

2. 铸件成本低

铸造生产所用原材料来源广泛、价格便宜,且设备投资少、生产易于实现。铸件的形状和结构与零件相近,机械加工量相对较小。特别是废金属的回收利用极为方便,故铸件成本低。在一般机器中铸件占总质量的 40% ~ 80%,而铸件成本仅占总成本的 25% ~ 30%。

铸造是一种液态成形工艺,成形过程中受多种因素的影响,很难精确控制,致使铸造生产中存在铸件的机械性能稍低、质量不够稳定、劳动条件较差等缺点,有待进一步解决。

4.1 铸造工艺规程制定

为了铸造出健全的铸件、减少生产的工作量和降低铸件的成本,应根据零件结构特点、技术要求和生产批量等因素制定铸造工艺规程。此规程包括确定正确的铸造方法、绘制铸件工艺图、选定合理工艺参数等内容。正确合理的工艺规程是生产准备、模具制造、合金熔炼和铸件质量检验的依据。

制订铸造工艺规程的核心内容是绘制铸件工艺图,即在零件图上用各种工艺符号表示出铸造工艺方案的图形。应考虑的内容是:

一、选择浇注位置

浇注位置是指浇注时铸件在铸型中所处的空间位置。浇注位置正确与否,对铸件的质量影响很大。选择浇注位置应遵循如下原则:

(1) 铸件的重要工作面或主要加工面应朝下或呈侧立状态。液态金属的上表层质量较差,凝固后易存在砂眼、气孔、夹渣等缺陷,不能保证铸件的使用性能。而下部液体金属所受静压力较大,凝固中能得到上部金属液的补缩,凝固组织致密、质量好。图 4.1 所示车床床身铸件的浇注位置方案很合理,可保证床身件的关键表面(导轨面)质量最好。

图4.2为起重机卷扬筒的浇注方案。卷扬筒的外圆周表面不允许存在铸造缺陷,只有采用立铸方案(图4.2(b)),才能获得质量均匀一致的合格铸件。

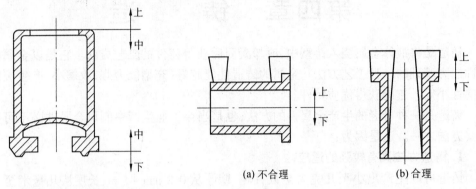

图4.1　车床床身的浇注
　　　位置(铸铁)

(a)不合理　　　　　　(b)合理

图4.2　起重机卷筒的浇注位置

(2) 铸件上的大平面结构或薄壁结构应朝下或呈侧立状态。如果浇注时大平面结构或薄壁结构处于型腔的上部,除了容易产生砂眼、气孔或夹渣外,还容易产生夹砂和浇不足等缺陷。这是由于型腔的平面越大,液体金属充满该部型腔的时间越长,型腔表面受到的热辐射作用越强烈,就极易产生型砂拱起和开裂,甚至出现局部塌落,从而形成上述缺陷(图4.3、4.4)。

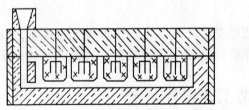
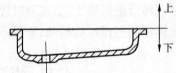

图4.4　薄件的浇注位置

图4.3　具有大平面的铸件正确浇注位置

薄壁结构的型腔对液体金属的充型阻力增大,又处于铸型上部,液体金属的静压力相对较小,因而不易充满全部型腔而形成浇不足或冷隔缺陷。

(3) 选择浇注位置应有利于补缩,防止在铸件中产生缩孔。许多铸件上都存在着局部增厚的结构,浇注后如果液体金属的收缩得不到补充,就会在铸件厚部处形成缩孔。选择浇注位置时,应将厚大部分置于铸型的上部位置,则可方便地安置冒口,实现自下而上的顺序凝固,确保铸件无缩孔缺陷(图4.2)。

二、确定分型面

分型面是指铸型间的接触表面,它的存在有利于铸型的分开和合型。分型面的选择正确与否,不仅影响铸件质量,也影响铸造生产工序的复杂程度,还会影响后续切削加工的工作量。因此,确定分型面应在保证铸件质量的前提条件下,尽量简化工艺,节省人力物力。

分型面的确定应考虑如下几方面因素:

(1) 分型面的确定应能方便、顺利地取出模样或铸件,为此,分型面一般选在铸件的最大截面处。对砂型铸造,主要考虑取模问题。只要能方便而又顺利地从砂型中取出模样,则可简化工艺过程和保证型腔质量。对于采用金属材料作铸型的铸造方法(如金属型铸造、压力铸造等),则必须保证取件的方便性。否则铸型结构复杂并影响铸件质量,甚至使成品率大为降低。

(2) 分型面的确定应尽量与浇注位置一致,并应尽量满足浇注位置的要求。如图4.5为伞齿轮铸件,齿部质量要求高,浇注位置应使齿面朝下。而左图分型面方案虽然具有取模方便的优点,却不能保证齿部质量,故应选定右图方案为好。

(3) 分型面应避免曲折,数量应少,最好是一个且为平面。采用机器造型方法制作铸型时,分型面数量只能选定一个。

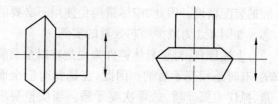

图 4.5 伞齿轮的分型面方案

以曲面或折面为分型面时,则需采用挖砂或假箱造型,型腔质量难以保证,并增加制作铸型的难度。当分型面为平面时,工艺过程可以得到简化,型腔质量好,铸件成品率高。

分型面的数量多,则铸型的组合单元增多,对砂型铸造就是砂型的数目增多,合型后的误差增大,使铸件的精度降低。图4.6(a)给出了三通铸件的三种分型面方案。当分型面与中心线 ab 或 cd 呈垂直状态时,铸型都是由多个砂型组成(图4.6(b)、(c)),很容易产生错箱缺陷。而当与中心线 ab 与 cd 呈平行位置时(图4.6(d)),铸型只有一个分型面,采用两箱造型即可,而且型芯呈水平状态,便于安放又很稳定。

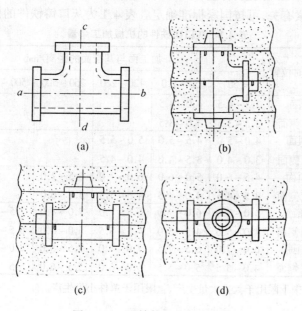

(a)

(b)

(c)

(d)

图 4.6 三通铸件的分型面方案

(4) 应尽量使型腔全部或大部置于同一个砂型内,最好使型腔或使加工面与基准面位于下型中。这样可避免因铸型配合误差出现错箱而影响铸件精度,并可减少废品。同时,上砂型结构简单有利于造型,避免塌箱。

(5) 应使型芯数量少,并便于安放和稳定。型芯主要用来形成铸件的内腔,有时也用型芯来简化模样的外形,达到方便取模和制出不便取模的凸台、凹槽等结构的目的。但大量使用型芯时,必须大量使用专用的模具(芯盒),需要配制大量型芯砂,型芯还要烘干,不但增加制芯工作量,还影响型腔的装配精度。因此,应尽量避免使用不必要的型芯。如图 4.7 为减少型芯数量的实例。

上述原则,对于具体铸件来说是难以全面满足的,有时是相互矛盾的。因此,在选择时应全面衡量,抓住主要矛盾,兼顾次要矛盾。当质量要求很高时,应首先满足浇注位置的要求,再寻求简化工艺的途径。而对于一般铸件,则以简化工艺、降低成本为主。

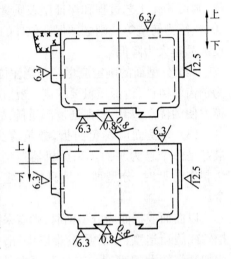

图 4.7　减少型芯数量的分型面方案

三、确定工艺参数

1. 机械加工余量

铸造时在零件的加工表面上增加的一层供切削加工用的金属量称为机械加工余量。该余量数值的大小与生产批量、合金种类、铸件大小、加工面与基准面的距离及加工面在浇注时的位置等因素有关,可按国家标准确定。表 4.1 为灰口铸铁件的机械加工余量。

表 4.1　灰口铸铁件的机械加工余量

铸件最大尺寸/mm	浇注时位置	加工面与基准面的距离/mm					
		< 50	50 ~ 120	120 ~ 260	260 ~ 500	500 ~ 800	800 ~ 1 250
< 120	顶面	3.5 ~ 4.5	4.0 ~ 4.5				
	底、侧面	2.5 ~ 3.5	3.0 ~ 3.5				
120 ~ 260	顶面	4.0 ~ 5.0	4.5 ~ 5.0	5.0 ~ 5.5			
	底、侧面	3.0 ~ 4.0	3.5 ~ 4.0	4.0 ~ 4.5			
260 ~ 500	顶面	4.5 ~ 6.0	5.0 ~ 6.0	6.0 ~ 7.0	6.5 ~ 7.0		
	底、侧面	3.5 ~ 4.5	4.0 ~ 4.5	4.5 ~ 5.5	5.0 ~ 6.0		
500 ~ 800	顶面	5.0 ~ 7.0	6.0 ~ 7.0	6.5 ~ 7.0	7.0 ~ 8.0	7.5 ~ 9.0	
	底、侧面	4.0 ~ 5.0	4.0 ~ 5.0	4.5 ~ 5.5	5.0 ~ 6.0	6.5 ~ 7.0	
800 ~ 1 250	顶面	6.0 ~ 7.0	6.5 ~ 7.5	7.0 ~ 8.0	7.5 ~ 8.0	8.0 ~ 9.0	8.5 ~ 10
	底、侧面	4.0 ~ 5.5	5.0 ~ 5.5	5.0 ~ 6.0	5.5 ~ 6.0	5.5 ~ 7.0	6.5 ~ 7.5

注:加工余量数值中下限用于大批大量生产、上限用于单件小批生产。

2. 拔模斜度

铸件上垂直分型面的各个侧面应具有斜度,以便于把模样(或型芯)从砂型中(或从芯盒中)取出,并避免破坏型腔(或型芯)。此斜度称为拔模斜度。

拔模斜度的大小取决于立壁的高度、造型方法、模样材质和该侧面在型腔中的所处位置。通常为 15′~3°。对手工造型、木制模样和铸件上的内壁(铸件收缩与型砂紧密接触的侧面),斜度值应大一些(图 4.8 的 β_1、β_2)。铸件上的加工表面,形成斜度时应在加工余量之上再增加少量金属(图 4.8 的 β、β_2),对铸件上的非加工表面,则可采用减小壁厚的手段来形成斜度(图 4.8 的 β_1),这样可避免因形成斜度使壁厚值加大而产生其他缺陷(如缩松、晶粒粗大等)和浪费金属。

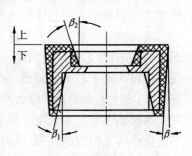

图 4.8 拔模斜度

3. 型芯及型芯头

铸件的孔形和各种内腔大都是靠型芯来成形的,因此型芯的主体轮廓与铸件的孔形或内腔应一致。此外,也可采用型芯来简化模样的外形,铸出铸件上局部妨碍拔模的凸台、凹槽等结构。一般情况下,铸件上较小的孔不必铸出,留待机械加工成形更为经济。灰口铸铁件的可铸孔直径应大于 25 mm,铸钢件可铸孔直径应大于 35 mm,有色金属件可铸孔直径应大于 15 mm。

型芯按照其在型腔中所处的状态,一般分为水平型芯和垂直型芯两大类(图4.9)。

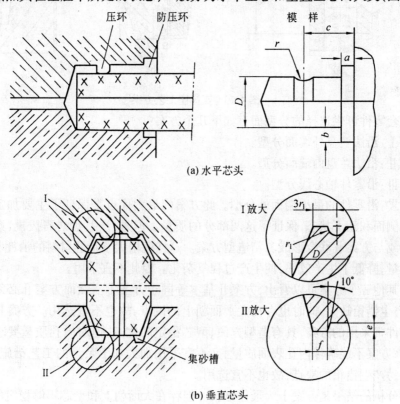

(a) 水平芯头

(b) 垂直芯头

图 4.9 典型的芯头结构

型芯头是型芯的重要组成部分,在浇注时型芯头不与液体金属相接触,起到定位和支撑型芯及引导型芯中气体排出的作用。

垂直型芯一般都有上下各一个芯头,其高度主要取决于型芯的直径与高度的比值,细而高的型芯,型芯头应适当高一些,以增大型芯的稳定性,上芯头的高度应适当短一些,以便于合箱。上下芯头的侧面,应适当设计斜度,下芯头侧面斜度可按拔模斜度值确定,不宜过大,而上芯头的斜度应大些(可达 15°)。

水平型芯的芯头长度取决于型芯的长度。悬臂型芯的型芯头应长些,尽量使整个型芯的重心移至型腔的外部,以保证型芯的稳定性。型芯头的端面亦应有适当的斜度,有利于造型时拔模和下芯。

图 4.10 所示为一支撑套零件,内孔表面要求较高,但总体结构不很复杂。材料为灰口铸铁,灰口铸铁的铸造性能较好,不需特殊考虑因液态收缩产生的问题。故制定工艺方案时,应侧重于简化生产过程方面的内容。

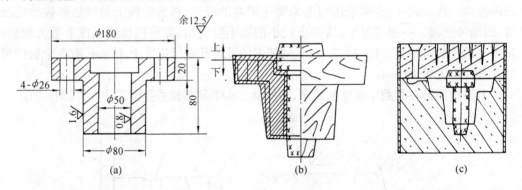

图 4.10　支撑座工艺方案

支撑套零件可供选择的分型面有如下几个方案:

方案Ⅰ:沿法兰盘外端面分型。

方案Ⅱ:沿法兰盘内端面分型。

方案Ⅲ:沿零件轴心线分型。

方案Ⅳ:沿零件的最小端面处分型。此方案的最大优点是保证了主要加工面和最大平面处于侧面和朝下状态,保证了这两部分的质量。但是,法兰盘妨碍拔模,则必须采取外加型芯或与方案Ⅱ联合形成三箱造型方案。这样就增大了造芯材料的消耗和造型或制芯的工作量,降低了生产效率,使生产过程复杂化。因此不宜采用。

比较其他三个方案可以看出,方案Ⅱ基本等同于方案Ⅰ。然而方案Ⅱ必须用分开模造型,易产生错箱缺陷,同时也存在大平面朝上的缺点,故也不宜选用。方案Ⅲ是长套类或管类零件常采用的方案,具有造型方便、型芯稳定的优点,但对内孔质量要求较高的支撑套件,该方案不能确保内孔表面质量,又不宜采用加大加工余量的工艺措施来克服,同时也存在易产生错箱的缺点,故也不宜选用。

综合分析的结果是方案Ⅰ为最佳方案。但存在大面朝上和型芯不够稳定的缺点。因此,在工艺上采取适当增大浇注时朝上表面的加工余量和适当增大下芯头的直径来解决上述问题。

支撑套零件的铸造工艺图、模样图及合箱图如图4.10(b)、(c)所示。

4.2 铸 造 方 法

铸造是一种历史悠久的金属成形手段,时至今日铸造仍然是机械制造工业中十分重要的成形方法。按铸件的成形条件和制备铸型的材料不同,铸造方法可分为砂型铸造、熔模铸造、压力铸造、金属型铸造、离心铸造、低压铸造、真空吸铸和消失模铸造等。其中砂型铸造是普遍采用的方法,其他方法都属于特种铸造,不同的特种铸造方法适用在特定场合。

一、砂型铸造

砂型铸造是以型砂制作铸型、并依靠液态合金自身的流动性、在重力下充填铸型生产铸件的方法。其基本工艺过程如下:

制作模样 ／配制型砂 → 造型 → 砂型 → 铸型 → 落砂、清理、检验 → 铸件

制作芯盒 ／配制芯砂 → 造芯 → 型芯 → 烘干 → 下芯 → 液态金属 → 浇注 ← 熔炼 ← 选配炉料

1. 造型材料

造型材料包括型砂和芯砂两种。它是由原砂、粘结剂、水和附加物(木屑、煤粉、重油等)组成的混合料。各种原材料按合适的比例配制的型(芯)砂,经混辗后,就能具有良好的可塑性、强度、透气性、耐火性及退让性等综合性能,以满足后续造型(芯)工序的需要。

以黏土作为黏结剂配制的型(芯)砂,是砂型铸造常用的造型材料,具有成本低、适用范围广和回收利用性好等特点。但因粘土的黏结能力较低,且化学性质具有双重性,影响型(芯)砂的耐火性,因而对大型铸件、铸钢件和要求质量很高的铸件,就不宜选用。

以水玻璃($Na_2O \cdot mSiO_2$)作为粘结剂的型砂,做完砂型经硬化后,砂型强度高,型腔尺寸准确,砂型无需烘干,适合生产大型铸件。但因其回收利用性极差,必须增加旧砂处理设备,因而生产中已较少采用。

对于具有薄壁、复杂内腔的铸件,型芯的清除尤为重要,为此可使用油(桐油、亚麻籽油)或合脂(制皂工业的副产品)作黏结剂,但成本较高。

以合成树脂(如呋喃树脂)作黏结剂的型砂称为树脂砂。它是一种新型的极具发展前途的造型材料。它在受热或固化剂的作用下,能快速固化,砂型和型芯无需烘干就具有发气少、强度高的特点,且型腔尺寸准确,易与铸件脱离,树脂砂的退让性和出砂性优于其他各类砂。采用此类砂造型和造芯,易于实现机械化。因此许多大批量生产厂(如汽车厂、拖拉机厂等)的铸造车间普遍选用树脂砂生产各类铸件。随着化学工业的进一步发展,树脂砂的价格可以大幅度地降低,它完全可以进入成批或小批量生产类型的工厂中,必将对确保铸件质量和提高整机的使用性能产生重大影响。

2. 造型方法

造型或造芯是制作砂型(或型芯)的过程。造型通常分为手工造型(造芯)和机器造型(造芯)两大类。

手工造型是传统的造型方法,它操作灵活,应用范围广,对模具、砂箱的要求也不高。但生产率低,主要用于单件、小批量生产。

机器造型是现代化铸造车间生产的重要手段,能高效率生产出尺寸精确、表面粗糙度值小、加工余量少的铸件,可以改变手工造型生产铸件的车间环境差、劳动条件恶劣的落后状态。但由于机器造型需专用设备和工装,故只适用中、小件的成批或大量生产。

机器造型将造型过程中的紧实型砂和起模等主要工序实现了机械化,消除了操作者技术水平个体差异的影响,而且砂型的紧实程度更符合铸件成形的要求,型腔轮廓清晰准确,铸件质量好。

根据紧实型(芯)砂的原理不同,机器造型方法有:压实式造型、震击压实式造型、微震压实式造型、高压式造型、空气冲击式造型、射压式造型和抛砂式造型等。

其中震击压实式造型方法为典型造型方法。但因震动强、噪音大,因而逐渐被其他紧实方式所取代。而空气冲击式造型是80年代发展起来的先进造型技术,具有造型机结构简单、维修方便、噪音小的特点,很有发展前途。射压紧实方式是现代铸造生产中用来制作型芯的主要方法,在树脂砂应用量日渐扩大的状况下,射压式紧实设备数量也不断增多。抛砂式紧实仅适用于中、小批量生产大件的造型过程。

机器造型不能进行三箱和多箱造型,因此在制定铸造工艺规程时,只能选定一个分型面。机器造型也不应采用活块方案,如有局部妨碍拔模结构时,只能采用外加型芯来解决。机器造型要求其他辅助工序:如型砂的输送、翻箱、下芯、合箱、浇注、落砂、砂箱和型芯的输送等应尽量采用机械化,以充分发挥造型机的效率,使整个生产过程按流水线来组织和安排。

3. 砂型铸造的特点

砂型铸造的适应性强,可以生产出各种类型的铸件,也适合采用不同类型的铸造合金,铸件的大小和复杂程度可在很大范围内变动,其中大型、特大型铸件或结构(尤其是内腔)很复杂的铸件只能采用砂型铸造成形。但在砂型铸造过程中存在铸件尺寸精度低、表面粗糙、生产效率低、劳动条件差、成品率低等缺点,需进行有效地综合控制。

二、金属型铸造

金属型铸造是用金属材料(铸铁或钢)制作铸型生产铸件的方法。金属型可使用的次数很多(可达上千次),故又称永久型铸造。

金属型的结构主要取决于铸件的大小、结构、合金种类和生产批量等。金属型的种类依据分型面的状态,可分为水平式、垂直式和复合式金属型。图4.11为典型的生产铝活塞用的金属型结构简图。金属型铸造时可采用金属型芯或砂芯来形成铸件的内腔。采用金属型芯,则应附设抽芯机构。许多金属型设置推杆机构可提高生产率和防止铸件变形,并有增加排气通道的作用。

金属材料本身具有导热性强、无透气能力、强度高、没有退让性、耐火性比型砂差等特

点,对铸件成形较为不利。因此在工艺上必须采取相应措施以保证铸件质量,常用的工艺措施包括:

1. 喷刷涂料

铸型型腔和金属型芯表面必须喷刷涂料。它的主要成分是耐火材料(如氧化锌、石墨料等)。涂料起隔绝液体金属与金属型型腔的直接接触和避免液体金属冲刷型腔表面的作用,也能起到减缓铸件的冷却速度和减弱液体金属对铸型热冲击的作用。从而防止铸件产生裂纹和白口组织等缺陷,并提高铸型的使用寿命。

2. 保持合适的工作温度

铸型在确定的工作温度条件下,才能浇注液体金属生产铸件,以减缓铸型对所浇金属的激冷作用,避免产生浇不足、裂纹或白口缺陷,同时也

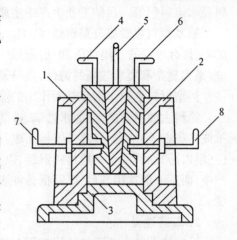

图 4.11　铸造铝活塞简图
1、2—左右半型;3—底型;
4、5、6—分块金属型芯;
7、8—销孔金属型芯

减小所浇金属与铸型的温差,提高铸型的寿命。浇注铸铁件时铸型温度保持在 250 ~ 350℃,浇注有色金属件时铸型温度控制在 100 ~ 250℃。

3. 严格控制开型时间

浇注之后,铸件在铸型中长时间停留,铸型会阻碍铸件收缩而使其产生裂纹,同时也增大取件和抽出型芯的难度,对灰口铸铁件还将增厚白口层。但开型过早也会影响铸件成形和使铸件变形过大。通常开型时间应控制在 10 ~ 60 s 之内,大多通过试验确定合适的开型时间。

4. 浇注灰口铸铁件要防止产生白口组织

一般情况下,要求铸件壁厚 $S > 15$ mm,液体金属中的碳和硅总质量分数不小于 6%。涂料中应掺有硅铁粉,以使铸件表面的含硅质量分数稍高而减弱白口倾向。从铸型中取出铸件后,应放入缓冷环境(如干砂坑、草灰坑或保温炉)中冷却。

金属型铸造是较为普遍采用的特种铸造方法之一,"一型多铸"能节省大量造型材料及相应的砂处理及造型设备,易实现机械化和自动化生产。铸件精度可达 IT12 ~ IT16,表面粗糙度值 $Ra < 12.5\ \mu m$,铸件力学性能较砂型铸造件的 σ_b 值提高约 20%;铸造生产率高。但也存在铸型制造周期长、成本高、工艺参数要求严格、易出现大量同一缺陷的废品等缺点。所以金属铸造适合有色金属件或小型铸铁件的成批或大量生产。

三、熔模铸造

熔模铸造是采用易熔材料制作模样来生产铸件的工艺方法。该法制作的铸型没有分型面,从而提高了铸件的精度,故又称"精密铸造"。生产过程中模样主要由蜡质材料来制造,经熔化从铸型中流出,故该法也称为"失蜡铸造"。

1. 模样及铸型材料

用来制作模样的易熔材料有许多种,如蜡基模料、树脂(松香)基模料、含水无机盐模

料及水银模料等。目前工业生产中主要采用前两种模料制作模样。

蜡基模料主要成分是石蜡(C_nH_{2n+2})和硬脂酸($C_{17}H_{35}COOH$),且各占50%,熔点50~60℃,具有较好的使用性能和回用性。为提高蜡料的强度,可加入少量聚乙烯。对于薄壁、结构复杂和要求较高的铸件,则可采用树脂基模料来制作模样。

铸型材料主要包括起粘附作用的涂料和起支撑作用的石英或耐火材料。

涂料主要由黏结剂(如水玻璃、硅酸乙酯水解液或硅溶胶等)与耐火材料(如石英、刚玉或锆英石等)细粉,经混合搅拌而成。其中面层涂料(前两层)由优质材料混成,而背层(三层以后)涂料可由一般材料混制,以降低成本。撒砂材料主要是耐火材料砂,在实际生产中,面层一般选用细砂,以降低铸件表面粗糙度;背层则选用粗砂,以迅速增加铸型的厚度。

2. 工艺过程

熔模铸造的生产工艺流程如图4.12所示。

工艺流程中的第一个重要环节是制取高质量的蜡模。将配好的模料加热成糊状后,以一定的压力注入压型中(压型是制造蜡模的专用模具),待冷凝后从中取出,经修饰获得带有内浇口的单个蜡模。然后把若干个蜡模熔焊在直浇口棒蜡模上,获得蜡模组(图4.13)。

工艺流程中的第二个重要环节是制作供浇注用的型壳(铸型)。其制作过程为:蜡模组浸挂涂料—→撒砂—→硬化(或干燥)—→重复多次—→脱蜡—→烘干、焙烧后待浇注(图4.14)。

在生产过程中,蜡模组第一次浸挂涂料浆后,撒细砂以保持型腔的表面光滑,后续各层撒不同粒度的石英砂,以得到一定厚度的型壳。当采用硅酸乙酯涂料浆时,则在撒砂后放入通氨气或饱和氨水的箱中进行硬化;而采用水玻璃涂料浆时,则在撒砂后浸入一定浓度的NH_4Cl水溶液中进行硬化。两种硬化过程的机理都是使硅胶团呈冻胶将撒砂材料牢固粘附住,使型壳具有足够的湿强度。脱蜡是取出蜡模的过程,通常都是将带有蜡模的型壳放入85~95℃的热水中,蜡料熔融后从浇口流出,也可采用热蒸汽进行脱蜡。但模

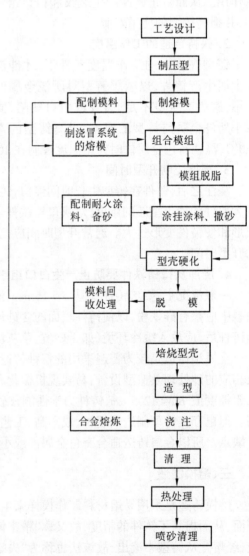

图4.12　熔模铸造工艺流程

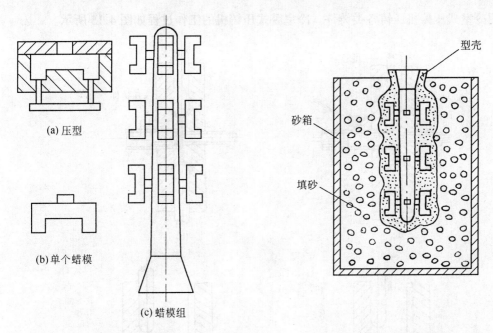

(a) 压型

(b) 单个蜡模

(c) 蜡模组

图 4.13 蜡模组

图 4.14 待浇注的铸型

样为树脂基时,无需脱蜡过程,而是在焙烧过程中将模样燃烧掉,以获得供浇注用的型腔。

3. 熔模铸造特点和应用范围

熔模铸造的铸型没有分型面、型腔表面很光洁,起模过程无振动、型腔变形很小,因而铸件尺寸精确,尺寸精度可达 IT14～IT11,粗糙度值 Ra 可达 25～3.2 μm;浇注时,铸型处于较高温度(600℃左右),液态金属的充型能力得到提高,因而可以浇注出形状复杂的薄壁铸件(最小壁厚 0.7 mm);由于铸型材料耐火性好,故可铸出高熔点合金件;熔模铸造适合于各种生产批量。但这种方法也存在原材料昂贵、工艺过程繁杂、生产周期较长、一般只能生产不超过 25 kg 铸件等缺点,使其应用受到限制。

综上所述,熔模铸造适合于高熔点、难加工、结构复杂铸件的成批、大量生产,也适合于将几个零件装配的组合件改为整体铸件一次铸成,从而减少装配工作量和相应费用。目前熔模铸造已在汽车、拖拉机、机床、刀具、汽轮机、兵器、宇航等制造行业中得到广泛的应用,成为少、无屑加工的重要方法之一。

四、压力铸造

压力铸造是指液态金属在高压(5～150 MPa)下,快速(充型时间 0.001～0.2 s)充填铸型,并在压力下结晶,以获得铸件的工艺方法。由于压力大,所以必须采用金属材料(多为合金工具钢)制作铸型和型芯。而铸型只能有一个分型面,铸件上所有妨碍取件的结构部位,只能用外加金属型芯解决。

压铸生产都是在专用设备(压铸机)上进行的。压铸机根据压室(容纳液体金属的部位)的不同,分为热室(压室与熔烧金属的坩埚连在一起)式和冷室(压室与熔炼金属的坩埚分离存在)式。热室式压铸机仅用来生产低熔点有色合金的小型铸件。目前生产中广泛采用冷室式压铸机压铸各类铸件。冷室卧式压铸机的工作过程如图4.15所示。

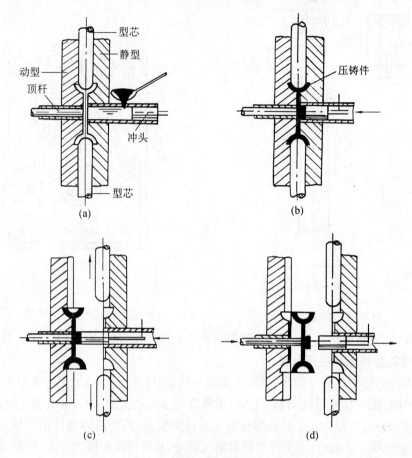

图4.15 卧式压铸机的工作过程

首先把涂料喷刷在型腔表面上,起保护型腔和减小摩擦阻力作用。然后将铸型合在一起,并把型芯推至确定位置处(图4.15(a))。把定量金属注入到压室后进行压铸(图4.15(b))。保压一段时间金属凝固且具有足够强度时,开型取下铸件(靠顶杆完成)(图4.15(c)、(d))。到此,在压铸机上就完成了一个工作循环。当压铸具有嵌镶结构的铸件时,在合型前应把嵌镶件放入型腔的确定位置处,然后再合型压铸。

压力铸造具有如下特点:

(1)压铸件的精度高,一般情况可达 IT13～IT11,甚至可达 IT8。压铸件的表面光洁,表面粗糙度值 Ra 可达 6.3～1.6 μm,用新铸型压铸出的铸件,其表面粗糙度值 Ra 可达 0.8 μm。压铸件的后续加工工作量较少。

(2)压铸件的力学性能较高,其强度较砂型铸件高 40% 左右。由于金属在铸型中冷却速度快,因而晶粒细密,其硬度和耐磨性都较高。

(3)由于液体金属在压力下充型,所以充型能力很强,这样可降低浇注温度,减少金属中的含气量,减少产生气孔缺陷。另外,压铸可铸出结构复杂的薄壁铸件(可铸最小壁厚 0.4 mm),也可直接铸出小孔、螺纹、齿形和各种图案。许多嵌镶组合件用压力铸造成

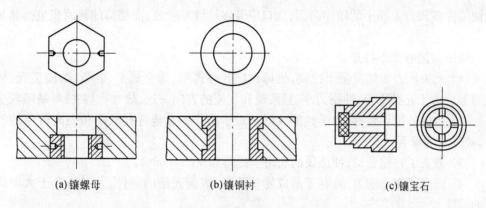

(a)镶螺母   (b)镶铜衬   (c)镶宝石

图 4.16 镶嵌件的应用

形(图 4.16),其经济效益显著。

(4) 压铸工艺的生产效率很高,一般情况每小时可完成 50～150 次循环,最高每小时可完成 500 次压铸循环,压铸生产易实现自动化。

(5) 压铸虽是实现少、无切屑的工艺方法,但存在设备投资高、铸型制造周期长、适合压铸的合金种类有限(不适合生产高熔点合金),且压铸件不能采用热处理来进行改性(因压铸件过饱和溶解着较多气体),也不适合生产承受冲击载荷的铸件等缺点。

综上所述,压力铸造适合生产大批量的有色金属铸件。目前在汽车、拖拉机、仪表、电器、计算机、纺织、兵器等工业中广泛采用压铸工艺生产(缸体、齿轮、箱体、支架等零件)。当采用真空压铸、加氧压铸和特种铸型材料时,压力铸造工艺的适用范围更加扩大,黑色金属压铸成形亦得以实现。

五、低压铸造

低压铸造是介于重力铸造(如砂型、金属型铸造等)和压力铸造之间的一种铸造方法。是使液态合金在压力下,自下而上地充填型腔,并在压力下结晶,以形成铸件的过程。由于所使用的压力较低($2～7 N/cm^2$),所以称为低压铸造。

低压铸造的原理如图 4.17 所示。将熔好的金属液放入密封的电阻坩埚炉内保温。铸型(一般为金属型)安置在密封盖上,垂直的升液管使金属液与朝下的浇口相通。铸型为水平分型,金属型在浇注前需预热,并喷刷涂料。

低压铸造时,先锁紧上半型,向坩埚室缓慢通入压缩空气,于是金属液经升液管压入铸型,待铸型被填满,才使气压上升到规定的工作压力,并保持适当的时间,使合金在压力下结晶。然后,撤除液面上的压力,使升液管和浇口中尚未凝固的金属液在重力下流回坩埚。最后,开启铸型、取出铸件。

低压铸造不需另设冒口,而由浇口兼起补缩作用。

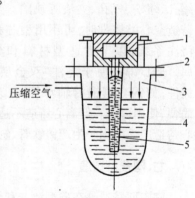

图 4.17 低压铸造
1—铸型;2—密封盖;3—坩埚
4—金属液;5—升液管

为使铸件实现自上而下的顺序凝固,浇口应开在铸件厚壁处,而浇口的截面积也必须足够大。

低压铸造有如下特点:

(1) 充型压力和速度便于控制,故可适应各种铸型,如金属型、砂型、熔模型壳、树脂壳型等。由于充型平稳,冲刷力小,且液流和气流的方向一致,故气孔、夹渣等缺陷较少。

(2) 铸件的组织致密,力学性能较好。对于防止铝合金针孔缺陷和提高铸件的气密性,效果尤为显著。

(3) 省去了补缩冒口,使金属的利用率提高到 90% ~ 98%。

(4) 提高了充型能力,有利于形成轮廓清晰、表面光洁的铸件,尤其适合于大型薄壁件的铸造。

此外,低压铸造装备较压铸装备简单,便于实现机械化和自动化。

低压铸造主要用于高质量的铝、镁合金铸件,如气缸体、缸盖、曲轴箱、高速内燃机活塞、纺织机零件等。

六、离心铸造

离心铸造是指液体金属在高速旋转(250 ~ 1 500 r/min)的铸型中、在离心力作用下成形,以获得铸件的工艺方法。

离心铸造可以采用金属铸型,也可以采用砂型。铸型可以围绕垂直轴旋转或围绕水平轴旋转(图 4.18)。围绕垂直轴旋转(图 4.18(a))时,铸件内表面呈抛物线形状,所以铸件高度不宜过高。铸件围绕水平轴旋转(图 4.18(b)),可获得均匀的壁厚。因此卧式离心铸造机应用较广泛。

离心铸造时,液体金属在离心力作用下,有向铸型型壁贴附的倾向,而熔渣和气泡则向铸件内表面集中,因而铸件的晶粒较细密,无缩孔、缩松、气孔、夹渣等缺陷。当铸造空心类铸件时,可不用型芯和浇注系统,以节省造型材料和金属。离心铸造便于浇注"双金属"铸件,如钢套镶铜衬轴承等,工艺

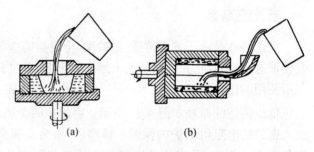

图 4.18　圆筒件的离心铸造

简便,使用可靠。但离心铸造不适合铸造内孔要求高和易产生偏析的合金铸件。目前,离心铸造广泛应用于生产铸铁管、缸套、滑动轴承及许多成形铸件。

七、陶瓷型铸造

陶瓷型铸造是在砂型铸造和熔模铸造的基础上发展起来的一种精密铸造方法。

1. 基本工艺过程

(1) 砂套造型。为节省昂贵的陶瓷材料和提高铸型的透气性,先用水玻璃砂制出砂套(相当于砂型铸造的背砂)。制造砂套的木模 B 比铸件的木模 A 应增大一个陶瓷料厚

度(图 4.19(a))。砂套制造方法与砂型铸造相同(图 4.19(b))。

(2) 灌浆与胶结。灌浆与胶结是为了制造陶瓷面层。其过程是将铸件木模固定于平板上,刷上分型剂,扣上砂套,将配制好的陶瓷浆由浇注口注满(图 4.19(c)),经数分钟后,陶瓷浆便开始结胶。

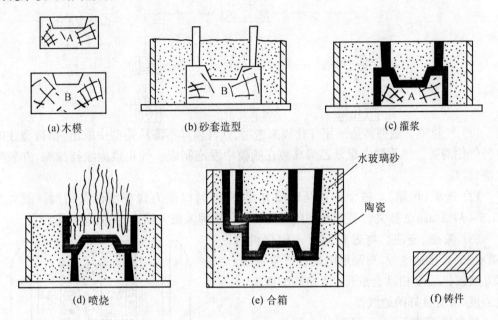

(a) 木模　　　　(b) 砂套造型　　　　(c) 灌浆

(d) 喷烧　　　　(e) 合箱　　　　(f) 铸件

水玻璃砂

陶瓷

图 4.19　陶瓷型铸造工艺过程

陶瓷浆由耐火材料(如刚玉粉、铝矾土等)、粘结剂(硅酸乙酯水解液)、催化剂(如 $Ca(OH)_2$、MgO 等)、透气剂(双氧水)等组成。

(3) 起模与喷烧。灌浆 5 ~ 15 min 后,趁浆料尚有一定弹性便可起出模型。为加速固化过程,必须用明火均匀地喷烧整个型腔(图 4.19(d))。

(4) 焙烧与合箱。陶瓷型要在浇注前加热到 350 ~ 550℃焙烧 2 ~ 5 h,以烧去残存的乙醇、水分等,并使铸型的强度进一步提高。

(5) 浇注。浇注温度可略高,以便获得轮廓清晰的铸件。

2. 陶瓷型铸造的特点及适用范围

(1) 陶瓷型铸造具有熔模铸造的许多优点。因为在陶瓷层处于弹性状态下起模,同时,陶瓷型高温时变形小,故铸件的尺寸精度和表面粗糙度与熔模铸造相近。此外,陶瓷材料耐高温,故也可浇注高熔点合金。

(2) 陶瓷型铸件的大小几乎不受限制,从几千克到数吨。

(3) 在单件、小批量生产条件下,需要的投资少、生产周期短,在一般铸造车间较易实现。

陶瓷型铸造一般不适于批量大、形状复杂的铸件,且生产过程难以实现机械化和自动化。

陶瓷型铸造主要用于生产厚大的精密铸件,广泛用于铸造冲模、锻模、玻璃器皿模、压铸模、模板等,也用于生产中型钢铸件。

八、磁型铸造

磁型铸造是用铁丸代替型砂,依靠磁力进行紧实的铸造方法。

磁型铸造的工艺流程如下:

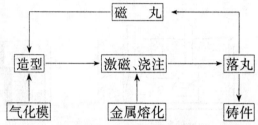

(1) 气化模。磁型铸造采用气化模来造型,这种模样不需从铸型中取出,留待浇注时自行气化消失。气化模由聚苯乙烯珠粒在胎模中发泡制成。气化模应涂挂涂料,并装配上浇冒口。

(2) 造型(埋箱)。磁型铸造是以磁丸代替型砂,以磁力代替型砂粘结剂。磁丸为 $\phi 0.5 \sim \phi 1.5$ mm 的铁丸。造型是指用磁丸将气化模埋入磁丸箱内,并微震紧实。

(3) 激磁、浇注。将磁丸箱推入磁化机内(图 4.20)。接通电源,马蹄形电磁铁产生磁场,磁丸被磁化而互相结合成形,这种铸型既有一定强度,又有良好的透气性。

当金属液浇入磁型,高温的金属将气化模烧失,而遗留的空腔被金属液所取代。

(4) 落丸。当金属冷凝,便可切断电源,由于磁场消失,磁丸随之松散,于是铸件自行脱出。落出的磁丸经净化处理后可重复使用。

磁型铸造的特点:

(1) 不用型砂,无硅尘危害,设备简单,占地面积小。

(2) 造型、清理简便。

(3) 不需起模,铸件精度及表面质量高。

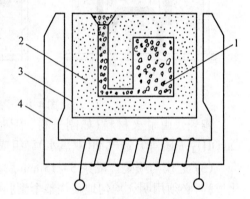

图 4.20　磁型铸造
1—气化模;2—磁丸;
3—磁丸箱;4—电磁铁

但磁型铸造不适用于厚大复杂件。气化模燃烧时放出许多烟气,污染空气。此外,易使铸钢件表层增碳。

磁型铸造主要用于中、小型铸钢件的大批量生产。其质量范围为 0.25 ~ 150 kg,铸件最大壁厚可达 80 mm。磁型铸造在机车车辆、拖拉机、兵器、农业机械、化工机械等制造业中得到了成功的应用。

随着科学的不断发展,对铸件的质量要求越来越高,新的特种铸造方法(如真空吸铸、连续铸造、壳型铸造等)不断出现,而且各种特种铸造方法在工业领域内都有很广泛的应用。

4.3 铸 造 合 金

广义上说,常温下处于固态的金属均可采用铸造方法成形。但根据铸造过程的特点,在工业生产中常采用的铸造合金主要包括铸铁、铸钢、铸造铝合金、铸造铜合金等。

一、铸铁

铸铁是含碳质量分数大于 2.11% ,并含有 Si、Mn、P、S 的铁碳合金。当铸铁中含 Si 质量分数大于 4% 、含 Mn 质量分数大于 2% ,或含有一定量其他有意加入的合金元素(Al、Ti、Mo、V、Cu 等)时,称为合金铸铁。

铸铁中碳是主要合金元素,在铸铁中或者以化合物(Fe_3C)形态存在,或者以结晶型碳(石墨)形态存在,使铸铁的各种性能发生很大变化。

1. 白口铸铁

在白口铸铁中,除微量的碳溶于铁素体外,大部分碳以化合物形态存在,因其断口呈银白色,故称白口铸铁。其基本组织是莱氏体,硬度高又无塑性,难于进行机械加工。其铸造性能很差,充型能力弱,收缩大,铸造成形中易产生浇不足、裂纹、缩孔等缺陷,故很少直接用于制造零件毛坯。由于白口铸铁的硬度高,耐磨性较好,所以在生产冷硬铸件(轧辊、货车车轮等)或可锻铸铁件时应用该种铸铁。此时液体金属的碳、硅含量应低,在铸造过程中应保证冷却速度快(如放冷铁)和采取安放冒口等措施来进行补缩,铸件的壁厚除均匀外还应尽量薄,以保证碳不以石墨形态出现。

2. 普通灰口铸铁

普通灰口铸铁(简称灰口铸铁)是石墨呈片状存在的铸铁。因其断口显灰暗色而得名。它在机械制造业中占有重要地位,其产量占铸铁总产量的 80% 以上。普通灰口铸铁的铸造性能好、充型能力强、收缩小、产生裂纹的倾向性也较弱,故生产普通灰口铸铁件无需采取特殊的工艺措施。但也要注意防止白口组织出现,因此普通灰口铸铁件适合采用砂型铸造方法成形。为提高普通灰口铸铁件的力学性能,生产中常使用孕育处理手段,即向出炉后的铁水中加入适量的硅铁合金粉,起到增加结晶核心和脱氧的作用,使铸件的基体晶粒细化,使石墨片细小和均匀分布,从而改善铸件的性能,并减弱铸件厚壁处性能明显降低的倾向。普通灰口铸铁件成形后一般不需进行热处理,仅对复杂结构件铸后进行时效处理,以消除内应力和防止变形。

普通灰口铸铁适合制作机床床身、箱体、支座、导轨及衬套、活塞环等铸件。

3. 可锻铸铁

可锻铸铁是石墨呈团絮状存在的铸铁。由于这种铸铁具有较高的强度和一定的塑性($\delta \leqslant 12\%$),曾是制造承受冲击载荷的复杂薄壁零件的重要材料。

生产可锻铸铁件首先要铸造白口铸铁毛坯。为此液体金属的碳、硅质量分数应小(通常为 $w(C) = 2.4\% \sim 2.8\%$ 和 $w(Si) = 0.4\% \sim 1.4\%$)。铸造工艺中因可锻铸铁的充型能力弱、收缩大,所以应采取设置冒口、加强补缩的措施(图 4.21),铸件壁厚应均匀,且不宜过厚。

可锻铸铁件生产的另一个重要环节是进行高温石墨化退火。在退火中,Fe_3C 分解,析出碳原子,经扩散聚集形成石墨晶核,在晶核长大过程中,受周围固态晶体的阻碍,从而形成团絮状石墨。一般退火周期为40～70 h。

可锻铸铁件的生产周期长,质量不易控制,成本高,因而其应用范围较为有限,并有逐渐被球墨铸铁取代的趋势。

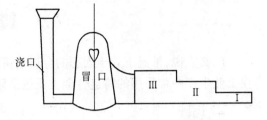

图 4.21　可锻铸铁件的典型浇注系统

4. 球墨铸铁

球墨铸铁是石墨呈球形存在的铸铁。它是各类铸铁中综合性能最好的材料。由于采用稀土镁合金作为球化剂,使生产工艺大为简化和方便,因而其应用范围越来越广泛。

(1) 生产球铁件的液体金属中含碳质量分数应大($w(C) = 3.6\% \sim 4.0\%$),可使石墨的球化效果和成形性能得以改善。而磷和硫的含量必须低,避免增多球化剂的消耗、产生皮下气孔缺陷和提高材料的性能。为保证浇注前有足够的时间进行球化和孕育处理,液体金属的出炉温度应不低于1 400℃。

(2) 生产球墨铸铁件则必须进行球化处理。球化处理常用的球化剂是稀土镁合金,镁元素起球化的主要作用,但镁的密度小、沸点低(1 120℃),难于直接加入,稀土是一种包括10多种元素的矿物,密度大、沸点高,对铁水有强烈的脱硫去气作用,并能细化晶粒和改善液体金属的充型能力,但球化效果不显著,因而采用稀土镁合金作球化剂就兼顾两者的优点,在处理过程中,球化剂的加入工艺简便,反应平稳,用量少,铸件质量好。

孕育剂是采用含 Si 质量分数为75%的硅铁合金,以使石墨球更加圆整和得以细化,减弱白口倾向,提高铸件的力学性能。

(3) 铸型工艺。球墨铸铁的铸造性能与普通灰口铸铁的铸造性能相近。但因需经球化处理过程,故成形过程中较易产生某些缺陷,应加以注意。

球墨铸铁的成分接近于共晶成分,其结晶温度区间较小,因而在凝固阶段易产生缩孔。另外,球墨铸铁液浇注到铸型中形成固体壳后,壳体强度较低,与此同时所进行的石墨化过程的膨胀将引起壳体胀大,造成铸件内部液体金属量不足,致使铸件最后凝固处产生缩孔和缩松的倾向进一步增加。为此必须采取设置冒口和安放冷铁的措施,并应采用经烘干的铸型或采用水玻璃砂制作铸型,增大铸型刚度,防止铸件在凝固阶段形成的胀型,达到消除缩孔和缩松的目的,并保证铸件的精度。

(4) 球化剂的加入量。当球化剂加入量过多时,球墨铸铁中将残存一定量的剩余镁元素和化合物 MgS,它们可以与砂型中的水分发生如下反应

$$Mg + H_2O = MgO + H_2 \uparrow$$

$$MgS + H_2O = MgO + H_2S \uparrow$$

生成的气体有一部分将侵入到铸件中,于铸件表层下0.5～2 mm处形成皮下气孔。这些气孔往往在切削加工中暴露出来。因此,在铸造中要严格控制球化剂的加入量,使剩余量降低至极限值,严格控制金属液的含硫量并采用干型。

(5) 球墨铸铁具有良好的可热处理性,因此许多球铁件都要进行热处理。

退火处理可使渗碳体分解,获得以铁素体为基体的球墨铸铁件,其塑性和韧性很好。

同时经退火处理也消除了铸造残余应力。

正火处理是为了获得珠光体为基体的球墨铸铁件,以提高其强度、硬度和耐磨性,并可减小铸造残余应力。

调质处理可使球墨铸铁件具有更高的综合力学性能,以满足使用要求。如要求较高、截面较大的船用柴油机主轴、连杆等球铁件都要进行调质处理。

等温淬火可使球铁件具有下贝氏体组织,表现出高强度和较好的塑性及韧性。许多高牌号(如 QT 900 - 2)球铁件应进行此种处理。

二、铸钢

铸钢是指采用铸造成形的各类钢。铸钢包括碳素结构钢、合金结构钢和某些特殊性能钢(如耐热钢、高锰钢等)。主要用于制造承受重载荷、强摩擦和冲击载荷的结构件。

铸钢的铸造性能较差,表现在充型能力很弱,收缩大,产生裂纹和偏析倾向性明显,并容易形成不理想的组织结构(如魏氏组织、过热组织),降低其使用性能,故在铸造工艺上要特别注意。

(1) 铸钢的熔点高,浇注温度也高,要求铸型的耐火性好。为此应采用人工砂制作铸型。同时还应注意钢种,当钢液中含能形成碱性氧化物的元素较多时(如铸造高锰钢件),则必须选用碱性的镁砂或中性的锆砂,否则极易产生粘砂缺陷。对于较大的铸钢件,所选用的型砂的粒度不可太细。

(2) 浇注铸钢时均按漏包进行,进入型腔中的液体金属较纯净,加之钢液的充型能力弱,因此浇注系统结构较简单,无需挡渣设施,对于较高的铸件,内浇口应多层设置,数量也应稍多,以保证快速、平稳浇满,防止浇不足的缺陷。

(3) 铸钢的收缩较大,易产生缩孔、缩松和裂纹。因此设置冒口、安放冷铁是必不可少的措施(图 4.22)。中心处冒口可确保铸件轮毂处不产生缩孔。轮缘热节部位由于该件直径很大,实行分段顺序凝固,每段末端放冷铁实现先凝固,而始端处的冒口保证轮缘热节处无缩孔。一般情况生产铸钢件消耗于冒口中的金属量占铸件总质量的 40% 以上。

为防止铸钢件产生裂纹,首先应保证钢液中的硫磷含量符合优质钢或高级优质钢的要求。其次是在工艺上采取防裂筋等措施。即在铸型和型芯上割制出许多三角形或长条形沟槽,液体金属充满这些沟槽迅速冷却,形成具有较高强度的薄片结构,铸件整体收缩受到阻碍产生的拉应力,由这些薄片(防裂筋)承担,而铸件可完好无损。另外,在制作型芯时,所需的芯骨应由细铝丝制成,这种型芯在铸型中受到金属液的热作用,铝丝熔化后芯骨的刚度大为减弱,使铸件在收缩中不会受到型芯的阻碍,从而获得无裂纹的成品。对于铸钢件,因其焊接性较好,故对铸后产生的少量裂纹也可采用焊接手段加以补救。

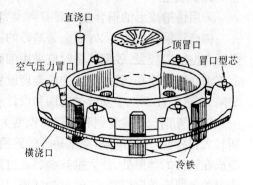

图 4.22 铸钢齿轮铸型工艺图

（4）铸钢件成形后必须进行热处理，因为铸态组织中存在晶粒粗大、晶内偏析、魏氏组织（铁素体片横向贯穿珠光体晶粒的结构）和内应力，影响铸件力学性能的发挥。最常采用的方法是进行正火处理，但对于结构复杂、容易产生裂纹的的铸件，则应进行退火处理。为消除晶内偏析缺陷，应进行高温扩散退火，再辅之以正火来获得理想组织和性能。对于某些特殊性能的铸件（如高锰钢铸件），则应进行淬火处理（亦称水韧处理），以获得单相奥氏体组织。

三、有色金属

用于制作机器零件的有色金属主要有铝、铜、镁、锌、钛合金等。其中铝合金用量较多，钛合金在近些年来才获得越来越广泛的应用。

1. 铝合金

采用铸造成形的铝合金包括铝硅合金、铝铜合金、铝镁合金和铝锌合金等。其中铝硅合金（又称硅铝明）的应用最为广泛，可用来铸造较为复杂的铸件。

铝硅合金的铸造性能较好，由于它的充型能力强，在砂型铸造中则应采用细砂来造型，以保证铸件有较光洁的表面。铝硅合金的收缩比铸铁大，易产生缩孔缺陷，因此经常采用设置冒口措施来消除。铝硅合金的铸态组织中经常存在粗大的共晶硅，降低铸件的使用性能，因此铝硅合金在浇注前必须用 Na 或钠盐（$2/3NaF + 1/3NaCl$）进行变质处理，铸后可得性能较高的细晶粒结构。由于铝硅合金的密度与 Al_2O_3 的密度相差不大，Al_2O_3 很容易留存在合金液中，致使铸件易产生夹渣缺陷。因此在熔炼铝合金末期，向铝合金液中加入 $ZnCl_2$ 或 C_2Cl_6，反应生成的 $AlCl_3$ 以气泡形态排出，同时可将 Al_2O_3 和一部分溶解在铝液中的气体带出。另外，在浇注系统中安放过滤网也可阻挡残余杂质进入铸型中。铝硅合金液能吸收较多的 H_2，如果不及时去除，将使铸件形成针孔缺陷，精炼铝合金液可去除较多的 H_2，铸造工艺中采用快速冷却措施（如改砂型铸造为金属型铸造）对消除针孔也很有效。铸造过程中避免浇注时出现断流并使金属液平稳充填型腔对保证铸件质量也起较大作用。

其他铝合金的铸造性能一般比铝硅合金差，上述各项措施的实施应更加严格，才能保证成品率。

2. 铜合金

采用铸造成形的铜合金主要有两大类：黄铜和青铜。

铸造黄铜是以 Cu–Zn 合金为基础的各种铜合金。其铸造性能特点是结晶区间较小，因而充型能力较强，砂型铸造时应采用细砂造型，否则易产生粘砂和表面粗糙的缺陷。铸造黄铜易产生缩孔，铸造工艺中应合理设置冒口来加以消除。为避免黄铜铸件产生夹渣缺陷，要求浇注系统中安放过滤网和设计成开放式结构，浇注时应平稳并确保不断流。

铸造青铜包括锡青铜和无锡青铜两大类。青铜的铸造性能稍差，充型能力弱，结晶区间较大，易产生缩松缺陷，降低铸件的致密性。铸造工艺上常采用同时凝固原则，把内浇道放在铸件的薄壁处，使大量热金属流过薄壁型腔时，加热该处砂型减缓金属冷却。而已降温的金属充填厚壁型腔，使该处砂型温度低，加速金属的冷却。综合作用的结果使整个铸件的凝固同时进行。青铜中的铝青铜易氧化，但结晶区间小，故铸造时，要防止氧化和消除缩孔,常采用设置冒口、放过滤网和顺序凝固的原则,把内浇口安放在铸件厚壁处。

由于在高温时,铜合金易与空气中的氧发生反应,形成氧化夹杂,所以在熔炼铜合金时,应使用木炭、玻璃等作为覆盖剂。

3. 钛合金

金属钛具有密度小($4.5\ g/cm^3$)、强度高、耐热性好及抗腐蚀强等优点,因而钛及其合金在航空、船舶及化工工业中得到广泛的应用。

钛合金在高温(900℃以上)的活性较大,几乎与大气中的所有元素和常规造型材料均发生强烈反应,因此所有热加工工艺过程都应在真空或惰性气体保护条件下进行。铸造生产中应采用真空熔炼和真空浇注工艺。铸型常用石墨型、钨面层壳型或陶瓷壳型生产钛合金铸件,工艺复杂,成本较高。

4.4 铸件结构设计

机械零件的毛坯及个别零件采用铸造方法成形时,其结构除满足使用要求外,还必须结合铸造工艺特点进行合理设计和安排,即零件的结构工艺性合理。这样可在简化工艺、降低成本的条件下,获得优质铸件。

一、避免铸造缺陷的合理结构

1. 铸件壁厚应合理取值

铸件壁厚值的确定途径各不相同。重要零件主要是依据工作条件,特别是受力状态按强度理论计算确定。一般铸件的壁厚值则可由设计者选定。无论哪种方式来确定壁厚值,都必须考虑铸件在形成条件所允许的数值,即铸件的壁厚值必须大于该铸造方法允许的最小壁厚。不同的铸造方法,不同种类的铸造合金,所表现的充型能力有较大差异,允许的最小壁厚值不同。砂型铸造条件下铸件最小允许壁厚如表 4.2 所示。

表 4.2 砂型铸造时铸件的最小允许壁厚/mm

铸件尺寸	铸钢	灰铸铁	球铁	可锻铸铁	铝合金	铜合金	镁合金
200×200 以下	6～8	5～6	6	4～5	3	3～5	
200×200～500×500	10～12	6～10	12	5～8	4	6～8	3
500×500 以上	18～25	15～20			5～7		

注:① 如有特殊需要,在改善铸造工艺的情况下,灰铸铁最小允许壁厚可小于等于 3 mm,其他合金最小壁厚亦可减小。

② 如果铸件结构复杂、铸造合金的流动性差,应取上限值。

当铸件的壁厚值大于允许的最小壁厚值后,还应注意壁厚值不宜过大。否则形成厚壁结构时铸件的承载能力并不一定会有明显增强,甚至会下降。如图 4.23(a)所示结构件,壁厚应减薄,以避免产生缩松、晶粒粗大或夹渣、气孔等缺陷。将壁厚减薄后影响铸件整体刚

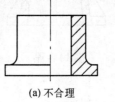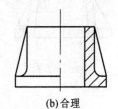

(a) 不合理　　　　　(b) 合理

图 4.23 采用加强筋减小铸件厚度

度时,可采用增设加强筋(图4.23(b))的措施来解决。

确定铸件壁厚值时还应考虑到冷却情况的影响。从铸件整体结构来分析,在成形过程中,各部的冷却速度必有差异,将引起铸件产生内应力或裂纹缺陷。因此在确定铸件上散热条件差而冷却速度较慢的部位(该处称为内壁)时,壁厚值应减小,以促成铸件整体冷却均匀(图4.24(b))。铸铁件各壁数值亦可参考表4.3来确定。

表4.3　铸铁件外壁、内壁和加强筋的厚度

铸件质量/ kg	铸件最大尺寸/ mm	外壁厚度/ mm	内壁厚度/ mm	筋的厚度/ mm	零件举例
<5	300	7	6	5	盖、拨叉、轴套、端盖
6~10	500	6	7	5	挡板、支架、箱体、门、盖
11~60	750	10	8	6	箱体、电机支架、溜板箱、托架
61~100	1 250	12	10	8	箱体、油缸体、溜板箱
101~500	1 700	14	12	8	油盘、皮带轮、搪模架
501~800	2 500	16	14	10	箱体、床身、盖、滑座
801~1 200	3 000	18	16	12	小立柱、床身、箱体、油盘

2. 铸件壁厚力求均匀,避免局部过厚形成热节的结构

铸件上具有局部过厚的结构,在铸件成形中,过厚处便是热节的部位,液态金属冷却凝固时必将产生缩孔或缩松。同时必将使铸件整体冷却不均匀,形成内应力,甚至引起裂纹(图4.25)。

3. 铸件的各壁之间应均匀过渡,两个非加工表面所形成的内角应设计成圆角

铸件上各部分的壁厚经常是不一致的,直接连接就会形成突变或锐角结构(图4.26),易形成应力集中和产生裂纹。因此,设计中应将其改变成逐步过渡结构。

铸件上经常存在一些非加工表面,当两个非加工表面形成内角时,应将其设计成圆角

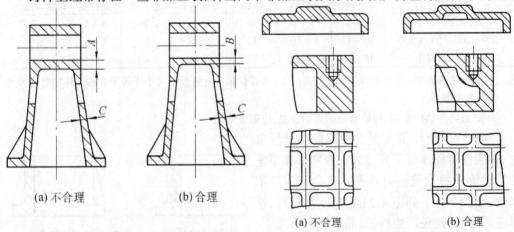

(a) 不合理　　　　(b) 合理　　　　　　　　(a) 不合理　　　　(b) 合理

图4.24　铸件内部壁厚相对减薄的实例　　　图4.25　壁厚力求均匀的实例

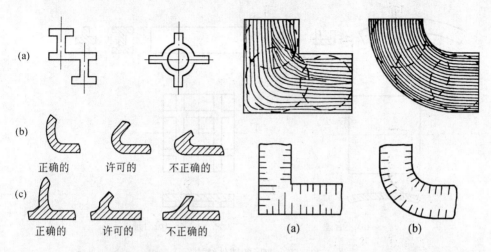

图 4.26 接头结构   图 4.27 圆角结构

结构,因为直角结构除难于成形和易使铸件产生夹砂缺陷外,还会因应力集中产生裂纹。从结晶情况分析,直角结构易形成直线性或平面性晶面,金属连接强度弱,铸件在工作中的承载能力降低,影响整个部件的使用性能。因此应将其设计成圆角结构(图 4.27(b))。圆角半径的大小可参阅表 4.4 确定。

表 4.4   铸件的内圆角半径 R/mm

$\dfrac{a+b}{2}$	≤8	8～12	12～16	16～20	20～27	27～35	35～45	45～60
铸铁	4	6	6	8	10	12	16	20
铸钢	6	6	8	10	12	16	20	25

4. 避免铸件产生翘曲变形和大的水平平面结构

许多铸件根据使用要求而设计成细长或平板形结构。当铸件断面不对称时,在铸造应力作用下必将产生翘曲变形,大的水平平面结构也有可能发生弯曲变形(图 4.28(a)),影响后续机械加工精度和使用。因此,应尽量设计成对称结构或增加筋条结构(图 4.28(b)),以防止翘曲变形。大的水平平面结构,在铸造成形中也会产生浇不足、夹砂等缺陷。这里由于液体金属充满水平型腔时,液体金属的热辐射作用,使砂型顶部型面表面受到烘烤迅速升温,高温型砂的膨胀受到低温型砂的阻碍,则会产生顶部型腔表面开裂和部分型砂塌落,致使铸件形状不准、缺肉和产生夹砂缺陷。图 4.29(a)所示结构改成图(b)所示结构,则可获得良好效果。

二、简化工艺过程的合理结构

1. 铸件整体结构应能选出合适的分型面,其数量应少,铸件外形应便于取出模样

铸造生产中除个别方法外,都有选取分型面和取出模样(或取出铸件)的问题,因此在

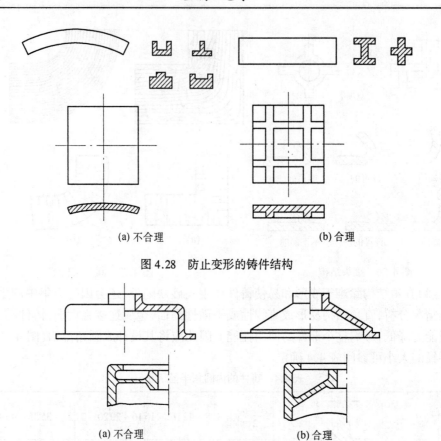

(a) 不合理　　　　　　　　　　　(b) 合理

图 4.28　防止变形的铸件结构

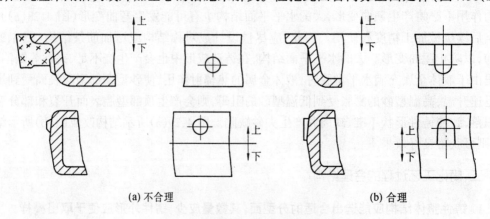

(a) 不合理　　　　　　　　　　　(b) 合理

图 4.29　避免大水平平面的铸件结构

设计铸件结构时,就应便于选定分型面的位置和使之数量最少,以免在生产中采用诸如三箱造型、活块造型、挖砂造型或外加型芯等降低生产率、影响产品质量的工艺方法。

2. 合理设计凸台和避免侧壁具有妨碍拔模的局部凹陷结构

如图 4.30(a)所示结构,分型面按所标定的位置进行生产时,两件的凸台都将妨碍拔模,因此应采用活块或外加型芯的措施来解决。但把此凸台向分型面延伸(图4.30(b))

上
下　　　　　　　　　　　上
下

上
下　　　　　　　　　　　上
下

(a) 不合理　　　　　　　　　　　(b) 合理

图 4.30　改进妨碍起模的铸件结构

后,既满足使用要求,又使造型工艺大为简化,并且完全避免了凸台错位的现象,使铸件的形状准确性能得以保证。

铸件侧壁如有局部凹陷的结构,也应设计成不影响拔模的结构,否则将使工艺过程复杂,降低铸件质量,增加成本。按图 4.31(b)所示结构铸造时,必须采用两个较大的外加型芯,才能在造型时取出模样,使工艺过程变得复杂,并增加了造芯材料的损耗,降低了铸件的表面质量。若改为图(a)所示结构就较为合理。

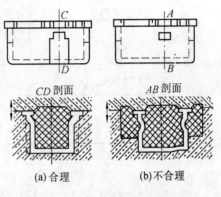

(a)合理   (b)不合理

图 4.31 铸件的两种结构比较

3. 设计铸件应合理确定结构斜度

铸件表面并非都是加工表面,还存在许多非加工表面。这些表面中,凡垂直分型面的非加工表面都应设计出斜度(称结构斜度),以利于造型时拔模,并确保型腔质量。对于铸件上的支承板、加强筋或散垫等结构的表面,都是非加工表面,也应设计出结构斜度(图 4.32)。

铸件结构斜度的大小,依据表面的尺寸来确定。表面越高,结构斜度数值越小,以避免使壁厚值增大太多。结构斜度数值可参阅表 4.5 确定。

4. 铸件结构应有利于型芯的固定、排气和清理

铸件内腔靠型芯成形,型芯在铸型中不能牢固地安放住时,就会产生偏芯、气孔、砂眼等缺陷。

图 4.33(a)所示铸件左右两个内腔所需的型芯,因为没有下芯头,则必须用型芯撑来支承型芯,使下芯工作量增大,很不牢固,其上芯头也不够大,对排出型芯中的气体很不利。特别是在铸成后,清理型芯很困难,角部芯砂不能完全清除,严重影响使用,甚至报废,若改为图 4.33(b)结构就较为合理。由此可以看出,铸件结构设计中,

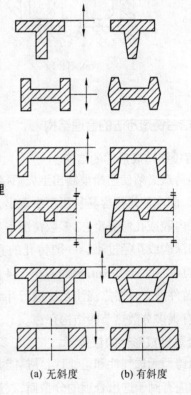

(a)无斜度   (b)有斜度

图 4.32 结构斜度

不允许设计成封闭腔或出口较小的近似封闭内腔,还应避免用悬臂型芯来铸出内腔,另外可采用开设工艺孔措施来达到放芯稳定、排气通畅和清理型芯方便的目的。

表 4.5　铸件的结构斜度(Q/ZB158—73)

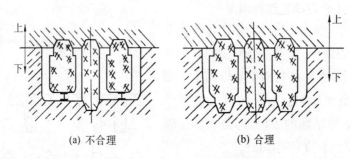

斜　度 $a:h$	角　度 β	适　用　范　围
1:5	11°30′	$h < 25$ mm 钢和铸铁件
1:10	5°30′	$h = 25 \sim 500$ mm 钢和铸铁件
1:20	3°	
1:50	1°	$h > 500$ mm 钢和铸铁件
1:100	30′	有色合金件

(a) 不合理　　　　　　(b) 合理

图 4.33　活塞结构实例

三、结合铸造方法的合理结构

1. 熔模铸造成形件的结构

熔模铸造必须使用蜡模制出型壳后浇注铸件,因此铸件结构应有利于高质量蜡模的制作要求,即应使蜡模容易从压型中取出,取出时变形小,铸件结构不宜太复杂。熔模铸造中铸件内腔或孔所需型芯,多数情况下是在制作型壳时做出,因此铸件结构不允许有小的窄缝和深沟或孔径过小。一般铸孔的直径应大于 2 mm,孔的深度应小于 4 倍的孔径值,沟槽宽度应大于 2 mm,槽深应小于 4 倍的槽宽值。熔模铸造中不能采用放冷铁的工艺措施,铸件液态收缩靠浇注系统进行补缩。因此铸件结构应是壁厚均匀、符合同时凝固要求、没有很多分散热节的结构存在。

2. 金属型成形件的结构

金属铸型无透气性和退让性,导热能力强,是影响获得优质成品件的重要因素。因此铸件结构应有利于选出合理的分型面,数量应限于一个为优,选定的分型面应使铸型深度小,既便于铸型的制造,更有利于取件。还应避免深沟和高筋,垂直分型面的非加工表面应设计出较砂型铸件更大的结构斜度,两个非加工表面所形成的角(包括内角和外角)都应按圆角结构设计。铸件内腔应有利于抽出金属型芯,避免孔径过小或孔深过大的结构。铸件壁厚应均匀,铸铁件的最小允许壁厚为 4 ~ 5 mm,铝合金件是 3 ~ 5 mm。

3. 压力铸造成形件的结构

压铸成形件应尽可能采用薄壁、均匀结构。铸件最小允许壁厚值和可铸螺纹、孔、齿形、图案等的具体尺寸应参阅《特种铸造手册》中的标准来选定。压铸件上非加工表面较多,因此应正确设计结构斜度和圆角。对于复杂而又难于取芯的铸件或局部有特殊要求的铸件,可按镶铸结构进行设计,但应确保连接牢固,使用可靠。

第五章　塑　性　加　工

　　利用金属材料在外力作用下所产生的塑性变形,获得所需产品的加工方法称为塑性加工。由于这种外力多数情况下是以压力的形式出现的,因此也称为压力加工。

　　材料在发生塑性变形时,其体积基本上保持不变。对于很多精密的塑性加工方法,可以不经过切削加工直接生产出零件,实现无屑加工,从而能大大节省材料。塑性加工后,材料的强度、硬度等指标都能得到较大提高,塑性加工的产品一般都具有较高的力学性能。塑性加工容易实现机械化和自动化,生产率高,很多塑性加工方法都可达到每台机器每分钟生产几十个甚至上百个零件。生产率最高的高速冲裁方法,每台机器每分钟可生产千件以上。由于塑性加工设备的种类繁多,其产品的范围也非常广泛。小到几克重的精密零件,大到几百吨的巨型锻件,都可用塑性加工方法生产。

　　塑性加工常用的方法有:自由锻、模锻、板料冲压、轧制、挤压、拉拔等。塑性加工在现代工业中占有非常重要的地位,被广泛地应用于工业生产的各个领域,例如:各种原材料、精密机械、医疗设备及器械、运输车辆与交通工具、农机具、电气设备、通信设备等的制造以及日用工业、国防工业等。塑性加工已成为工业生产不可缺少的重要加工方法之一。

5.1　锻 造 成 形

一、自由锻

　　自由锻是利用冲击力或压力使金属在上下两个抵铁之间产生塑性变形,从而得到所需锻件的锻造方法。金属坯料在抵铁间受力变形时,除打击方向外,朝其他方向的流动基本不受限制。锻件形状和尺寸由锻工的操作技术来保证。

　　自由锻分手工锻造和机器锻造两种。手工锻造只能生产小型锻件,生产率也较低。机器锻造则是自由锻的主要生产方法。

　　自由锻所用的工具简单,具有较大的通用性,应用较为广泛。可锻造的锻件质量从不及一千克到二三百吨。如水轮机主轴、多拐曲轴、大型连杆等件在工作中都承受很大的载荷,要求具有较高的力学性能,而用自由锻方法来制造的毛坯,力学性能都较高,所以,自由锻在重型机械制造中具有特别重要的作用。

　　自由锻所用设备根据它对坯料作用力的性质,分为锻锤和液压机两大类。锻锤产生冲击力,使金属坯料变形。生产中使用的自由锻锤主要是空气锤和蒸汽 – 空气锤。空气锤的吨位较小,用来锻造小型件。蒸汽 – 空气锤的吨位较大,可以用来生产质量小于1 500 kg的锻件。液压机产生压力,使金属坯料变形,生产中使用的液压机主要是水压机,它的吨位(产生的最大压力)较大,可以锻造质量达500 t的锻件。液压机在使金属变形的过程中没有震动,并能很容易达到较大的锻透深度,所以水压机是巨型锻件的惟一成形设备。

1. 自由锻工序

自由锻生产中能进行的工序很多,可分为基本工序、辅助工序及精整工序三大类。

自由锻的基本工序是使金属坯料产生一定程度的塑性变形,以达到所需形状和尺寸的工艺过程。如镦粗、拔长、弯曲、冲孔、切割、扭转和错移等。辅助工序是为基本工序操作方便而进行的预先变形工序。如压钳口、压钢锭棱边、切肩等。精整工序是用以减少锻件表面缺陷而进行的工序。如清除锻件表面凸凹不平及整形等,一般在终锻温度以下进行。

2. 自由锻工艺规程的制定

制定工艺规程、编写工艺卡片是进行自由锻生产必不可少的技术准备工作,是组织生产过程、规定操作规范、控制和检查产品质量的依据。自由锻工艺规程包括以下几个主要内容:

(1) 绘制锻件图。锻件图是工艺规程中的核心内容。它是以零件图为基础、结合自由锻工艺特点绘制而成的。绘制锻件图应考虑以下几个因素:

① 敷料。为了简化锻件形状、便于进行锻造而增加的一部分金属,称为敷料。如图 5.1(a)所示。

② 锻件余量。由于自由锻锻件的尺寸精度低、表面质量较差,需再经切削加工制成成品零件,所以,应在零件的加工表面上增加供切削加工用的金属,称为锻件余量。其大小与零件的状态、尺寸等因素有关。零件越大,形状越复杂,则余量越大。具体数值结合生产的实际条件查表确定。

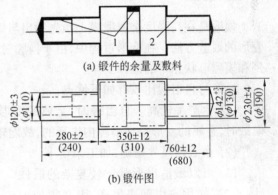

(a) 锻件的余量及敷料

(b) 锻件图

图 5.1 典型锻件图
1—敷料;2—余量

③ 锻件公差。锻件公差是锻件名

义尺寸的允许变动量。其值的大小应根据锻件形状、尺寸并考虑到生产的具体情况加以选取。典型锻件图如图 5.1(b)所示。为了使锻造者了解零件的形状和尺寸,在锻件图上用双点划线画出零件主要轮廓形状,并在锻件尺寸线的下面用括弧标注出零件尺寸。对于大型锻件,必须在同一个坯料上锻造出做性能检验用的试样。该试样的形状和尺寸也应该在锻件图上表示出来。

(2) 坯料质量及尺寸计算。坯料质量可按下式计算

$$G_{坯料} = G_{锻件} + G_{烧损} + G_{料头}$$

式中　$G_{坯料}$——坯料质量;

　　　$G_{锻件}$——锻件质量;

　　　$G_{烧损}$——加热时坯料表面氧化而烧损的质量。第一次加热取被加热金属的 2% ~ 3%,以后各次加热取 1.5% ~ 2.0%;

　　　$G_{料头}$——在锻造过程中冲掉或被切掉的金属的质量。如冲孔时坯料中部的料芯,

修切端部产生的料头等。

当锻造大型锻件采用钢锭作坯料时,还要考虑切掉的钢锭头部和钢锭尾部的质量。

确定坯料尺寸时,应考虑到坯料在锻造过程中必须的变形程度,即锻造比的问题。对于以碳素钢锭作为坯料并采用拔长方法锻制的锻件,锻造比一般不小于 2.5 ~ 3;如果采用轧材作坯料,则锻造比可取 1.3 ~ 1.5。

(3) 选择锻造工序。自由锻造的工序,是根据工序特点和锻件形状来确定的。一般情况下,盘类锻件常选用镦粗(或拔长及镦粗)、冲孔等工序;轴类锻件常选用拔长(或镦粗及拔长)、切肩和锻台阶工序;筒类锻件选用镦粗(或拔长及镦粗)、冲孔、在心轴上拔长工序;环类锻件选用镦粗(或拔长及镦粗)、冲孔、在心轴上扩孔等工序;曲轴类锻件选用拔长(或镦粗及拔长)、错移、锻台阶、扭转等工序;弯曲类锻件选用拔长、弯曲等工序。

工艺规程的内容还包括:确定所用工具、加热设备、加热规范、加热火次、冷却规范、锻造设备和锻件的后续处理等。

二、模锻

模锻是在高强度金属锻模上预先制出与锻件形状一致的模膛,使坯料在模膛内受压变形的锻造方法。在变形过程中,由于模膛对金属坯料流动的限制,因而锻造终了时能得到和模膛形状相符的锻件。

模锻与自由锻比较有如下优点:

(1) 生产率较高。自由锻时,金属的变形是在上、下两个抵铁间进行的,难以控制。模锻时,金属的变形是在模膛内进行的,故能较快获得所需形状。

(2) 模锻件尺寸精确,加工余量小。

(3) 可以锻造出形状比较复杂的锻件(图 5.2),如用自由锻来生产,则必须加大量敷料来简化形状。

(4) 模锻生产可以比自由锻生产节省金属材料,减少切削加工工作量。在批量足够的条件下降低零件成本。

但是,模锻生产由于受模锻设备吨位的限制,模锻件不能太大,模锻件质量一般在 150 kg 以下。又由于制造锻模成本很高,所以模锻不适合于小批和单件生产。模锻生产适合于小型锻件的大批量生产。

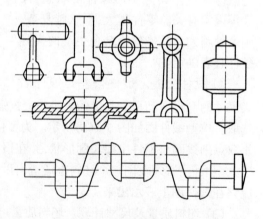

图 5.2　典型模锻件

由于现代化大生产的要求,模锻生产越来越广泛地应用在国防工业和机械制造业中。如飞机、坦克、汽车、拖拉机、轴承等。按质量计算,飞机上的锻件中模锻件占 85%,坦克上占 70%,汽车上占 80%,机车上占 60%。

模锻按使用的设备不同,可分为:锤上模锻、胎模锻、压力机上模锻等。

1. 锤上模锻

锤上模锻所用设备有蒸汽 – 空气锤、无砧座锤、高速锤等。一般工厂中主要使用蒸汽 –

空气锤(图5.3)。

模锻生产所用蒸汽－空气锤的工作原理与蒸汽－空气自由锻锤基本相同。但由于模锻生产要求精度较高,故模锻锤的锤头与导轨之间的间隙比自由锻锤小,且机架2直接与砧座3连接,这样使锤头运动精确,保证上下模对得准。其次,模锻锤一般均由一名模锻工人操纵,他除了掌钳外,还同时踩踏板1带动操纵系统4控制锤头行程及打击力的大小。

模锻锤的吨位为10～200 kN,模锻件的质量为0.5～150 kg。

(1)锻模结构。锤上模锻用的锻模(图5.4)是由带有燕尾的上模2和下模4两部分组成的。下模4用紧固楔铁7固定在模垫5上;上模2靠楔铁10紧固在锤头1上,随锤头一起作上下往复运动。上下模合在一起,其中部形成完整的模腔9。8为分模面,3为飞边槽。

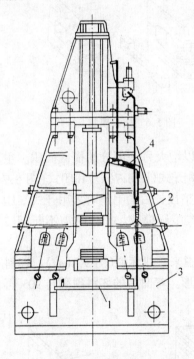

图5.3　蒸汽－空气模锻锤

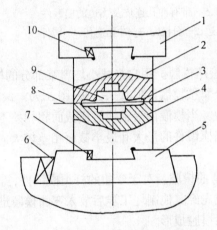

图5.4　锤上锻模

1—锤头;2—上模;3—飞边槽;4—下模;

5—模垫;6、7、10—紧固楔铁;8—分模面;

9—模腔

模腔根据其功用的不同,可分为模锻模腔和制坯模腔两大类。

① 模锻模腔。模锻模腔分为终锻模腔和预锻模腔两种。

Ⅰ 终锻模腔。终锻模腔的作用是使坯料最后变形到锻件所要求的形状和尺寸,因此它的形状应和锻件的形状相同。但因锻件冷却时要收缩,终锻模腔的尺寸应比锻件尺寸放大一个收缩量。钢件收缩量取1.5%。另外,沿模腔四周有飞边槽,用以增加金属从模腔中流出的阻力,促使金属充满模腔,同时容纳多余的金属。对于具有通孔的锻件,由于不可能靠上、下模的凸起部分把金属完全挤压掉,故终锻后在孔内留下一薄层金属,称为冲孔连皮(图5.5)。把冲孔连皮和飞边冲掉后,才能得到有通孔的模锻件。

Ⅱ 预锻模膛。预锻模膛的作用是使坯料变形到接近锻件的形状和尺寸,这样再进行终锻时,金属容易充满终锻模膛。同时减少了终锻模膛的磨损,以延长锻模的使用寿命。预锻模膛和终锻模膛的区别是前者的圆角和斜度较大,没有飞边槽。对于形状简单或批量不大的模锻件可不设置预锻模膛。

② 制坯模膛。对于形状复杂的模锻件,为了使坯料形状基本接近模锻形状,使金属能合理分布,并很好地充满模膛,就必须预先在制坯模膛内制坯。制坯模膛有以下几种:

Ⅰ 拔长模膛。用它来减小坯料某部分的横截面积,以增加该部分的长度(图5.6)。当模锻件沿轴向横截面积相差较大时,采用这种模膛进行拔长。拔长模膛分为开式(图5.6(a))和闭式(图5.6(b))两种,一般设在锻模的边缘。操作时坯料除送进外并需翻转。

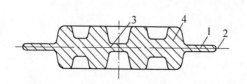

图 5.5　带有冲孔连皮及飞边的模锻件

1—飞边;2—分模面;3—冲孔连孔;4—锻件

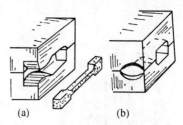

(a)　　　　　(b)

图 5.6　拔长模膛

Ⅱ 滚压模膛。用它来减小坯料某部分的横截面积,以增大另一部分的横截面积。主要是使金属按模锻件形状来分布(图5.7)。滚压模膛分为开式(图5.7(a))和闭式(图5.7(b))两种。当模锻件沿轴线的横截面积相差不很大或修整拔长后的毛坯时采用开式滚压模膛。当模锻件的最大和最小截面相差较大时,采用闭式滚压模膛。操作时需不断翻转坯料。

Ⅲ 弯曲模膛。对于弯曲的杆类模锻件,需用弯曲模膛来弯曲坯料(图5.8(a))。坯料可直接或先经其他制坯工步后放入弯曲模膛进行弯曲变形。弯曲后的坯料须翻转90°,再放入模锻模膛成形。

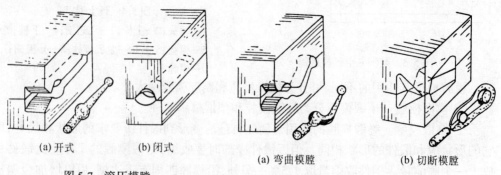

(a) 开式　　　　(b) 闭式　　　　　　(a) 弯曲模膛　　　　(b) 切断模膛

图 5.7　滚压模膛

图 5.8　弯曲和切断模膛

Ⅳ 切断模膛。切断模膛是在上模与下模的角部组成的一对刃口,用来切断金属(图5.8(b))。单件锻造时,用它从坯料上切下锻件或从锻件上切下钳口;多件锻造时,用它来分离成单个件。

此外,还有成形模膛、镦粗台及击扁面等制坯模膛。

根据模锻件的复杂程度不同,所需变形的模膛数量不等,可将锻模设计成单膛锻模或多膛锻模。单膛锻模是指在一副锻模上只有终锻模膛一个模膛。例如,齿轮坯模锻件就可将圆柱形坯料直接放入单膛锻模中成形。多膛锻模是指在一副锻模上具有两个以上模膛的锻模。

(2) 制定模锻工艺规程。模锻生产的工艺规程包括:制定锻件图、计算坯料尺寸、确定模锻工步(模膛)、选择设备及安排修整工序等。

① 制定模锻件图。模锻件图是设计和制造锻模、计算坯料以及检查锻件的依据。制定模锻件图时应考虑如下几个问题:

Ⅰ 分模面。分模面是上下锻模在模锻件上的分界面。锻件分模面的位置选择得合适与否,关系到锻件成形、锻件出模、材料利用率等一系列问题。故制定模锻件图时,必须按以下原则确定分模面位置。

(a) 要保证模锻件能从模膛中取出。如图 5.9 所示零件,若件 a—a 面为模面,则无法从模膛中取出锻件。一般情况,分模面应选在模锻件最大尺寸的截面上。

(b) 按选定的分模面制成锻模后,应使上下两模沿分模面的模膛轮廓一致,以便在安装锻模和生产中容易发现错模现象,及时调整锻模位置。如图 5.9 的 c—c 面选做分模面时,就不符合此原则。

(c) 最好把分模面选在能使模膛深度最浅的位置处。这样可使金属很容易充满模膛,便于取出锻件,并有利于锻模的制造。如图 5.9 中的 b—b 面,就不适合做分模面。

(d) 选定的分模面应使零件上所加的敷料最少。如图 5.9 中的 b—b 面被选做分模面时,零件中间的孔锻造不出来,其敷料最多。既浪费金属、降低材料的利用率,又增加切削加工的工作量。因此,该面不宜选做分模面。

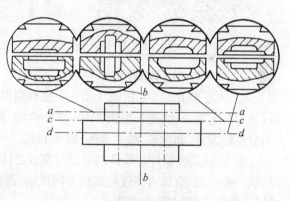

图 5.9 分模面的选择比较图

(e) 最好使分模面为一个平面,使上下锻模的模膛深度基本一致,差别不宜过大,以便于制造锻模。

按上述原则综合分析,图 5.9 中的 d—d 面是最合理的分模面。

Ⅱ 余量、公差和敷料。模锻时金属坯料是在锻模中成形的,因此模锻件的尺寸较精确,其公差和余量比自由锻件小得多。余量一般为 1~4 mm,公差一般取在 ±(0.3~3) mm 之间。

当模锻件孔径 $d > 25$ mm 时孔应锻出,但需留冲孔连皮(图 5.5)。冲孔连皮的厚度与孔径 d 有关,当孔径为 30~80 mm 时,冲孔连皮的厚度为 4~8 mm。

Ⅲ 模锻斜度。模锻件上平行于锤击方向的表面必须具有斜度(图5.10),以便于从模腔中取出锻件。对于锤上模锻,模锻斜度一般为 5°~15°。模锻斜度与模膛深度和宽度有关。模膛深度与宽度的比值(h/b)越大,取的斜度值也越大。斜度 a_2 为内壁斜度(即当锻件冷却时锻件与模壁夹紧的表面),其值比外壁斜度 a_1(即当锻件冷却时锻件与模壁离开的表面)大 2°~5°。

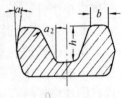

图 5.10　模锻斜度

Ⅳ 模锻圆角半径。在模锻件上所有两平面的交角处均需做成圆角(图 5.11)。这样,可增大锻件强度,使锻造时金属易于充满模膛,避免锻模上的内尖角处产生裂纹,减缓锻模外尖角处的磨损,从而提高锻模的使用寿命。钢模锻件外圆角半径(r)取 1.5~12 mm,内圆角半径(R)比外圆角半径大 2~3 倍。模膛深度越深,圆角半径取值就越大。

图 5.12 为齿轮坯的模锻件图。图中双点划线为零件轮廓外形,分模面选在锻件高度方向的中部。零件轮辐部分不加工,故不留加工余量。图上内孔中部的两条直线为冲孔连皮切掉后的痕迹线。

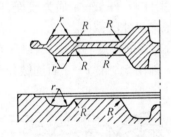

图 5.11　圆角半径

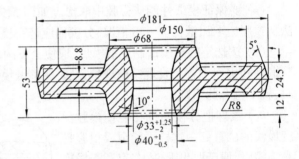

图 5.12　齿轮坯模锻件图

② 确定模锻工步。模锻工步主要是根据锻件的形状和尺寸来确定的,模锻件按形状可分为两大类:一类是长轴类零件,如台阶轴、曲轴、连杆、弯曲摇臂等(图 5.13);另一类为盘类模锻件,如齿轮、法兰盘等(图 5.14)。

Ⅰ 长轴类模锻件。锻件的长度与宽度之比较大,锻造过程中锤击方向垂直于锻件的轴线。终锻时,金属沿高度与宽度方向流动,而长度方向流动不显著。因此,常选用拔长、滚压、弯曲、预锻和终锻等工步。

对于形状复杂的锻件,还需选用预锻工步,最后在终锻模膛中模锻成形。如锻造弯曲连杆模锻件(图 5.15),坯料经过拔长、滚压、弯曲等三个工步,形状接近于锻件,然后经预锻及终锻两个模膛制成带有飞边的锻件。至此,在锤上进行的模锻工步已经完成。再经切飞边等其他工步后即可获得合格锻件。

Ⅱ 盘类锻件。盘类锻件是在分模面上的投影为圆形或长度接近于宽度的锻件。锻造过程中锤击方向与坯料轴线相同,终锻时金属沿高度、宽度及长度方向均产生流动。因此常选用镦粗、终锻等工步。

对于形状简单的盘类锻件,可只用终锻工步成形。对于形状复杂、有深孔或有高筋的锻件,则应增加镦粗工步。

③ 修整工序。坯料在锻模内制成模锻件后,尚需经过一系列修整工序,以保证和提

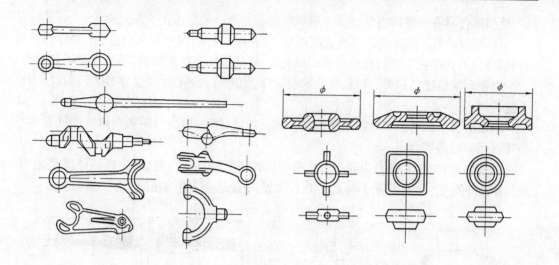

图 5.13　长轴类锻件

图 5.14　盘类锻件

高锻件质量。修整工序包括如下内容：

Ⅰ 切边和冲孔。刚锻制成的模锻件，一般都带有飞边及连皮，须在压力机上将它们切除。

切边模(图 5.16(a))由活动凸模和固定的凹模所组成。切边凹模的通孔形状和锻件在分模面上的轮廓一样。凸模工作面的形状与锻件上部外形相符。

在冲孔模上(图 5.16(b))，凹模作为锻件的支座，凹模的形状做成使锻件放到模中时能对准中心。冲孔连皮从凹模孔落下。

当锻件为大量生产时，切边及冲连皮可在一个较复杂的复合模或连续模上联合进行。

Ⅱ 校正。在切边及其他工序中都可能引起锻件变形。因此对许多锻件，特别对形状复杂的锻件在切边(冲连皮)之后还需进行校正。校正可在锻模的终锻模膛或专门的校正模内进行。

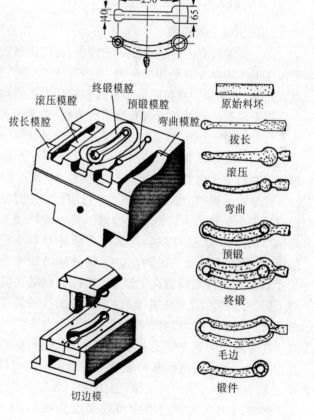

图 5.15　弯曲连杆锻造过程

Ⅲ 热处理。模锻件进行热处理的目的是为了消除模锻件的过热组织或加工硬化组织,使模锻件具有所需的力学性能。模锻件的热处理一般是用正火或退火。

Ⅳ 清理。为了提高模锻件的表面质量,改善模锻件的切削加工性能,模锻件需要进行表面处理,去除在生产过程中形成的氧化皮、所沾油污及其他表面缺陷(残余毛刺)等。

对于要求精度高和表面粗糙度低的模锻件,除进行上述各修整工序外,还应在压力机上进行精压。

精压分为平面精压和体积精压两种。平面精压(图 5.17(a))用来获得模锻件某些平行平面间的精确尺寸。

体积精压(图 5.17(b))主要用来提高模锻件所有尺寸的精度、减少模锻件质量差别。精压模锻件的尺寸精度,其公差可达 ±(0.1~0.25) mm,表面粗糙度值 Ra 为 0.8~0.4 μm。

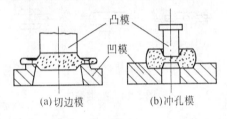

(a)切边模　　　　(b)冲孔模

图 5.16　切边模及冲孔模

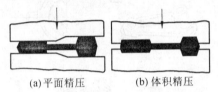

(a)平面精压　　　(b)体积精压

图 5.17　精压

2. 压力机上的模锻

锤上模锻具有工艺适应性广的特点,目前仍在锻压生产中得到广泛的应用。但是,模锻锤在工作中存在震动和噪音大、劳动条件差、蒸汽效率低、能源消耗多等难以克服的缺点。因此,近年来大吨位模锻锤有逐步被压力机所取代的趋势。

用于模锻生产的压力机有摩擦压力机、曲柄压力机、平锻机、模锻水压机等。

(1) 摩擦压力机上模锻。摩擦压力机也称螺旋压力机,工作原理如图 5.18 所示。锻模分别安装在滑块 7 和机座 9 上。滑块与螺杆 1 相连,沿导轨 8 只能上下滑动。螺杆穿过固定在机架上的螺母 2,上端装有飞轮 3。两个圆轮 4 同装在一根轴上,由电动机 5 经过皮带 6 使圆轮轴在机架上的轴承中旋转。改变操纵杆位置可使圆轮轴沿轴向移动,这样就会把某一个圆轮靠紧飞轮边缘,借摩擦力带动飞轮转动。飞轮分别与两个圆轮接触就可获得不同方向的旋转,螺杆也就随飞轮做不同方向的转动。在螺母的约束下,螺杆的转动变为滑块的上下滑动,实现模锻生产。

在摩擦压力机上进行模锻主要是靠飞轮、螺杆及滑块向下运动时所积蓄的能量来实现。最大吨位可达 80 000 kN,常用的一般都在 10 000 kN 以下。

摩擦压力机工作过程中滑块速度为 0.5~1.0 m/s,使坯料变形具有一定的冲击作用,且滑块行程可控,这与锻锤相似。坯料变形中的抗力由机架承受,形成封闭力系,这又是压力机的特点。所以摩擦

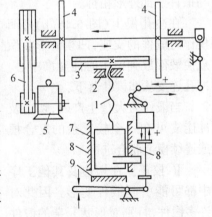

图 5.18　摩擦压力机传动简图

1—螺杆;2—螺母;3—飞轮;4—圆轮;
5—电动机;6—皮带;7—滑块;8—导轨;
9—机座

压力机具有锻锤和压力机的双重工作特性;摩擦压力机带顶料装置,使取件容易,但摩擦压力机滑块打击速度慢,每分钟行程次数少,传动效率低(仅为 10% ~ 15%),能力有限。故多用于锻造中小型锻件。

摩擦压力机上模锻的特点:

① 摩擦压力机的滑块行程不固定,并具有一定的冲击作用,因而可实现轻打、重打,可在一个模膛内进行多次锻打。不仅能满足模锻各种主要成形工序的要求,还可以进行弯曲、压印、热压、精压、切飞边、冲连皮及校正等工序。

② 由于滑块运动速度慢,金属变形过程中的再结晶现象可以充分进行。因而特别适合于锻造低塑性合金钢和有色金属(如铜合金)等。

③ 由于滑块打击速度慢,设备本身具有顶料装置,生产中不仅可以使用整体式锻模,还可以采用特殊结构的组合模具。使模具设计和制造得以简化,节约材料和降低生产成本。同时可以锻制出形状更为复杂、敷料和模锻斜度都很小的锻件,并可将轴类锻件直立起来进行局部镦锻。

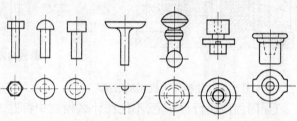

图 5.19　摩擦压力机上模锻件

④ 摩擦压力机承受偏心载荷能力差,通常只适用于单膛锻模进行模锻。对于形状复杂的锻件,需要在自由锻设备或其他设备上制坯。

摩擦压力机上模锻适合于中小型锻件的小批和中批生产。如铆钉、螺钉、螺帽、配汽阀、齿轮、三通阀体等(图 5.19)。

综上所述,摩擦压力机具有结构简单、造价低、投资少、使用维修方便、基建要求不高、工艺用途广泛等特点,所以我国中小型工厂都拥有这类设备,用它来代替模锻锻锤、平锻机、曲柄压力机进行模锻生产。

(2)曲柄压力机上模锻。曲柄压力机的传动系统如图 5.20 所示。用三角皮带 2 将电动机 1 的运动传到飞轮 3 上,通过轴 4 及传动齿轮 5、6 带动曲柄连杆机构的曲柄 8、连杆 9 和滑块 10,使曲柄连杆机构实现上下往复运动。停止靠制动器 15 完成。锻模的上模固定在滑块上,而下模则固定在下部的楔形工作台 11 上。下顶料由凸轮 16、拉杆 14 和顶杆 12 来实现。

曲柄压力机的吨位一般是 2 000 ~ 120 000 kN。

曲柄压力机上模锻的特点:

① 滑块行程固定,并具有良好的导向装置和顶件机构,因此锻件的公差、余量和模锻斜度都比锤上模锻小。

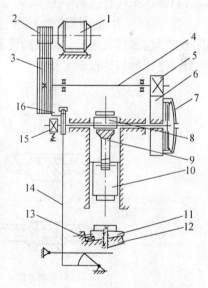

图 5.20　曲柄压力机传动图

1—电动机;2—皮带;3—飞轮;4—飞轮轴;5,6—齿轮;7—离合器;8—曲轴;9—连杆;10—滑块;11—工作台;12—顶杆;13—楔铁;14—拉杆;15—制动器;16—凸轮

② 曲柄压力机作用力的性质是静压力。因此锻模的主要模膛 4、5 都设计成镶块式的(图 5.21)。镶块用螺栓 8 和压板 9 固定在模板 6、7 上,导柱 3 用来保证上下模之间的最大精确度,顶杆 1 和 2 的端面形成模膛的一部分。这种组合模制造简单、更换容易,而且可节省贵重模具材料。

③ 由于热模锻曲柄压力机有顶件装置,所以能够对杆件的头部进行局部镦粗。如图 5.22(a))所示汽阀,在 6 300 kN 热模锻曲柄压力机上模锻,其锻坯可由平锻机或电镦机供给(图 5.22(b)、(c))。

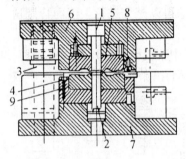

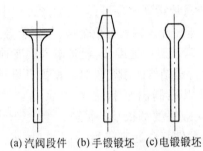

(a)汽阀段件　(b)手锻锻坯　(c)电锻锻坯

图 5.21　曲柄压力机用的锻模　　　　　图 5.22　汽阀及锻坯

④ 因为滑块行程一定,不论在什么模膛中都是一次成形,所以坯料表面上的氧化皮不易被清除掉,影响锻件质量。氧化问题应在加热时解决。同时,曲柄压力机上也不宜进行拔长和滚压工步。如果是横截面变化较大的长轴类锻件,可以采用周期轧制坯料或用辊锻机制坯来代替这两个工步。

⑤ 曲柄压力机上模锻由于是一次成形,金属变形量过大,不易使金属填满终锻模膛。因此变形应该逐渐进行。终锻前常采用预成形及预锻工步。图 5.23 即为经预成形、预锻和最后终锻的齿轮模锻工步。

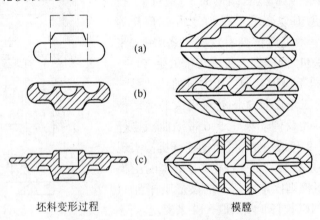

(a)

(b)

(c)

坯料变形过程　　　　　　　　模膛

图 5.23　曲柄压力机上模锻齿轮工步

综上所述,曲柄压力机上模锻与锤上模锻比较,具有下列优点:锻件精度高、生产率高、劳动条件好和节省金属等。

曲柄压力机上模锻适合于大批量生产。

曲柄压力机上模锻虽有上述优点,但设备复杂、造价相对较高。

5.2 板料冲压成形

板料冲压是利用冲模使板料产生分离或成形的加工方法。这种加工方法通常是在冷态下进行的,所以又叫冷冲压。只有当板料厚度超过 8～10 mm 时,才采用热冲压。

几乎在一切有关制造金属制品的工业部门中,都广泛地应用着板料冲压。特别是汽车、拖拉机、航空、电器、仪表及国防等工业中,板料冲压占有极其重要的地位。

板料冲压具有下列特点:

(1) 可以冲压出形状复杂的零件,废料较少。

(2) 产品具有足够高的精度和较低的表面粗糙度,互换性能好。

(3) 能获得质量小、材料消耗少、强度和刚度较高的零件。

(4) 冲压操作简单,工艺过程便于实现机械化和自动化,生产率很高。故零件成本低。

但冲模制造复杂,只有在大批量生产条件下,这种加工方法的优越性才显得更为突出。

板料冲压所用的原材料,特别是制造中空杯状和钩环状等成品时,必须具有足够的塑性,板料冲压常用的金属材料有低碳钢、铜合金、铝合金、镁合金及塑性好的合金钢等。

从形状上分,金属材料有板料、条料及带料。

冲压生产中常用的设备是剪床和冲床。剪床用来把板料剪切成一定宽度的条料,以供下一步的冲压工序用。冲床用来实现冲压工序,制成所需形状和尺寸的成品零件。冲床最大吨位可达 40 000 kN 以上。

冲压生产可以进行很多种工序,其基本工序有分离工序和变形工序两大类。

一、分离工序

分离工序是使坯料的一部分与另一部分相互分离的工序。如落料、冲孔、切断、修整等。

1. 冲裁(落料和冲孔)

冲裁是使坯料按封闭轮廓分离的工序。落料和冲孔这两个工序中坯料变形过程和模具结构都是一样的,只是用途不同。落料被分离的部分为成品,而周边是废料;冲孔被分离的部分为废料,而周边是成品。

(1) 冲裁变形过程。冲裁件质量、冲裁模结构与冲裁时板料变形过程有密切关系,其过程可分为以下三个阶段(图 5.24):

① 弹性变形阶段。冲头接触板料后,继续向下运动的初始阶段,使板料产生弹性压缩、拉伸与弯曲等变形。板料中的应力迅速增大。此时,凸模下的材料略有弯曲,凹模上的材料则向上翘。间隙 Z 的数值越大,弯曲和上翘越明显。

② 塑性变形阶段。冲头继续压入,材料中的应力值达到屈服点,则产生塑性变形。变形达一定程度时,位于凸、凹模刃口处的材料硬化加剧,出现微裂纹,塑性变形阶段结

束。

③断裂分离阶段。冲头继续压入,已形成的上下微裂纹逐渐扩大并向内扩展。上、下裂纹相遇重合后,材料被剪断分离。

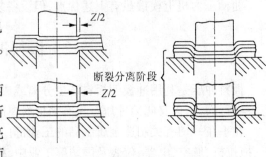

图 5.24　冲裁变形过程

冲裁件被剪断分离后,其断裂面分成两部分。塑性变形过程中,由冲头挤压切入所形成的表面光滑,表面质量最佳,称为光亮带。材料在剪断分离时所形成的断裂表面较粗糙,称为剪裂带。

冲裁件断面质量主要与凸凹模间隙、刃口锋利程度有关。同时也受模具结构、材料性能及厚度等因素的影响。

(2)凸凹模间隙。凸凹模间隙不仅严重影响冲裁件的断面质量,而且影响模具寿命、卸料力、推件力、冲裁力和冲裁件的尺寸精度。

间隙过大,材料中的拉应力增大,塑性变形阶段结束较早。凸模刃口附近的剪裂纹较正常间隙时向里错开一段距离,因此光亮带小一些,剪裂带和毛刺均较大。间隙过小时,材料中拉应力成分减小,压应力增强,裂纹产生受到抑制,凸模刃口附近的剪裂纹较正常间隙时向外错开一段距离,上下裂纹不能很好重合,致使毛刺增大。间隙控制在合理的范围内,上下裂纹才能基本重合于一线,毛刺最小。

间隙也是影响模具寿命的最主要的因素。冲裁过程中,凸模与被冲的孔之间、凹模与落料件之间均有摩擦,间隙越小,摩擦越严重。实际生产中,模具受到制造误差和装配精度的限制,凸模不可能绝对垂直于凹模平面,间隙也不会均匀分布,所以过小的间隙对延长模具使用寿命极为不利。

间隙对卸料力、推件力也有比较明显的影响。间隙越大,则卸料力和推件力越小。

因此,正确选择合理间隙对冲裁生产是至关重要的。选用时主要考虑冲裁件断面质量和模具寿命这两个因素。当冲裁件断面质量要求较高时,应选取较小的间隙值。对冲裁件断面质量无严格要求时,应尽可能加大间隙,以利于提高冲模寿命。

合理的间隙值可按表 5.1 选取。对于冲裁件断面质量要求较高时,可将表中数据减小 1/3。

表 5.1　冲裁模合理间隙值(双边毫米)

材料种类	材料厚度 S/mm				
	0.1～0.4	0.4～1.2	1.2～2.5	2.5～4	4～6
软钢、黄铜	S 0.01%～0.02%	S 7%～10%	S 9%～12%	S 12%～14%	S 15%～18%
硬钢	S 0.01%～0.05%	S 10%～17%	S 18%～25%	S 25%～27%	S 27%～29%
磷青铜	S 0.01%～0.04%	S 8%～12%	S 11%～14%	S 14%～17%	S 18%～20%
铝及铝合金(软)	S 0.01%～0.03%	S 8%～12%	S 11%～12%	S 11%～12%	S 11%～12%
铝及铝合金(硬)	S 0.01%～0.03%	S 10%～14%	S 13%～14%	S 13%～14%	S 13%～14%

（3）凸、凹模刃口尺寸的确定。冲裁件尺寸和冲模间隙都决定于凸模和凹模刃口的尺寸,因此必须正确决定冲模刃口尺寸。

设计落料模时,应先按落料件确定凹模刃口尺寸,取凹模作设计基准件,然后根据间隙 Z 确定凸模尺寸(即用缩小凸模刃口尺寸来保证间隙值)。

设计冲孔模时,先按冲孔件确定凸模刃口尺寸,取凸模作设计基准件,然后根据间隙 Z 确定凹模尺寸(即用扩大凹模刃口尺寸来保证间隙值)。

冲模在工作过程中必然有磨损,落料件尺寸会随凹模刃口的磨损而增大。而冲孔件尺寸则随凸模的磨损而减小。为了保证零件的尺寸要求,并提高模具的使用寿命,落料时取凹模刃口的尺寸应靠近落料件公差范围内的最小尺寸。而冲孔时,选取凸模刃口的尺寸应靠近孔的公差范围内的最大尺寸。

（4）冲裁力的计算。冲裁力是选用冲床吨位和设计、检验模具强度的一个重要依据。计算准确,有利于发挥设备的潜力;计算不准确,有可能使设备超载而损坏,造成严重事故。

平刃冲模的冲裁力按下式计算

$$P = kLS\tau$$

式中　　P——冲裁力(N);

　　　　L——冲裁周边长度(mm);

　　　　S——坯料厚度(mm);

　　　　τ——材料抗剪强度(MPa);

　　　　k——系数,一般可取 $k = 1.3$。

为了简便,冲裁力也可按下式进行估算

$$P = LS\sigma_b$$

2. 修整

修整是利用修整模沿冲裁件外缘或内孔刮削一薄层金属,以切掉普通冲裁时在冲裁件断面上存留的剪裂带和毛刺。从而提高冲裁件的尺寸精度和降低表面粗糙度。

修整冲裁件的外形称外缘修整。修整冲裁件的内孔称内缘修整(图 5.25)。

修整的机理与冲裁完全不同,与切削加工相似。修整时应合理确定修整余量及修整次数。对于小间隙落料件,单边修整量在材料厚度的 8% 以下。当冲裁件的修整总量大于一次修整量时,或材料厚度大于 3 mm 时,均需多次修整。但修整次数越少越好。

外缘修整模的凸凹模间隙,单边约取 0.001～0.01 mm,也可以采用负间隙修整,即凸模大于凹模的修整工艺。

修整后冲裁件公差等级达 IT6～IT7,表面粗糙度 Ra 值为 0.8～1.6 μm。

3. 切断

切断是指用剪刃或冲模将板料沿不封闭轮廓进行分离的工序。

剪刃安装在剪床上,把大块板料剪成一定宽度的条

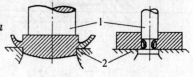

(a)外缘修整　　　　(b)内缘修整

图 5.25　修整工序简图
1—凸模;2—凹模

料,供下一步冲压工序用。而冲模是安装在冲床上,用以制取形状简单、精度要求不高的平板零件。

二、变形工序

变形工序是使坯料的一部分相对于另一部分产生位移而不破裂的工序。如拉深、弯曲、翻边、胀形等。

1. 拉深

(1) 拉深过程。利用模具使落料后得到的平板坯料变形成开口空心零件的成形工序(图5.26)。其变形过程为:把直径是 D 的平板坯料放在凹模上,在凸模作用下,板料通过塑性变形,被拉入凸模和凹模的间隙中,形成空心零件。拉深件的底部一般不变形,只起传递拉力的作用,厚度基本不变。零件直壁由坯料外径 D 减去内径 d 的环形部分所形成,主要受拉力作用,厚度有所减小。而直壁与底部之间的过渡圆角部位变薄最严重。拉深件的法兰部分,切向受压应力作用,厚度有所增大。

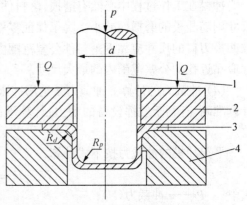

图 5.26　拉深工序

1—凸模;2—压边圈;3—坯料;4—凹模

(2) 拉深系数。拉深件直径 d 与坯料直径 D 的比值称为拉深系数,用 m 表示,即 $m = d/D$。它是衡量拉深变形程度的指标。拉深系数越小,表明拉深件直径越小,变形程度越大,坯料被拉入凹模越困难,一般情况下,拉深系数 m 不小于 $0.5 \sim 0.8$。坯料的塑性差按上限选取,坯料的塑性好可选下限值。但 m 值过小时,往往会产生底部拉裂现象。

如果拉深系数过小,不能一次拉深成形时,则可采用多次拉深工艺(图5.27、5.28)。

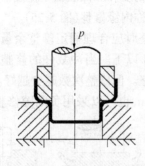

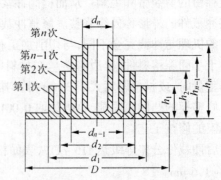

图 5.27　多次拉深　　　　图 5.28　多次拉深时圆筒直径的变化

多次拉深过程中,必然产生加工硬化现象。为保证坯料具有足够的塑性,生产中坯料经过一两次拉深后,应安排工序间的退火处理。其次,在多次拉深中,拉深系数应一次比一次略大些,确保拉深件质量,使生产顺利进行。总拉深系数等于每次拉深系数的乘积。

（3）拉深件的成形质量问题。拉深件成形过程中最常见的质量问题是破裂（图 5.29）和起皱（图 5.30）。

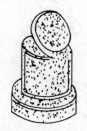

图 5.29 破裂拉深件

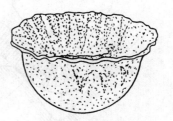

图 5.30 起皱拉深件

破裂是拉深件最常见的破坏形式之一。多发生在直壁与底部的过渡圆角处。产生破裂的原因主要有以下几点：

① 凸凹模圆角半径设计不合理。拉深模的工作部分不能设计成锋利的刃口，必须做成一定的圆角。对于普通低碳钢板拉深件，凹模圆角半径 $R_d = (6 \sim 15)S$。凸模圆角半径 $R_p = (0.6 \sim 1)R_d$。当这两个圆角半径（尤其是 R_d）过小时，就容易产生拉裂。

② 凸凹模间隙不合理。拉深模的凸凹模间隙一般取 $Z = (1.1 \sim 1.2)S$。间隙过小，模具与拉深件间的摩擦力增大，易拉裂工件，擦伤工件表面，降低模具寿命。

③ 拉深系数过小。m 值过小时，板料的变形程度加大，拉深件直壁部分承受的拉力也加大，当超出其承载能力时，即会被拉断。

④ 模具表面精度和润滑条件差。当模具压料面粗糙和润滑条件不好时，会增大板料进入凹模的阻力，从而加大拉深件直壁部分的载荷，严重时会导致底角部位破裂。为了减少摩擦力，同时减少模具的磨损，拉深模的压料面要有较高的精度，并保持良好的润滑状态。

起皱多发生在拉深件的法兰部分。当无压边圈或压边力 Q 值较小时，法兰部分在切向压应力的作用下失稳，产生起皱现象。起皱不仅影响拉深件质量，严重时，法兰部分板料不能通过凸凹模间隙，最终出现拉裂的后果。起皱主要与板料的相对厚度（S/D）、拉深系数 m 及压边力 Q 等有关，S/D、m、Q 值越小，越容易起皱。

2. 弯曲

弯曲是使坯料的一部分相对于另一部分弯曲成一定角度的工序（图 5.31）。弯曲时材料内侧受压，而外侧受拉。当外侧拉应力超过坯料的抗拉强度极限时，即会造成金属破裂。坯料越厚，内弯曲半径 r 越小，则压缩和拉伸应力越大，越容易弯裂。为防止破裂，弯曲的最小半径应为 $r_{min} = (0.25 \sim 1)S$，S 为板料的厚度。材料塑性好，则弯曲半径可小些。

弯曲时还应尽可能使弯曲线与坯料纤维方向垂直（图 5.32）。若弯曲线与纤维方向一致，则容易产生破裂。此时可用增大最小弯曲半径来避免。

在弯曲结束后，由于弹性变形的恢复，坯料略微回弹一些，使被弯曲的角度增大。此现象称为回弹现象。一般回弹角为 $0° \sim 10°$。因此，在设计弯曲模时必须使模具的角度比成品件角度小一个回弹角，以便在弯曲后得到准确的弯曲角度。

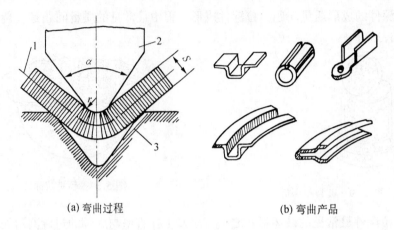

(a) 弯曲过程   (b) 弯曲产品

图 5.31 弯曲过程中金属变形简图

3. 胀形

胀形是利用坯料局部厚度变薄形成零件的成形工序。胀形是冲压成形的一种基本形式,也常和其他成形方式结合出现于复杂形状零件的冲压过程之中。

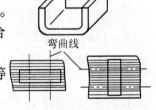

图 5.32 弯曲时的纤维方向

胀形主要有平板坯料胀形、管坯胀形、球体胀形、拉形等几种方式。

(1) 平板坯料胀形。平板坯料胀形过程如图 5.33 所示,将直径为 D 的平板坯料放在凹模上,加压边圈并在压边圈上施加足够大的压边力 Q,当凸模向凹模内压入时,坯料被压边圈压住不能向凹模内收缩,只能靠凸模底部坯料的不断变薄,来实现成形过程。

平板坯料胀形常用于在平板冲压件上压制突起、凹坑、加强筋、花纹图及印记等,有时也和拉深成形结合,用于汽车覆盖件的成形,以增大其刚度。

(2) 管坯胀形。管坯胀形如图 5.34 所示,在凸模压力的作用下,管坯内的橡胶变形,

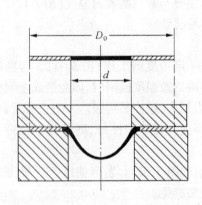

图 5.33 平板坯料胀形

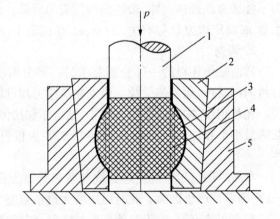

图 5.34 管坯胀形
1—凸模;2—凹模;3—坯料;4—橡胶;5—外套

直径增大,将管坯直径胀大,靠向凹模。胀形结束后,凸模抽回,橡胶恢复原状,从胀形件中取出。凹模采用分瓣式,从外套中取出后即可分开,将胀形件从中取出。

有时也可用液体或气体代替橡胶来加工形状复杂的空心零件,例如波纹管、高压气瓶等。

(3) 球体胀形。球体胀形是 80 年代后出现的无模胀形新工艺。其主要过程是先用焊接方法将板料焊成多面体,然后向其内部用液体或气体打压。在强大的压力作用下,板料发生塑性变形,多面体逐渐变成球体(图 5.35)。

球体胀形多用于大型容器的制造及石油化工、冶金、造纸等部门。

(4) 拉形。拉形工艺(图 5.36)是胀形的另一种形式,在强大的拉力作用下,使坯料紧靠在模型上并产生塑性变形。拉形工艺主要用于板料厚度小而成形曲率半径很大的曲面形状零件,如飞机的蒙皮等。

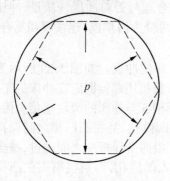

图 5.35 球体胀形

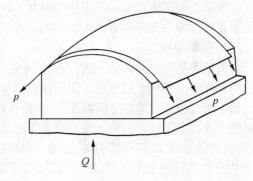

图 5.36 拉形

4. 翻边

翻边是在成形坯料的平面或曲面部分上使板料沿一定的曲线翻成竖直边缘的冲压方法。翻边的种类较多,常用的是圆孔翻边。

圆孔翻边如图 5.37 所示,翻边前坯料孔的直径是 d_0,变形区是内径为 d_0、外径为 d_1 的环形部分。翻边过程中变形区在凸模作用下内径不断扩大,翻边结束时达到凸模直径,最终形成了竖直的边缘(图 5.38(a))。

进行翻边工序时,如果翻边孔的直径超过容许值,会使孔的边缘造成破裂。其容许值可用翻边系数 K_0 来衡量,即

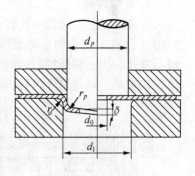

图 5.37 翻边

$$K_0 = d_0/d$$

式中 d_0 —— 翻边前的孔径尺寸;

d —— 翻边后的内孔尺寸。

对于镀锡铁皮 $K_0 \geqslant 0.65 \sim 0.7$;对于酸洗钢 $K_0 \geqslant 0.68 \sim 0.72$。

当零件所需凸缘的高度较大,用一次翻边成形计算出的翻边系数 K_0 值很小,直接成形无法实现时,则可采用先拉深、后冲孔(按 K_0 计算得到的容许孔径)、再翻边的工艺来实现(图 5.38(b)、(c))。

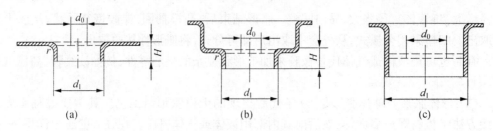

图 5.38　翻边加工举例

翻边成形在冲压生产中应用广泛,尤其在汽车、拖拉机、车辆等工业部门的应用更为普遍。

三、冲模的分类和构造

冲模是冲压生产中必不可少的模具。冲模结构合理与否对冲压件质量、冲压生产的效率及模具寿命等都具有很大的影响。冲模基本上可分为简单模、连续模和复合模三种。

1.简单冲模

简单冲模是在冲床的一次行程中只完成一道工序的冲模。如图 5.39 所示为落料用的简单冲模。凹模 2 用压板 7 固定在下模板 4 上,下模板用螺栓固定在冲床的工作台上,凸模 1 用压板 6 固定在上模板 3 上,上模板则通过模柄 5 与冲床的滑块连接。因此,凸模可随滑块作上下运动。为了使凸模向下运动能对准凹模孔,并在凸凹模之间保持均匀间隙,通常用导柱 12 和套筒 11 的结构。条料在凹模上沿两个导板 9 之间送进,碰到定位销 10 为止。凸模向下冲压时,冲下的零件(或废料)进入凹模孔,而条料则夹住凸模并随凸模一起回程向上运动。条料碰到卸料板 8 时(固定在凹模上)被推下,这样,条料继续在导板间送进。重复上述运作,冲下第二个零件。

2.连续冲模

连续冲模是冲床的一次行程中,在模具不同部位上同时完成数道冲压工序的模具(图 5.40)。工作时定位销 2 对准预先冲出的定位孔,上模向下运动,凸模 1 进行落料,凸模 4 进行冲孔。当上模回程时,卸料板 6 从凸模上推下残料。这时再将坯料 7 向前送进,执行第二次冲裁。如此循环进行,每次送进距离由挡料销控制。

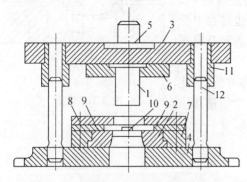

图 5.39　简单冲模
1—凸模;2—凹模;3—上模板;4—下模板;
5—模柄;6—压板;7—压板;8—卸料板;
9—导板;10—定位销;11—套筒;12—导柱

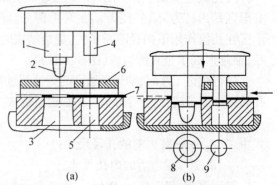

图 5.40　连续冲模
1—落料凸模;2—定位销;3—落料凹模;4—冲孔凸模;5—冲孔凹模;6—卸料板;7—坯料;8—成品;9—废料

3. 复合冲模

复合冲模是冲床的一次行程中,在模具同一部位上同时完成数道冲压工序的模具(图5.41)。复合模的最大特点是模具中有一个凸凹模 1。凸凹模的外圆是落料凸模刃口,内孔则成为拉深凹模。当滑块带着凸凹模向下运动时,条料首先在凸凹模 1 和落料凹模 4 中落料。落料件被下模当中的拉深凸模 2 顶住,滑块继续向下运动时,凹模随之向下运动进行拉深。顶出器 5 和卸料器 3 在滑块的回程中将拉深件 9 推出模具。复合模适用于产量大、精度高的冲压件。

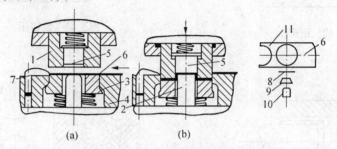

图 5.41　落料及拉深复合模

1—凸凹模;2—拉深凸模;3—压板(卸料器);4—落料凹模;5—顶出器;
6—条料;7—挡料销;8—坯料;9—拉深件;10—零件;11—切余材料

5.3　挤压成形

挤压是使坯料在挤压模中受强大的压力作用而变形的加工方法。挤压具有如下特点:

(1) 挤压时金属坯料在三向压应力作用下变形,因此可提高金属坯料的塑性。挤压材料不仅有铝、铜等塑性较好的有色金属,而且碳钢、合金结构钢、不锈钢及工业纯铁等也可以用挤压工艺成形。在一定的变形量下某些高碳钢、甚至高速钢等也可进行挤压。

(2) 可以挤压出各种形状复杂、深孔、薄壁、异型断面的零件。

(3) 零件精度高,表面粗糙度值低。一般尺寸精度为 IT6～IT7,表面粗糙度值 Ra 为 3.2～0.4,从而可达到少、无屑加工的目的。

(4) 零件的力学性能好。挤压变形后零件内部的纤维组织是连续的,基本沿零件外形分布而不被切断,从而提高了零件的力学性能。

(5) 节约原材料,材料利用率可达 70％,生产率也很高,可比其他锻造方法高几倍。

挤压成形主要有以下几种形式:

① 正挤压。挤压模出口处金属流动方向与凸模运动方向相同(图5.42)。

② 反挤压。挤压模出口处金属流动方向与凸模运动方向相反(图5.43)。

③ 复合挤压。挤压过程中,在挤压模的不同出口处,有的金属流动方向与凸模运动方向相同,而有的金属流动方向与凸模运动方向相反(图5.44)。

④ 径向挤压。挤压模出口处金属朝径向流动(图5.45)。

⑤ 静液挤压(图5.46)。静液挤压时凸模与坯料不直接接触,而是给液体施加压力(压力可达 3.04×10^8 Pa 以上),再经液体传给坯料,使金属通过凹模而成形。静液挤压由

于在坯料侧面无通常挤压时存在的摩擦,所以变形较均匀,可提高一次挤压的变形量。挤压力也较其他挤压方法小 10% ~ 50%。

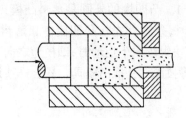

图 5.42　正挤压

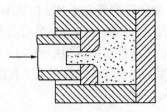

图 5.43　反挤压

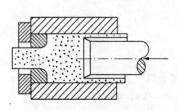

图 5.44　复合挤压

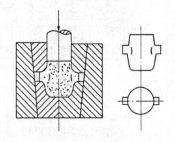

图 5.45　径向挤压

静液挤压可用于低塑性材料。如铍、钽、铬、钼、钨等金属及其合金的成形。对常用材料可采用大变形量(不经中间退火)一次挤成线材和型材。静液挤压法已用于挤制螺旋齿轮(圆柱斜齿轮)及麻花钻等形状复杂的零件。

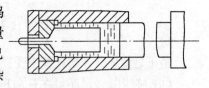

图 5.46　静液挤压

挤压是在专用挤压机上进行的(有液压式、曲轴式、肘杆式等),也可在经适当改进后的通用曲柄压力机或摩擦压力机上进行。

5.4　轧 制 成 形

轧制方法除了生产型材、板材和管材外,近年来也用它生产各种零件,在机械制造中得到了越来越广泛的应用。零件的轧制具有生产率高、质量好、成本低,并可大量减少金属材料消耗等优点。

根据轧辊轴线与坯料轴线方向的不同,轧制分为纵轧、横轧、斜轧等。

一、纵轧

纵轧是轧辊轴线与坯料轴线互相垂直的轧制方法。它包括各种型材轧制、辊锻轧制、辗环轧制等。

1. 辊锻轧制

辊锻轧制是把轧制工艺应用到锻造生产中的一种新工艺。辊锻是使坯料通过装有圆弧形模块的一对相对旋转的轧辊时受压而变形的生产方法(图 5.47)。既可作为模锻前

的制坯工序,也可直接辊锻锻件。目前,成形辊锻适用于生产以下三种类型的锻件:

（1）扁断面的长杆件,如扳手、活动扳手、链环等。

（2）带有不变形头部而沿长度方向横截面面积递减的锻件,如叶片等。叶片辊锻工艺和铣削旧工艺相比,材料利用率可提高 4 倍,生产率可提高 2.5 倍,而且还提高了叶片质量。

（3）连杆成形辊锻。国内已有不少工厂采用辊锻方法锻制连杆,生产率高,简化了工艺过程。但锻件还需用其他锻压设备进行精整。

2. 辗环轧制

辗环轧制是用来扩大环形坯料的外径和内径,从而获得各种环状零件的轧制方法（图5.48）。图中驱动辊 1 由电动机带动旋转,利用摩擦力使坯料 5 在驱动辊和芯辊 2 之间受压变形。驱动辊还可由油缸推动作上下移动,改变 1、2 两辊间的距离,使坯料厚度逐渐变小、直径增大。导向辊 3 用以保持坯料正确运送。信号辊 4 用来控制环件直径。当环坯直径达到需要值与辊 4 接触时,信号辊旋转传出信号,使辊 1 停止工作。

这种方法生产的环类件,其横截面可以是各种形状的。如火车轮箍、轴承座圈、齿轮及法兰等。

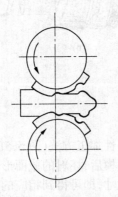

图 5.47 辊锻示意图

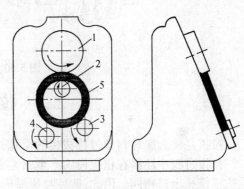

图 5.48 辗环轧制示意图

二、横轧

横轧是轧辊线与坯料轴线互相平行的轧制方法。如齿轮轧制等。

齿轮轧制是一种无屑或少屑加工齿轮的新工艺。直齿轮和斜齿轮均可用热轧制造（图5.49）。在轧制前将毛坯外缘加热,然后将带齿形的轧轮 1 做径向进给,迫使轧轮与毛坯 2 对辗。在对辗过程中,毛坯上一部分金属受压形成齿谷,相邻部分的金属被轧轮齿部"反挤"而上升,形成齿顶。

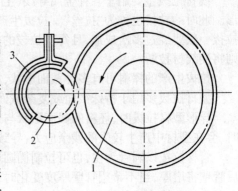

图 5.49 热轧齿轮示意图
1—轧轮;2—毛坯;3—感应加热器

三、斜轧

斜轧亦称螺旋斜轧。它是轧辊轴线与坯料轴线相交一定角度的轧制方法。如钢球轧制(图5.50(a))、周期轧制(图5.50(b))、冷轧丝杠等。

螺旋斜轧采用两个带有螺旋型槽的轧辊,互相交叉成一定角度,并作同方向旋转,使坯料在轧辊间既绕自身轴线转动,又向前进。与此同时受压变形获得所需产品。

螺旋斜轧钢球(图5.50(a))是使棒料在轧辊间螺旋型槽里受到轧制,并被分离成单球。轧辊每转一周即可轧制出一个钢球。轧制过程是连续的。

螺旋斜轧可以直接热轧出带螺旋线的高速钢滚刀、自行车后闸以及冷轧丝杠等。

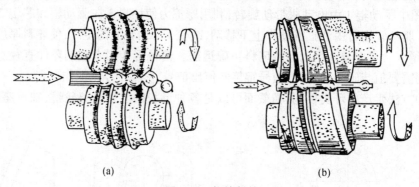

(a)   (b)

图5.50 螺旋斜轧

5.5 拉 拔 成 形

拉拔是将金属坯料拉过拉拔模的模孔,使其变形的塑性加工方法(图5.51)。

拉拔过程中坯料在拉拔模内产生塑性变形,通过拉拔模后,坯料的截面形状和尺寸与拉拔模模孔出口相同。因此,改变拉拔模模孔的形状和尺寸,即可得到相应的拉拔成形的产品。

目前的拉拔形式主要有线材拉拔、棒料拉拔、型材拉拔和管材拉拔。

线材拉拔主要用于各种金属导线(工业用金属线以及电器中常用的漆包线)的拉制成形。此时的拉拔也称为"拉丝"。拉拔生产的最细的金属丝直径可达0.01 mm以下。线材拉拔一般要经过多次成形,且每次拉拔的变形程度不能过大,必要时要进行中间退火。否则将使线材拉断。

拉拔生产的棒料可有多种截面形状,如圆形、方形、矩形、六角形等。

型材拉拔多用于特殊截面或复杂截面形状的异形型材(图5.52)生产。

异形型材拉拔时,坯料的截面形状与最终型材的截面形状差别不宜过大。差别过大时,会在型材中产生较大的残余应力,导致裂纹以及沿型材长度方向上的形状畸变。

管材拉拔以圆管为主,也可拉制椭圆形管、矩形管和其他截面形状的管材。管材拉拔后管壁将增厚,当不希望管壁厚度变化时,拉拔过程中要加芯棒,当需要管壁厚度变薄时,也必须加芯棒来控制壁管的厚度(图5.53)。

拉拔模在拉拔过程中会受到强烈的摩擦,生产中常采用耐磨的硬质合金(有时甚至用金刚石)来制作,以确保其精度和使用寿命。

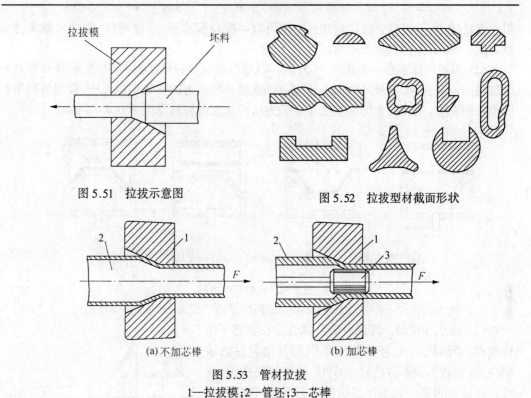

图 5.51　拉拔示意图

图 5.52　拉拔型材截面形状

(a) 不加芯棒　　　　　　　(b) 加芯棒

图 5.53　管材拉拔
1—拉拔模；2—管坯；3—芯棒

5.6　特种塑性加工方法

一、超塑性成形

超塑性是指金属或合金在特定条件下,即低的形变速率($\dot{\varepsilon} = 10^{-2} \sim 10^{-4}/s$)、一定的变形温度和均匀的细晶粒度(晶粒平均直径为 $0.2 \sim 5\ \mu m$),其相对延伸率 δ 超过 100% 以上的特性。如钢超过 500%、纯钛超过 300%、锌铝合金超过 1 000%。

超塑性状态下的金属在拉伸变形过程中不产生缩颈现象,变形应力可比常态下金属的变形应力降低几十倍。因此该金属极易成形,可采用多种工艺方法制出复杂零件。

目前常用的超塑性成形材料主要是锌铝合金、铝基合金、钛合金及高温合金。

1. 超塑性成形工艺的应用

(1) 板料冲压。如图 5.54 所示,

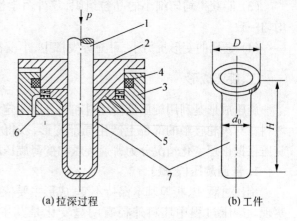

(a) 拉深过程　　　　　(b) 工件

图 5.54　超塑性板料拉深
1—冲头(凸模)；2—压板；3—凹模；4—电热元件；
5—坯料；6—高压油孔；7—工件

零件直径较小,但很高。选用超塑性材料可以一次拉深成形,质量很好,零件性能无方向性。图 5.54(a)为拉深成形示意图。

(2) 板料气压成形。如图 5.55 所示。超塑性金属板料放于模具中,把板料与模具一起加热到规定温度,向模具内充入压缩空气或抽出模具内的空气形成负压,板料将贴紧在凹模或凸模上,获得所需形状的工件。该方法可加工的板料厚度为 0.4 ~ 4 mm。

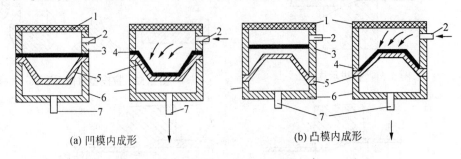

(a) 凹模内成形　　　　　　　　　　　(b) 凸模内成形

图 5.55　板料气压成形

1—电热元件;2—进气孔;3—板料;4—工件;5—凹(凸)模;6—模框;7—抽气孔

(3) 挤压和模锻。高温合金及钛合金在常态下塑性很差,变形抗力大,不均匀变形引起各向异性的敏感性强,通常的成形方法较难成形,材料损耗极大,致使产品成本很高。如果在超塑性状态下进行模锻,就完全克服了上述缺点,节约材料,降低成本。

2. 超塑性模锻工艺特点

(1) 扩大了可锻金属材料种类。如过去只能采用锻造成形的镍基合金,也可以进行超塑性模锻成形。

(2) 金属填充模膛的性能好,可锻出尺寸精度高、机械加工余量小甚至不用加工的零件。

(3) 能获得均匀细小的晶粒组织,零件力学性能均匀一致。

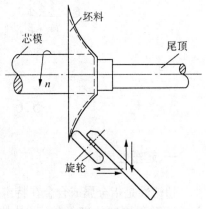

图 5.56　旋压加工

(4) 金属的变形抗力小,可充分发挥中、小设备的作用。

二、旋压成形

旋压成形是利用旋压机使坯料和模具以一定的速度共同旋转,并在滚轮的作用下使坯料在与滚轮接触的部位上产生局部变形,获得空心回转体零件的加工方法(图5.56)。旋压根据板厚变化情况分为普通旋压和变薄旋压两大类。

1. 普通旋压(普旋)

旋压过程中,板厚基本保持不变,成形主要依靠坯料圆周方向与半径方向上的变形来实现。旋压过程中坯料外径有明显变化是其主要特征。普通旋压分为拉深旋压(图 5.57(a))、缩径旋压(图 5.57(b))和扩口旋压(图 5.57(c))三种。

2. 变薄旋压(强力旋压、强旋)

旋压成形主要依靠板厚的减薄来实现。旋压过程中坯料直径基本不变。壁厚减薄是

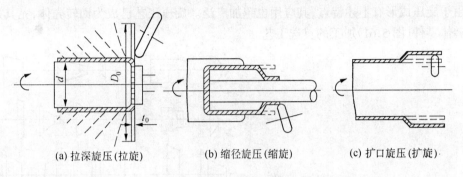

(a) 拉深旋压(拉旋)   (b) 缩径旋压(缩旋)   (c) 扩口旋压(扩旋)

图 5.57　普通旋压

变薄旋压的主要特征。

变薄旋压分为锥形件变薄旋压(图 5.58)、筒形件变薄旋压(图 5.59)两种。其中筒形件变薄旋压又有正旋(图 5.59(a))和反旋(图 5.59(b))之分。

旋压成形主要有以下特点:

(1) 旋压是局部连续塑性变形,变形区很小,所需成形工艺力仅为整体冲压成形力的几十分之一,甚至1/100。它是既省力效果又明显的塑性加工方法。因此,旋压设备与相应的冲压设备相比要小得多,设备投资也较低。

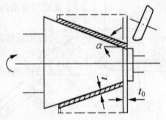

图 5.58　锥形体变薄旋压(剪旋)

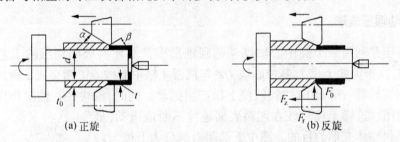

(a) 正旋   (b) 反旋

图 5.59　筒形件变薄旋压

(2) 旋压工装简单,工具费用低(例如,与拉深工艺比较,变薄旋压制造薄壁筒的工具费仅为其 1/10 左右),而且旋压设备(尤其是现代自动旋压机)的调整、控制简便灵活,具有很大的柔性,非常适用于多品种少量生产。根据零件形状,有时它也能用于大批量生产。

(3) 有一些形状复杂的零件和大型封头类零件(图 5.60)冲压很难甚至无法成形,但却适合于旋压加工。例如,头部很尖的火箭弹锥形药罩、薄壁收口容器、带内螺旋线的猎枪管以及内表面有分散的点状突起的反射灯碗、大型锅炉及容器的封头等。

(4) 旋压件尺寸精度高,甚至可与切削相媲美。例如,直径为 610 mm 的旋压件,其直径公差可达 ± 0.025 mm;直径为 6 ~ 8 m 的特大型旋压件,直径公差可达 ± (1.270 ~ 1.542) mm。

(5) 旋压零件表面精度容易保证。此外,经旋压成形的零件,抗疲劳强度好,屈服点、抗拉强度、硬度都有大幅度提高。

由于旋压成形有上述特点,其应用也越加广泛。旋压工艺已成为回转壳体,尤其是薄壁回转体零件(图 5.61)加工的首选工艺。

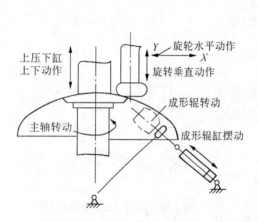

图 5.60　大型封头旋压

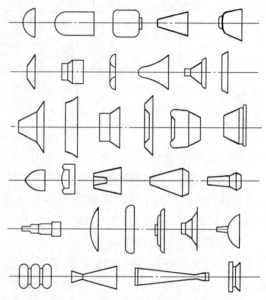

图 5.61　旋压件的形状

三、摆动辗压成形

摆动辗压是利用一个绕中心轴摆动的圆锥形模具对坯料局部加压的工艺方法(图 5.62)。具有圆锥面的上模 1、其中心线 OZ 与机器主轴中心线 OM 相交成 α 角,此角称摆角。当主轴旋转时,OZ 绕 OM 旋转,使上模产生摆动。同时,滑块 3 在油缸作用下上升,对坯料 2 旋压。这样上模母线在坯料表面连续不断地滚动,最后达到使坯料整体变形的目的。图中下部阴影部分为上模与坯料的接触面积。

若上模母线为直线,则辗压的工件表面为平面;若母线为曲线,则能辗压出上表面为一形状较复杂的曲面零件。

摆动辗压的优点是:

(1) 省力,摆动辗压可以用较小的设备辗压出大锻件。摆动辗压是以连续的局部变形代替一般锻压工艺的整体变形,因此变形力大为降低。加工相同的锻件,其辗压力仅为一般锻压工艺变形力的 1/5 ~ 1/20。

(2) 摆动辗压可加工出厚度为 1 mm 的薄片类零件。

(3) 产品质量高,节省原材料,可实现少、无屑加工。如果模具制造精度高,辗压件尺寸误差可达 0.025 mm,表面粗糙度 Ra 值为 1.6 ~ 0.4 μm。

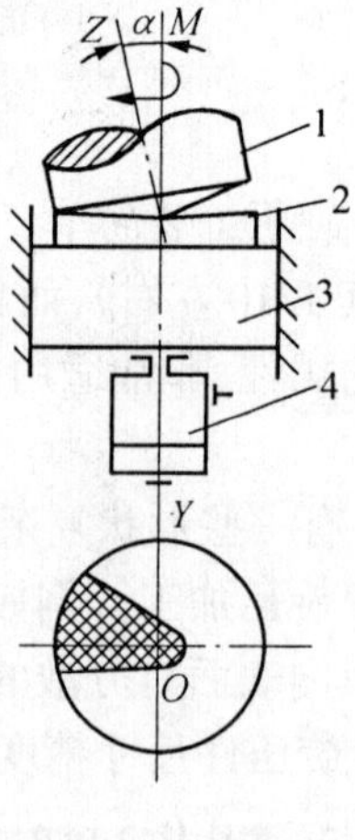

图 5.62　摆动辗压工作原理

1—摆头(上模);2—坯料;
3—滑块;4—进给油缸

(4) 辗压中噪音及震动小,易实现机械化与自动化。

摆动辗压目前在我国发展很迅速。主要适用于加工回转体饼盘类或带法兰的半轴类锻件。如汽车后半轴、扬声器导磁体、止推轴承圈、碟形弹簧、齿轮和铣刀毛坯等。

四、粉末锻造

粉末锻造通常是指粉末烧结的预成形坯经加热后,在闭式模中锻造成零件的成形工艺方法。它是将传统的粉末冶金和精密锻造结合起来的一种新工艺,并兼有两者的优点。可以制取密度接近材料理论密度的粉末锻件,克服了普通粉末冶金零件密度低的缺点,使粉末锻件的某些物理和力学性能达到甚至超过普通锻件的水平。同时,又保持了普通粉末冶金少、无切屑工艺的优点。通过合理设计预成形坯和实行少、无飞边锻造,具有成形精确、材料利用率高、锻造能量消耗少等特点。

粉末锻造的目的是把粉末预成形坯锻造成致密的零件。目前,常用的粉末锻造方法有粉末锻造、烧结锻造、锻造烧结和粉末冷锻几种,其基本工艺过程如图 5.63 所示。

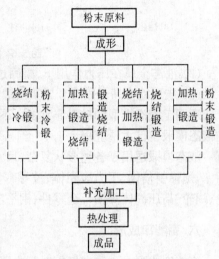

图 5.63　粉末锻造的基本工艺过程

粉末锻造在许多领域中得到了应用。特别是在汽车制造业中的应用更为突出。表5.2 给出了适于粉末锻造工艺生产的汽车零件。

表 5.2　适于粉末锻造工艺生产的汽车零件

发　动　机	连杆、齿轮、气门挺杆、交流电机转子、阀门、气缸衬套、环形齿轮
变速器(手动)	毂套、回动空转齿轮、离合器、轴承座圈同步器、各种齿轮
变速器(自动)	内座圈、压板、外座圈、制动装置、离合器凸轮、各种齿轮
底　　　盘	后轴壳体端盖、扇形齿轮、万向轴、侧齿轮、轮箍、伞齿轮、环齿轮

五、液态模锻

液态模锻是将一定量的液态金属直接注入金属模腔,随后在压力的作用下,使处于熔融或半熔融状态的金属液发生流动并凝固成形,同时伴有少量塑性变形,从而获得毛坯或零件的加工方法。

液态模锻典型工艺流程如图 5.64 所示。此工艺一般化分为金属液和模具准备、浇注、合模施压、开模取件四个步骤。

液态模锻工艺的主要特点如下:

(1) 成形过程中,液态金属自始至终承受等静压,在压力下完成结晶凝固。

(2) 已凝固金属在压力作用下产生塑性变形,使制件外表面紧贴模腔,保证尺寸精度。

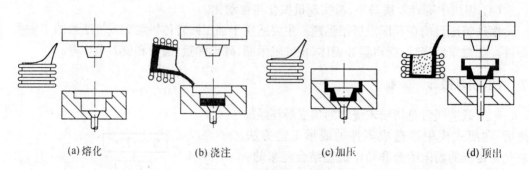

(a) 熔化　　　　　　(b) 浇注　　　　　　(c) 加压　　　　　　(d) 顶出

图 5.64　液态模锻工艺流程

（3）液态金属在压力作用下，凝固过程中能得到强制补缩，比压铸件组织致密。

（4）成形能力高于固态金属热模锻，可成形形状复杂的锻件。

适用于液态模锻的材料非常多。不仅铸造合金，而且变形合金，有色金属及黑色金属的液态模锻也已大量应用。

液态模锻适用于各种形状复杂、尺寸精确的零件的制造，在工业生产中应用广泛。如活塞、炮弹引信体、压力表壳体、波导弯头、汽车油泵壳体、摩托车零件等铝合金零件；齿轮、蜗轮、高压阀体等铜合金零件；钢平法兰、钢弹头、凿岩机缸体等碳钢、合金钢零件。

六、高能率成形

高能率成形是一种在极短时间内释放高能量使金属变形的成形方法。

高能率成形主要包括爆炸成形、电液成形和电磁成形等几种形式。

1. 爆炸成形

爆炸成形是利用爆炸物质在爆炸瞬间释放出巨大的化学能对金属坯料进行加工的高能率成形方法。

爆炸成形时，爆炸物质的化学能在极短时间内转化为周围介质（空气或水）中的高压冲击波，并以脉冲波的形式作用于坯料，使其产生塑性变形并以一定速度贴模，完成成形过程。冲击波对坯料的作用时间为微秒级，仅占坯料变形时间的一小部分。这种高速变形条件，使爆炸成形的变形机理及过程与常规冲压加工有着根本性的差别。

爆炸成形装置如图 5.65 所示。

爆炸成形主要特点：

（1）模具简单，仅用凹模即可。节省模具材料，降低成本。

（2）简化设备。一般情况下，爆炸成形无需使用冲压设备，使生产条件得以简化。

（3）能提高材料的塑性变形能力，适用于

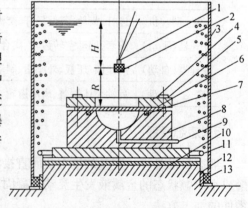

图 5.65　爆炸拉深装置

1—电雷管；2—炸药；3—水筒；4—压边圈；5—螺栓；6—毛坯；7—密封；8—凹模；9—真空管道；10—缓冲装置；11—压缩空气管路；12—垫环；13—密封

塑性差的难成形材料。

（4）适于大型零件成形。用常规方法加工大型零件,往往受到模具尺寸和设备工作台面的限制。而爆炸成形不需专用设备,且模具及工装制造简单、周期短、成本低。

爆炸成形目前主要用于板材的拉深、胀形、校形等成形工艺。此外还常用于爆炸焊接、表面强化、管件结构的装配、粉末压制等方面。

2. 电液成形

电液成形是利用液体中强电流脉冲放电所产生的强大冲击波对金属进行加工的高能率成形方法。

电液成形装置的基本原理如图5.66所示。该装置由充电回路和放电回路两部分组成。充电回路主要由升压变压器1、整流器2及充电电阻3组成。放电回路主要由电容器4、辅助开关5及电极9组成。来自网路的交流电经升压变压器及整流器后变为高压直流电并向电容器充电。当充电电压达到所需值后,点燃辅助间隙,高压电瞬时加到两放电电极所形成的主放电间隙上,并使主间隙击穿,产生高压放电,在放电回路中形成非常强大的冲击电流,结果在电极周围介质中形成冲击波及液流冲击而使金属坯料成形。

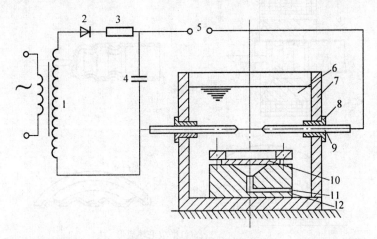

图 5.66 电液成形原理图

1—升压变压器;2—整流器;3—充电电阻;4—电容器;5—辅助间隙;
6—水;7—水箱;8—绝缘体;9—电极;10—毛坯;11—抽气孔;12—凹模

电液成形除了具有模具简单、零件精度高、能提高材料塑性变形能力等特点外,与爆炸成形相比,电液成形时能量易于控制,成形过程稳定,操作方便,生产率高,便于组织生产。

电液成形主要用于板材的拉深、胀形、翻边、冲裁等。

3. 电磁成形

电磁成形是利用脉冲磁场对金属坯料进行塑性加工的高能率成形方法。

电磁成形装置原理如图5.67所示。通过

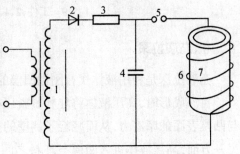

图 5.67 电磁成形装置原理图

1—升压变压器;2—整流器;3—限流电阻;4—电容器;5—辅助间隙;6—工作线圈;7—毛坯

放电磁场与感应磁场的相互叠加,产生强大的磁场力,使金属坯料变形。与电液成形装置原理比较可见,除放电元件不同外,其他都是相同的。电液成形的放电元件为水介质中的电极,而电磁成形的放电元件为空气中的线圈。

电磁成形除具有一般的高能成形特点外,还无需传压介质,可以在真空或高温条件下成形,能量易于控制,成形过程稳定,再现性强,生产效率高,易于实现机械化和自动化。

电磁成形典型工艺主要有管坯胀形(图 5.68(a))、管坯缩颈(5.68(b))及平板毛坯料成形(图 5.68(c))。此外,在管材的缩口、翻边、压印、剪切及装配、连接等方面也有较多应用。

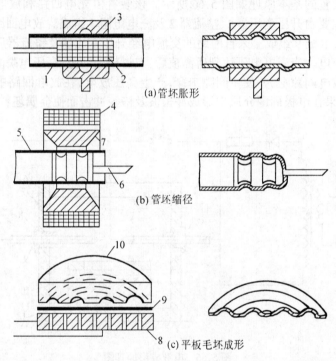

(a) 管坯胀形

(b) 管坯缩径

(c) 平板毛坯成形

图 5.68　电磁成形典型加工方法

1、5、9—工件;2、4、8—线圈;3、6、7、10—模具

七、充液拉深

充液拉深是利用液体代替刚性凹模的作用所进行的拉深成形方法,如图 5.69 所示。

拉深成形时,高压液体将坯料紧紧压在凸模的侧表面上,增大了拉深件侧壁(传力区)与凸模表面的摩擦力,从而减轻了侧壁的拉应力,使其承载能力得到了很大程度的提高。另一方面,高压液体进入凹模与坯料之间(图 5.70),会大大降低坯料与凹模之间的摩擦阻力,减少了拉深过程中侧壁的载荷。因此,极限拉深系数比普通拉深时小很多,时常可达 0.4 ~ 0.45。

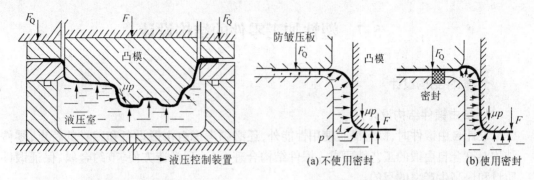

图 5.69 充液拉深

图 5.70 充液拉深原理

与传统拉深相比,充液拉深具有以下特点:

(1) 充液拉深时由于液压的作用,使板料和凸模紧紧贴合,产生"摩擦保持效果",缓和了板料在凸模圆角处的径向应力,提高了传力区的承载能力。

(2) 在凹模圆角处和凹模压料面上,板料不直接与凹模接触,而是与液体接触,大大降低了摩擦阻力,也就降低了传力区的载荷。

(3) 能大幅度提高拉深件的成形极限,减少拉深次数。

(4) 能减少零件擦伤,提高零件精度。

(5) 设备相对复杂,生产率较低。

充液拉深主要应用于质量要求较高的深筒形件、锥形、抛物线形等复杂曲面零件、盒形件以及带法兰件的成形。近年来在汽车覆盖件的成形中也有应用。

八、聚氨酯成形

聚氨酯成形是利用聚氨酯在受压时表现出的高粘性流体性质,将其作为凸模或凹模的板料成形方法。聚氨酯具有硬度高、弹性大、抗拉强度与承载能力大、抗疲劳性好、耐油性和抗老化性强、寿命长以及容易机械加工等特点,因此能够取代天然橡胶,被广泛应用于板料冲压生产。

目前常用的聚氨酯成形工艺有:聚氨酯冲裁(图 5.71)、聚氨酯弯曲(图 5.72)以及聚氨酯拉深、聚氨酯胀形等。

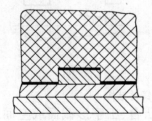

图 5.71 聚氨酯冲裁

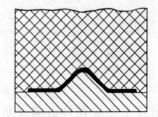

图 5.72 聚氨酯弯曲

聚氨酯的不足之处是价格较贵,且成形时所需设备压力较大。

5.7　塑性加工零件的结构设计

一、锻件结构设计

1. 自由锻件结构设计

设计自由锻件时,除应满足使用性能外,还必须考虑自由锻设备和工具的特点,零件结构要符合自由锻的工艺性要求。锻件结构合理,可达到锻造方便、节约金属、保证锻件质量和提高生产率的目的。

(1) 锻件上具有锥体或斜面的结构,从工艺角度衡量是不合理的(图 5.73(a))。因为锻造这种结构,必须制造专用工具,锻件成形也比较困难,使工艺过程复杂化,操作很不方便,影响设备的使用效率,所以要尽量避免,并改进设计,如图 5.73(b)所示。

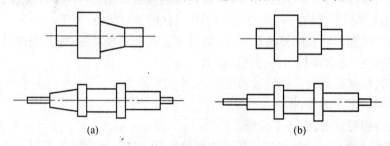

(a)　　　　　　　　　　　　　　(b)

图 5.73　轴类锻件结构

(2) 锻件由数个简单几何体构成时,几何体的交接处不应形成空间曲线,如图 5.74(a)所示结构。这种结构锻造成形极为困难,应改成平面与圆柱、平面与平面相接(图5.74(b)),消除空间曲线结构,使锻造成形容易。

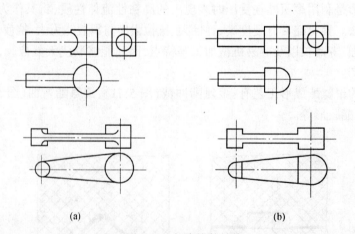

(a)　　　　　　　　　　　　　　(b)

图 5.74　杆类锻件结构

(3) 自由锻锻件上不应设计出加强筋、凸台、工字形截面或空间曲线形表面(图5.75(a))。该种结构难以用自由锻方法获得。如果采用特殊工具或特殊工艺措施来生产,必将降低生产率,增加产品成本。将锻件结构改成如图 5.75(b)所示结构,则工艺性好,并可提高经济效益。

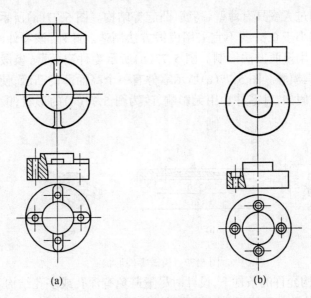

图 5.75 盘类锻件结构

(4) 锻件的横截面积有急剧变化或形状较复杂时(图 5.76(a)),应设计成由几个简单件构成的组合体。每个简单件锻制成形后,再用焊接或机械连接方式构成整体零件(图 5.76(b))。

2. 模锻件结构设计

设计模锻零件时,应根据模锻特点和工艺要求,使零件结构符合下列原则,以便于模锻生产和降低成本。

(1) 模锻零件必须具有一个合理的分模面,以保证模锻件易于从锻模中取出、敷料最少、锻模容易制造。

(2) 由于模锻件尺寸精度高和表面粗糙度值低,因此,零件上只有与其他机件配合的表面,才需进行机械加工,其他表面均应设计为非加工表面。零件上与锤击方向平行的非加工表面,应设计出模锻斜度。非加工表面所形成的角都应按模锻圆角设计。

(3) 为了使金属容易充满模膛和减少工序,零件外形力求简单、平直和对称。尽力避

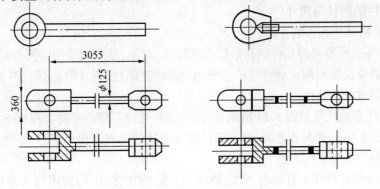

图 5.76 复杂件结构

免零件截面间差别过大或具有薄壁、高筋、凸起等结构。图 5.77(a)所示零件的最小截面与最大截面之比如小于 0.5,就不宜采用模锻方法制造。此外,该零件的凸缘薄而高,中间凹下很深也难于用模锻方法锻制。图 5.77(b)所示零件扁而薄,模锻时薄的部分金属容易冷却,不易充满模膛。图 5.77(c)所示零件有一个高而薄的凸缘,使锻模的制造和取出锻件都很困难。假如,对零件功用无影响,改为图 5.77(d)的形状,锻制成形就很容易了。

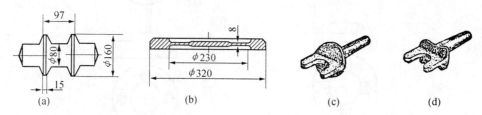

图 5.77　模锻零件形状

(4) 在零件结构允许的条件下,设计时尽量避免有深孔或多孔结构。图 5.78 所示零件上 4 个 $\phi20$ mm 的孔就不能锻出。只能用机械加工成形。

(5) 在可能条件下,应采用锻 – 焊组合工艺,以减少敷料、简化模锻工艺(图5.79)。

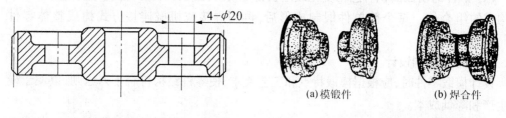

图 5.78　多孔齿轮　　　　图 5.79　锻焊结构模锻零件

二、冲压件结构设计

冲压件的设计不仅应保证它具有良好的使用性能,而且也应具有良好的工艺性能,以减少材料的消耗、延长模具寿命、提高生产率、降低成本及保证冲压件质量等。

影响冲压件工艺性的主要因素有:冲压件的形状、尺寸、精度及材料等。

1. 冲压件的形状与尺寸

(1) 对落料和冲孔件的要求:

① 落料件的外形和冲孔件的孔形应力求简单、对称,尽可能采用圆形、矩形等规则形状。同时应避免长槽与细长悬臂结构。否则制造模具困难、模具寿命低。图 5.80 所示零件为工艺性很差的落料件。

② 孔及其有关尺寸如图 5.81 所示。冲圆孔时,孔径不得小于材料厚度 S。方孔的每边长不得小于 0.9 S,孔与孔之间、孔与工件边缘之间的距离不得小于 S,外缘凸出或凹进的尺寸不得小于 1.5 S。

③ 冲孔件或落料件上直线与直线、曲线与直线的交接处,均应用圆弧连接。以避免尖角处因应力集中而被冲模冲裂。

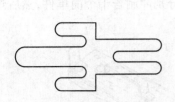

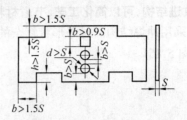

图 5.80　不合理的落料件外形　　　　图 5.81　冲孔件尺寸与厚度的关系

④ 冲裁件的排样。排样是指落料件在条料、带料或板料上进行合理布置的方法。排样合理可使废料最少,材料利用率大为提高。图 5.82 给出了同一个冲裁件采用四种不同的排样方式材料消耗对比。落料件的排样有两种类型:无搭边排样和有搭边排样。

无搭边排样是用落料件形状的一个边作为另一个落料件的边缘(图 5.82(d))。这种排样,材料利用率很高。但毛刺不在同一个平面上,而且尺寸不准确。因此,只有对冲裁件质量要求不高时才采用。

有搭边排样即是在各个落料件之间均留有一定尺寸的搭边。其优点是毛刺小,而且在同一个平面上,冲裁件尺寸准确,质量较高。但材料消耗多。

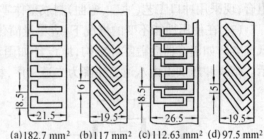

(a)182.7 mm²　(b)117 mm²　(c)112.63 mm²　(d)97.5 mm²

图 5.82　不同排样方式材料消耗对比

(2) 对弯曲件的要求:

① 弯曲件形状应尽量对称,弯曲半径不能小于材料允许的最小弯曲半径,并应考虑材料纤维方向,以免成形过程中弯裂。

② 弯曲边过短,不易弯曲成形,故应使弯曲边的平直部分 $H > 2S$(图 5.83)。如果要求 H 很短,则需先留出适当的余量,以增大 H,弯好后再切去多余材料。

③ 弯曲带孔件时,为避免孔的变形,孔的位置应如图 5.84 所示。图中 $L > (1.5 \sim 2)S$。

(3) 对拉深件的要求:

① 拉深件外形应简单、对称,且不宜太高,以便使拉深次数尽量少,并容易成形。

② 拉深件的圆角半径在不增加工艺程序的情况下,最小许可半径如图 5.85 所示。否则必将增加拉深次数和整形工序、增多模具数量、容易产生废品和提高成本。

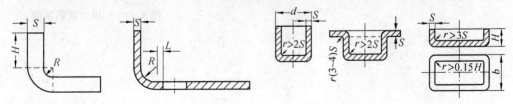

图 5.83　弯曲边高　　　图 5.84　带孔弯曲件　　　图 5.85　拉深件最小允许半径

2. 改进结构,可以简化工艺、节省材料

(1) 采用冲焊结构。对于形状复杂的冲压件,可先分别冲制若干个简单件,然后焊成整体件(图 5.86)。

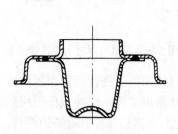

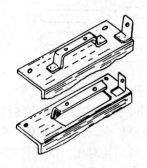

图 5.86　冲压焊接结构零件　　　　　　图 5.87　冲口工艺的应用

(2) 采用冲口工艺,以减少组合件数量。如 5.87 所示,原设计用三个件铆接或焊接组合,现采用冲口工艺(冲口、弯曲)制成整体零件,可以节省材料、简化工艺过程。

(3) 在使用性能不变的情况下,应尽量简化拉深件结构,以便减少工序、节省材料、降低成本。如消音器后盖零件结构,原设计如图 5.88(a)所示,经过改进后如图 5.88(b)所示。结果冲压加工由八道工序降为二道工序,材料消耗减少 50%。

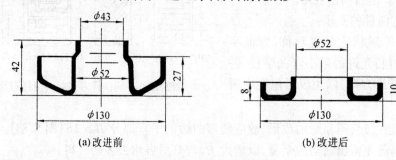

(a)改进前　　　　　　　　　　　　(b)改进后

图 5.88　消音器后盖零件结构

3. 冲压件的厚度

在强度、刚度允许的条件下,应尽可能采用较薄的材料来制作零件,以减少金属的消耗。对局部刚度不够的地方,可采用加强筋措施,以实现薄材料代替厚材料(图 5.89)。

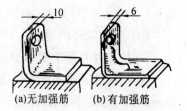

(a)无加强筋　　(b)有加强筋

图 5.89　使用加强筋举例

第六章　焊　　接

　　焊接是一种永久性连接金属材料的工艺方法。焊接过程的实质是利用加热或加压力等手段,借助金属原子的结合与扩散作用,使分离的金属材料牢固地连接起来。

　　焊接在现代工业生产中占有十分重要的地位,如舰船的船体、高炉炉壳、建筑构架、锅炉与压力容器、车厢及家用电器、汽车车身等工业产品的制造,都离不开焊接方法。焊接在制造大型结构件或复杂机器部件时,更显得优越,它可以用化大为小、化复杂为简单的办法来准备坯料,然后用逐次装配焊接的方法拼小成大、拼简单成复杂。这是其他工艺方法难以做到的。在制造大型机器设备时,还可以采用铸—焊或锻—焊复合工艺。这样,小型铸、锻设备的工厂也可以生产出大型零部件。用焊接方法还可以制成双金属构件,如制造复合层容器。此外,还可以对不同材料进行焊接。总之,焊接方法的这些优越性,使其在现代工业中的应用日趋广泛。

　　焊接方法的种类很多,其中电弧焊是应用极其普遍的焊接方法。

6.1　电弧焊

一、焊条电弧焊

　　焊条电弧焊(即手工电弧焊)是利用焊条与工件间产生电弧热,将工件和焊条熔化而进行焊接的方法。

　　焊条电弧焊可在室内、室外、高空和各种方位进行,设备简单、维护容易、焊钳小、使用灵便,适于焊接高强度钢、铸钢、铸铁和非铁金属,其焊接接头与工件(母材)的强度相近,是焊接生产中应用最广泛的方法。

1. 焊接电弧

　　焊接电弧是在电极与工件之间的气体介质中长时间有力的放电现象,即在局部气体介质中有大量电子流通过的导电现象。

　　产生电弧的电极可以是金属丝、钨丝、碳棒或焊条,一般手工电弧焊都使用焊条。

　　焊接电弧如图 6.1 所示。引燃电弧后,弧柱中就充满了高温电离气体,放出大量的热能和强烈的光。电弧的热量与焊接电流和电弧电压的乘积成正比。电流越大,电弧产生的总热量就越大。一般情况下,电弧热量在阳极区产生的较多,约占总热量的 43%;阴极区因放出大量的电子,消耗了一部分能量,所以产生的热量相对较少,约占 36%;其余 21% 左右的热量是在弧柱中产生的。焊条电弧焊只有 65% ~ 85% 的热量用于加热和熔化金属,其余的热量则散失在电弧周围和飞溅的金属滴中。

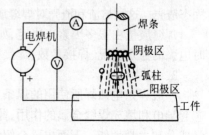

图 6.1　焊接电弧

电弧中阳极区和阴极区的温度因电极材料不同而有所不同。用钢焊条焊接钢材时,阳极区温度约为 2 600 K,阴极区约为 2 400 K,电弧中心区温度为最高,可达 6 000 ~ 8 000 K。

由于电弧产生的热量在阳极和阴极上有一定差异及其他一些原因,使用直流电源焊接时,有正接和反接两种接线方法。

正接是将工件接到电源的正极,焊条(或电极)接到负极;反接是将工件接到电源的负极,焊条(或电极)接到正极,如图 6.2 所示。正接时工件的温度相对高一些。

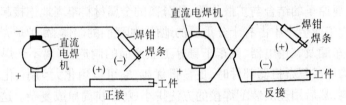

图 6.2　直流电源时的正接与反接

如果焊接时使用的是交流电焊机(弧焊变压器),因为电极每秒钟正负变化达 100 次之多,所以两极加热温度一样,都在 2 500 K 左右,因而不存在正接和反接问题。

电焊机的空载电压就是焊接时的引弧电压,一般为 50 ~ 90 V。电弧稳定燃烧时的电压称为电弧电压,它与电弧长度(即焊条与工件间的距离)有关。电弧长度越大,电弧电压也越高。一般情况下,电弧电压在 16 ~ 35 V 范围之内。

2. 焊条电弧焊的焊接过程

焊条电弧焊的焊接过程如图 6.3 所示。电弧在焊条与被焊工件之间燃烧,电弧热使工件和焊芯同时熔化形成熔池,同时也使焊条的药皮熔化和分解。药皮熔化后与液态金属发生物理化学反应,所形成的熔渣不断从熔池中浮起;药皮受热分解产生大量的 CO_2、CO 和 H_2 等保护气体,围绕在电弧周围,熔渣和气体能防止空气中氧和氮的侵入,起保护熔化金属的作用。

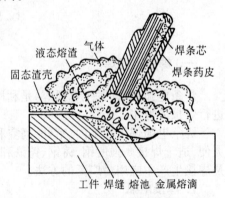

图 6.3　涂料焊条的电弧焊过程

当电弧向前移动时,工件和焊条不断熔化汇成新的熔池。原来的熔池则不断冷却凝固,构成连续的焊缝。覆盖在焊缝表面的熔渣也逐渐凝固成为固态渣壳。这层熔渣和渣壳对焊缝成形的好坏和减缓金属的冷却速度有着重要的作用。

焊缝质量由很多因素来决定,如工件基体金属和焊条的质量、焊前的清理程度、焊接时电弧的稳定情况、焊接参数、焊接操作技术、焊后冷却速度以及焊后热处理等。

3. 电焊条

一般焊条电弧焊所使用的焊条为普通电焊条,由焊芯和药皮(涂料)两部分组成。焊芯起导电和填充焊缝金属的作用,药皮则用于保证焊接顺利进行并使焊缝具有一定的化学成分和力学性能。下面主要介绍焊接结构钢的焊条。

(1)焊芯。焊芯(埋弧焊时为焊丝)是组成焊缝金属的主要材料。它的化学成分和非金属夹杂物的多少将直接影响焊缝的质量。因此,结构钢焊条的焊芯应符合国家标准GB/J 14957 — 1994《焊接用钢丝》的要求。常用的结构钢焊条焊芯的牌号和成分见表 6.1。

表 6.1 碳素钢焊接钢丝的牌号和成分

钢 号	w(化学成分)/%							用 途
	碳	锰	硅	铬	镍	硫	磷	
H08	≤0.10	0.30~0.55	≤0.30	≤0.20	≤0.30	<0.04	<0.04	一般焊接结构
H08A	≤0.10	0.30~0.55	≤0.30	≤0.20	≤0.30	<0.03	0.03	重要的焊接结构
H08MnA	≤0.10	0.80~1.10	≤0.07	≤0.20	≤0.30	<0.03	<0.03	用作埋弧自动焊钢丝

焊芯具有较低的含碳质量分数和一定的含锰质量分数。含硅质量分数控制较严,硫、磷质量分数则应低。焊芯牌号中带"A"字符号者,其硫、磷质量分数不超过 0.03%,焊芯的直径即称为焊条直径,最小为 1.6 mm,最大为 8 mm。其中以 3.2~5 mm 的焊条应用最广。

焊接合金结构钢、不锈钢用的焊条,应采用相应的合金结构钢、不锈钢的焊接钢丝作焊芯。

(2) 焊条药皮。焊条药皮在焊接过程中的作用主要是:提高电弧燃烧的稳定性,防止空气对熔化金属的有害作用,保证焊缝金属的脱氧和加入合金元素,以保证焊缝金属的化学成分和力学性能。焊条药皮原料的种类及其作用见表 6.2。

表 6.2 焊条药皮原料的种类名称及其作用

原料种类	原 料 名 称	作 用
稳弧剂	碳酸钾、碳酸钠、长石、大理石、钛白粉、钠水玻璃、钾水玻璃	改善引弧性能,提高电弧燃烧的稳定性
造气剂	淀粉、木屑、纤维素、大理石	造成一定量的气体,隔绝空气,保护焊接熔滴与熔池
造渣剂	大理石、萤石、菱苦土、长石、锰矿、钛铁矿、粘土、钛白粉、金红石	造成具有一定物理-化学性能的熔渣,保护焊缝。碱性渣中的 CaO 还可起脱硫、磷作用
脱氧剂	锰铁、硅铁、钛铁、铝铁、石墨	降低电弧气氛和熔渣的氧化性,脱除金属中的氧。锰还起脱硫作用
合金剂	锰铁、硅铁、铬铁、钼铁、钒铁、钨铁	使焊缝金属获得必要的合金成分
稀渣剂	萤石、长石、钛白粉、钛铁矿	增加熔渣流动性,降低熔渣粘度
粘结剂	钾水玻璃、钠水玻璃	将药皮牢固地粘在钢芯上

(3) 焊条的种类及型号。由于焊接方法应用的范围越来越广泛,因此适应各个行业、各种材料和达到不同性能要求的焊条品种非常多。我国将焊条按化学成分划分为七大类,即碳钢焊条、低合金钢焊条、不锈钢焊条、堆焊焊条、铸铁焊条及焊丝、铜及铜合金焊条、铝及铝合金焊条等。其中应用最多的是碳钢焊条和低合金钢焊条。

根据国标 GB/T 5117—1995《碳钢焊条》和 GB/T 5118—1995《低合金钢焊条》的规定,两种焊条型号用大写字母"E"和数字表示,如 E4303、E5015 等。"E"表示焊条,型号中四位数字的前两位表示熔敷金属抗拉强度的最小值,第三位数字表示焊条适用的焊接位置("0"及"1"表示适用于各种焊接位置,"2"表示适用于平焊及平角焊,"4"表示适合于向下立焊),第三位与第四位数字组合表示药皮类型和电流种类。低合金焊条型号中在四位数字之后,还标出附加合金元素的化学成分,如 E5515 - B2 - V 属低氢钠型适用直流反接进行各种焊接位置的焊条,并含 $w(Si) = 0.6\%$ 和 $w(V) = 0.01\% \sim 0.35\%$。

焊条还可按熔渣性质分为酸性焊条和碱性焊条两大类。药皮熔渣中酸性氧化物(如 SiO_2、TiO_2、Fe_2O_3)比碱性氧化物(如 CaO、FeO、MnO、Na_2O)多的焊条为酸性焊条。此类焊条适合各种电源,操作性较好,电弧稳定,成本低。但焊缝强度稍低,渗合金作用弱。故不宜焊接承受重载和要求高强度的重要结构件。而碱性氧化物比酸性氧化物多的为碱性焊条,此类焊条一般要求采用直流电源,焊缝强度高、抗冲击能力强。但操作性差、电弧不够稳定、成本高,故只适合焊接重要结构件。

(4) 焊条的选用原则。选用焊条通常是根据焊件化学成分、力学性能、抗裂性、耐腐蚀性以及高温性能等要求,选用相应的焊条种类,再考虑焊接结构形状、受力情况、焊接设备条件和焊条售价来选定具体型号。

① 低碳钢和普通低合金钢构件,一般都要求焊缝金属与母材等强度。因此可根据钢材的强度等级来选用相应的焊条。但应注意,钢材是按屈服强度确定等级的,而碳钢、低合金钢焊条的等级是指抗拉强度的最低保证值。

② 同一强度等级的酸性焊条或碱性焊条的选定,应依据焊接件的结构形状(简单或复杂)、钢板厚度、载荷性质(静载或动载)和钢材的抗裂性能而定。通常对要求塑性好、冲击韧度高、抗裂能力强或低温性能好的结构,要选用碱性焊条。如果构件受力不复杂、母材质量较好,应尽量选用较经济的酸性焊条。

③ 低碳钢与低合金结构钢焊接,可按异种钢接头中强度较低的钢材来选用相应的焊条。

④ 铸钢的含碳质量分数一般都比较高,而且厚度较大,形状复杂,很容易产生焊接裂纹。一般应选用碱性焊条,采取适当的工艺措施(如预热)进行焊接。

⑤ 焊接不锈钢或耐热钢等有特殊性能要求的钢材,应选用相应的专用焊条,以保证焊缝的主要化学成分和性能与母材相同。

二、埋弧焊

1. 埋弧焊的焊接过程

埋弧焊也称熔剂层下焊接。焊接时,焊接机头将光焊丝自动送入电弧区并保持选定的弧长。电弧在颗粒状熔剂(焊剂)层下面燃烧,焊机带有焊丝能均匀地沿坡口移动,或者焊机机头不动,工件匀速运动。在焊丝前方,焊剂从漏斗中不断流出撒在被焊部位。焊接时,部分焊剂熔化形成熔渣覆盖在溶池表面,大部分焊剂不熔化,可重新回收使用。

图6.4 是埋弧焊的纵截面图。电弧燃烧后,工件与焊丝被熔化成较大体积(可达 20 cm³)的熔池。由于电弧向前移动,熔池金属被电弧气体排挤向后堆积形成焊缝。电弧周围颗粒状焊剂被熔化成溶渣,与熔池金属产生物理化学作用。部分焊剂被蒸发,生成的气体将电弧周围的熔渣排开,形成一个封闭的熔渣泡。它具有一定粘度,能承受一定压力,使熔化的金属与空气隔离,并能防止金属熔滴向外飞溅。这样,既可减少电弧热能损

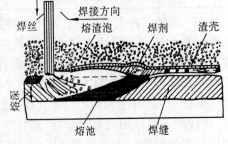

图 6.4　埋弧焊的纵截面图

失,又阻止了弧光四射。此外,焊丝上没有涂料,允许提高电流密度,电弧吹力则随电流密度的增大而增大。因此,埋弧焊的熔池深度比焊条电弧焊大很多。

2. 埋弧焊的特点

(1)生产率高。埋弧焊的电流可达到 1 000 A 以上,比焊条电弧焊高 6~8 倍。同时节省了更换焊条的时间,所以埋弧焊比焊条电弧焊提高生产率 5~10 倍。

(2)焊接质量高且稳定。埋弧焊焊剂供给充足,电弧区保护严密,熔池保持液态时间较长,冶金过程进行得较为完善,气体与杂质易于浮出。同时,焊接参数自动控制调整,焊接质量高且稳定,焊缝成形美观。

(3)节省金属材料。埋弧焊热量集中,熔深大,20~25 mm 以下的工件可不开坡口进行焊接,而且没有焊条头的浪费,飞溅很小,所以能节省大量金属材料。

(4)改善了劳动条件。埋弧焊看不到弧光,焊接烟雾也很少。焊接时只要焊工调整管理焊机就可自动进行焊接,劳动条件得到很大改善。

埋弧焊在焊接生产中已得到广泛应用。常用来焊接长的直线焊缝和较大直径的环形焊缝。当工件厚度增加和批量生产时,其优点尤为显著。

但应用埋弧焊时,设备费用较贵,工艺装备复杂,对接头加工与装配要求严格,只适用于批量生产长的直线焊缝与圆筒形工件的纵、环焊缝。对狭窄位置的焊缝以及薄板的焊接,埋弧焊则受到一定限制。

3. 埋弧焊的焊丝与焊剂

埋弧焊时,焊丝的作用相当于焊芯,焊剂的作用相当于焊条药皮。在焊接过程中,焊剂能隔离空气,使焊缝金属免受空气侵害。同时对熔池金属起类似焊条药皮的一系列冶金作用。因此焊丝和焊剂是决定焊缝金属化学成分和性能的主要因素,应很好选用。

埋弧焊焊剂按照制造方法可分为熔炼焊剂和陶质焊剂两大类。熔炼焊剂是将原材料配好后,在炉中熔炼而成。呈玻璃状,颗粒强度大,化学成分均匀,不易吸收水分,适于大量生产。按化学成分又可分为高锰、中锰、低锰、无锰几种,适用于焊接不同的金属。

陶质焊剂是非熔炼焊剂。它是用矿石、铁合金及粘接剂按一定比例配制成颗粒状,经 300~400℃ 干燥固结而成。这类焊剂易于向焊缝金属补充或添加合金元素。但颗粒强度较低,容易吸潮。

常用焊剂的使用范围及配用焊丝见表 6.3。

表 6.3 国产焊剂作用范围及配用焊丝

牌 号	焊剂类型	配 用 焊 丝	使 用 范 围
HJ130	无锰高硅低氟	H10Mn2	低碳钢及普通低合金钢如 16Mn 等
HJ230	低锰高硅低氟	H08MnA、H10Mn2	低碳钢及普通低合金钢
HJ250	低锰中硅中氟	H08MnMoA、H08Mn2MoA	焊接 15MnV、14MnMoV、18MnMoNb 等
HJ260	低锰高硅中氟	Cr19Ni9	焊接不锈钢
HJ330	中锰高硅低氟	H08MnA、H08Mn2	重要低碳钢及低合金钢,如 15g、20g、16Mng 等
HJ350	中锰中硅中氟	H08MnMoA、H08MnSi	焊接含 MnMo、MnSi 的低合金高强度钢
HJ431	高锰高硅低氟	H08A、H08MnA	低碳钢及普通低合金钢

4. 埋弧焊工艺

埋弧焊要求更仔细地下料、准备坡口和装配。焊接前,应将焊缝两侧 50 ~ 60 mm 内的一切污垢与铁锈除掉,以免产生气孔。

埋弧焊一般在平焊位置焊接,用以焊接对接和 T 形接头的长直线焊缝。对接厚 20 mm 以下工件时,可以采用单面焊接。如果设计上有要求(如锅炉与容器)也可双面焊接。工件厚度超过 20 mm 时,可进行双面焊接,或采用开坡口单面焊接。由于引弧处和断弧处质量不易保证,焊前应在接缝两端焊上引弧板与引出板(图6.5),焊后再去掉。为了保持焊缝成形和防止烧穿,生产中常采用各种类型的焊剂垫和垫板(图6.6),或者先用焊条电弧焊封底。

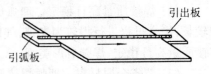

图 6.5　埋弧焊的引弧板与引出板

焊接筒体对接焊缝时(图 6.7),工件以一定的焊接速度旋转,焊丝位置不动。为防止熔池金属流失,焊丝位置应逆旋转方向偏离焊件中心线一定距离 a。其大小视筒体直径与焊接速度等而定。

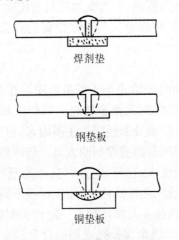

焊剂垫

钢垫板

铜垫板

图 6.6　埋弧焊的焊剂垫

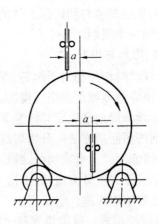

图 6.7　环缝埋弧焊示意图

三、气体保护焊

1. 氩弧焊

氩弧焊是以氩气作为保护气体的电弧焊。氩气是惰性气体,可保护电极和熔池金属不受空气的有害作用(图 6.8)。在高温情况下,氩气不与金属起化学反应,也不溶于金属。因此,氩弧焊的质量比较高。

氩弧焊按所用电极的不同,可分为不熔化极氩弧焊和熔化极氩弧焊两种。

(1)不熔化极氩弧焊。不熔化极氩弧焊以高熔点的铈钨棒作为电极。焊接时,铈钨棒不熔化。只起导电与产生电弧的作用,易于实现机械化和自动化焊接。但因电极所能通过的电流有限,所以只适合焊接厚度 6 mm 以下的工件。

手工钨极氩弧焊的操作与气焊相似。焊接 3 mm 以下薄件时,常采用卷边(弯边)接

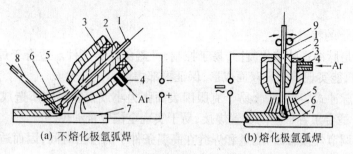

(a) 不熔化极氩弧焊　　(b) 熔化极氩弧焊

图 6.8 氩弧焊示意图

1—焊丝或电极；2—导电嘴；3—喷嘴；4—进气管；5—氩气流；
6—电弧；7—工件；8—填充焊丝；9—送丝辊轮

头直接熔合。焊接较厚工件时，需用手工添加填充金属（图 6.8(a)）。焊接钢材时，多用直流电源正接，以减少钨极的烧损。焊接铝、镁及其合金时，则希望用直流反接或交流电源。因极间正离子撞击工件熔池表面，可使氧化膜破碎，有利于焊件金属熔合和保证焊接质量。

（2）熔化极氩弧焊。熔化极氩弧焊以连续送进的焊丝作为电极（图 6.8(b)）进行焊接。此时可用较大电流焊接厚度为 25 mm 以下的工件。

焊接用的氩气一般用钢瓶装运。当氩气中含有氧、氮、二氧化碳或水分时，会降低氩气的保护作用，并造成夹渣、气孔等缺陷。因此要求氩气纯度应大于 99.7%。由于氩气只起保护作用，焊接过程中没有冶金反应。所以焊接前必须把接头表面清理干净。否则杂质与氧化物会留在焊缝内，使焊缝质量显著下降。

氩弧焊主要有以下特点：

① 适于焊接各类合金钢、易氧化的非铁金属及锆、钽、钼等稀有金属材料。

② 氩弧焊电弧稳定，飞溅小，焊缝致密，表面没有熔渣，成形美观。

③ 电弧和熔池区受气流保护，明弧可见，便于操作，容易实现全位置自动焊接。现已开始应用于焊接生产的弧焊机器人，都是实现氩氦弧焊或 CO_2 保护焊的先进设备。

④ 电弧在气流压缩下燃烧，热量集中，熔池较小，焊接速度较快，焊接热影响区较窄，因而工件焊后变形小。

由于氩气价格较高，氩弧焊目前主要用于焊接铝、镁、钛及其合金，也用于焊接不锈钢、耐热钢和一部分重要的低合金结构钢焊件。

钨极脉冲氩弧焊是近几年发展起来的新工艺。焊接时，电流的幅值按一定的频率由高值到低值周期性变换，其电流波形如图 6.9 所示。用脉冲电流焊成的连续焊缝，实质上是许多单个脉冲所形成的熔池连续重叠搭接而成。高值脉冲电流时形成熔池，基值电流时加热少，熔池凝固。

通过对脉冲波形、脉冲电流、基值电流、两电流持续时间的调节与控制，可以准确改变和控制焊接参数、能量的大小，从而控制焊缝的尺寸与焊

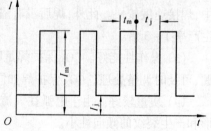

图 6.9 脉冲电流波形示意图

I_m—脉冲电流；I_j—基本电流；
t_m—脉冲电流持续时间；t_j—基本电流持续时间

接质量。

脉冲氩弧焊的特点是:

(1) 焊缝是脉冲式的熔化凝固,易于控制,可避免烧穿工件。适合于焊接 0.1～5 mm 的钢材或管材,能实现单面焊双面成形,保证根部焊透。

(2) 熔池脉冲式熔化凝固,易于克服因表面张力小或自重影响所造成的焊缝偏浆与塌腰等缺陷。适合于各种空间位置焊接,易于实现全位置自动焊。

(3) 容易调节焊接参数、能量和焊缝在高温条件下的停留时间,因而适合焊接易淬火钢材和高强钢,可减小裂纹倾向和焊接变形。

(4) 质量稳定。接头力学性能比普通氩弧焊高。

2. 二氧化碳气体保护焊

二氧化碳气体保护焊是以 CO_2 为保护气体的电弧焊。用焊丝作电极,靠焊丝和焊件之间产生的电弧熔化工件金属与焊丝,形成熔池,凝固后成为焊缝。焊丝的送进靠送丝机构实现。

CO_2 气体保护焊的焊接装置如图 6.10 所示。焊丝由送丝机构送入软导管,再经导电嘴送出。CO_2 气体从喷嘴中以一定流量喷出。电弧引燃后,焊丝端部及熔池被 CO_2 气体所包围,故可防止空气对高温金属的侵害。

但 CO_2 是氧化性气体,在电弧热作用下能分解为 CO 和 [O],使钢中的碳、锰、硅及其他合金元素烧损。为保证焊缝的合金成分,需采用含锰、硅较高的焊接钢丝或含有相应合金元素的合金钢焊丝。例如焊接低碳钢常选用

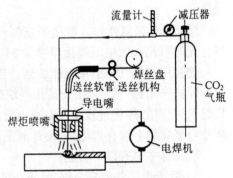

图 6.10　CO_2 气体保护焊示意图

H08MnSiA 焊丝,焊接低合金结构钢则常选用 H08Mn2SiA 焊丝。

CO_2 气体保护焊的特点:

(1) 成本低。因采用廉价易得的 CO_2 代替焊剂,焊接成本仅是埋弧焊和焊条电弧焊的 40% 左右。

(2) 生产率高。由于焊丝送进是机械化或自动化进行,电流密度较大,电弧热量集中,焊接速度较快。此外,焊后没有渣壳,节省了清渣时间,故其效率可比焊条电弧焊提高生产率 1～3 倍。

(3) 操作性能好。CO_2 保护焊是明弧焊,焊接中可清楚地看到焊接过程,容易发现问题,可及时调整处理。CO_2 保护焊如同焊条电弧焊一样灵活,适合于各种位置的焊接。

(4) 质量较好。由于电弧在气流压缩下燃烧,热量集中,因而焊接热影响区较小,变形和产生裂纹的倾向性小。

CO_2 保护焊目前已广泛用于造船、机车车辆、汽车、农业机械等工业部门,主要用于焊接 30 mm 以下厚度的低碳钢和部分低合金结构钢焊件。

CO_2 保护焊的缺点是 CO_2 的氧化作用,使熔滴飞溅较为严重,因此焊接成形不够光

滑。另外,如果控制或操作不当,容易产生气孔。

四、等离子弧焊接与切割

一般电弧焊中的电弧,不受外界约束,称为自由电弧,电弧区内的气体尚未完全电离,能量也未高度集中起来。如果采用一些方法使自由电弧的弧柱受到压缩(称为压缩效应),弧柱中的气体就完全电离,产生温度比自由电弧高得多的等离子弧。

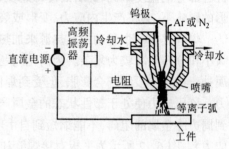

等离子电弧发生装置如图 6.11 所示。在钨极和工件之间加一较高电压,经高频振荡使气体电离形成电弧。此电弧在通过具有细孔道的喷嘴时,弧柱被强迫缩小,此作用称为"机械压缩效应"。

图 6.11 等离子弧发生装置原理图

当通入一定压力和流量的氩气或氮气时,冷气流均匀地包围着电弧,使弧柱外围受到强烈冷却,迫使带电粒子流(离子和电子)往弧柱中心集中,弧柱被进一步压缩。这种压缩作用称为"热压缩效应"。

带电粒子流在弧柱中的运动,可看成是电流在一束平行的"导线"内流过,其自身磁场所产生的电磁力,使这些"导线"互相吸引靠近,弧柱又进一步被压缩。这种压缩作用称为"电磁收缩效应"。

电弧在上述三种效应的作用下,被压缩得很细,使能量高度蒋中,弧柱内的气体完全电离为电子和离子,称为等离子弧。其温度可达到 16 000 K 以上。

等离子弧用于切割时,称为"等离子弧切割"。等离子弧切割不仅切割效率比氧气切割高 1～3 倍,而且还可以切割不锈钢、铜、铝及其合金、难熔的今属和非金属材料。等离子弧用于焊接时,称为"等离子弧焊接"。它是近年来发展较快的一种新焊接方法。

等离子弧焊接应使用专用的焊接设备和焊炬。焊炬的构造应保证在等离子弧周围再通以均匀的氩气流,以保护熔池和焊缝不受空气的有害作用。所以,等离子弧焊接实质上是一种具有压缩效应的钨极气体保护焊。等离子弧焊除具有氩弧焊的优点外,还有以下特点:

(1)等离子弧能量密度大,弧柱温度高,穿透能力强。因此焊接厚度 10～12 mm 的钢材可不开坡口,一次焊透双面成形。等离子弧焊的焊接速度快,生产率高。焊后的焊缝宽度和高度较均匀一致,焊缝表面光洁。

(2)当电流小到 0.1 A 时,电弧仍能稳定燃烧,并保持良好的挺直度和方向性,故等离子弧焊可焊接很薄的箔材。

等离子弧焊接已在生产中得到广泛应用,特别是在国防工业及尖端技术中用以焊接铜合金、合金钢、钨、钼、钴、钛等金属焊件。如钛合金导弹壳体、波纹管及膜盒、微型继电器、电容器的外壳封焊以及飞机上一些薄壁容器等均可用等离子弧焊接。

等离子弧焊接的设备比较复杂,气体消耗量大,只宜于在室内焊接。

五、电弧焊缺陷及其预防、消除措施

1. 焊接应力

焊接过程是一个极不平衡的热循环过程,即焊缝及其相邻区金属都要由室温被加热到很高温度(焊缝金属已处于液态),然后再快速冷却下来。由于在这个热循环过程中,焊件各部分的温度不同,随后的冷却速度也各不相同,因而焊件各部位在热胀冷缩和塑性变形的影响下,必将产生内应力、变形或裂纹。

焊缝是靠一个移动的点热源来加热,随后逐次冷却下来所形成的。因而应力的形成、大小和分布状况较为复杂。为简化问题,假定整条焊缝同时成形。当焊缝及其相邻区金属处于加热阶段时都会膨胀,但受到焊件冷金属的阻碍,不能自由伸长而受压,形成压应力。该压应力使处于塑性状态的金属产生压缩变形。随后再冷却到室温时,其收缩又受到周边冷金属的阻碍,不能缩短到自由收缩所应达到的位置,因而产生残余拉应力(焊接应力)。图 6.12 所示为平板对接焊缝和圆筒环形焊缝的焊接应力分布状况。

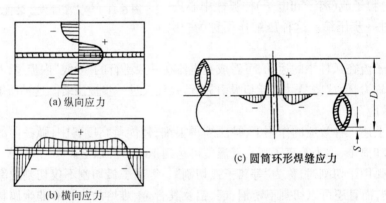

图 6.12　对接焊缝、圆筒环形焊缝的焊接应力分布

焊接应力的存在将影响焊接构件的使用性能,可使其承载能力大为降低,甚至在外载荷有改变时出现脆断的危险后果。对于接触腐蚀性介质的焊件(如容器),由于应力腐蚀现象加剧,将减少焊件使用期限,甚至产生应力腐蚀裂纹而报废。

对于承载大、压力容器等重要结构件,焊接应力必须加以防止和消除。首先,在结构设计时,应选用塑性好的材料,要避免使焊缝密集交叉,避免使焊缝截面过大和焊缝过长。其次,在施焊中应确定正确的焊接次序(图 6.13(a)正确)。焊前对焊件预热是较为有效的工艺措施,这样可减弱焊件各部位间的温差,从而显著减小焊接应力。焊接中采用小能量焊接方法或锤击焊缝亦可减小焊接应力。第三,当需较彻底地消除焊接应力时,可采用焊

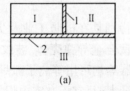
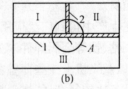

图 6.13　焊接次序对焊接应力的影响

后去应力退火方法来实现,此时需将焊件加热至 500～650℃左右,保温后缓慢冷却至室温。此外,亦可采用水压实验或振动法消除焊接应力。

2. 焊接变形

焊接应力的存在,会引起焊件的变形,其基本类型如图 6.14 所示,具体焊件会出现哪种变形与焊件结构、焊缝布置、焊接工艺及应力分布等因素有关。一般情况,简单结构小型焊件,焊后仅出现收缩变形,焊件尺寸减小。当焊件坡口横截面的上下尺寸相差较大或焊缝分布不对称,以及焊接次序不合理时,则焊件易发生角变形,弯曲变形或扭曲变形。对于薄板焊件,最容易产生不规律的波浪变形。

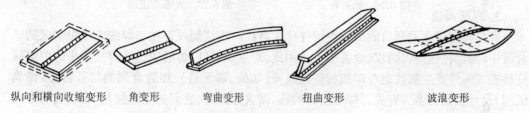

纵向和横向收缩变形　　角变形　　弯曲变形　　扭曲变形　　波浪变形

图 6.14　焊接变形的基本形式

焊件出现变形将影响使用,过大的变形量将使焊件报废。因此必须加以防止和消除。焊件产生变形主要是由焊接应力所引起,预防焊接应力的措施对防止焊接变形都是有效的。当对焊件的变形有较高限定时,在结构设计中采用对称结构或大刚度结构、焊缝对称分布结

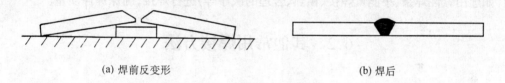

(a) 焊前反变形　　　　　　　　　　　　(b) 焊后

图 6.15　平板焊接的反变形

构都可减小或不出现焊接变形。施焊中,采用反变形措施(图 6.15、6.16)或刚性夹持方法,都可减小焊件的变形。但它不适合焊接淬硬性较大的钢结构件和铸铁件。正确选择焊接参数和焊接次序,对减小焊接变形也很重要(图 6.17、6.18)。这样可使温度分布更加均

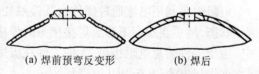

(a) 焊前预弯反变形　　(b) 焊后

图 6.16　防止壳体焊接局部塌陷的反变形

衡,开始焊接时产生的微量变形,可被后来焊接部位的变形所抵消,从而获得无变形的焊件。对于焊后变形小但已超过允许值的焊件,可采用机械矫正法(图 6.19)或火焰加热矫正法(图 6.20)加以消除。火焰加热矫正焊件时,要注意加热部位。应加热焊件的压应力处,使之产生塑性变形,冷却中的进一步收缩把焊接时产生的变形消除。

(a) 合理　　　　　　(b) 不合理　　　　　　(a)　　　(b)

图 6.17　X 型坡口焊接次序　　　　图 6.18　梁的焊接次序

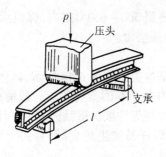
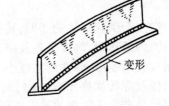

图 6.19　机械矫正法　　　　　图 6.20　火焰矫正法

3. 焊接裂纹

焊接应力过大的严重后果是使焊件产生裂纹。焊接裂纹存在于焊缝或热影响区的熔合区中,而且往往是内裂纹,危害极大。因此,对重要焊件,焊后应进行焊接接头的内部探伤检查。焊件产生裂纹也与焊接材料的成分(如硫、磷含量)、焊缝金属的结晶特点(结晶区间)及含氢量的多少有关。焊缝金属的硫、磷含量高时,它们的化合物与 Fe 形成低熔点共晶体存在于基体金属的晶界处(构成液态间层),在应力作用下被撕裂形成热裂纹。金属的结晶区间越大,形成液态间层的可能性也越大,焊件就容易产生裂纹。钢中含氢量高,焊后经过一段时间,析出的大量氢分子集中起来会形成很大的局部压力,造成焊件出现裂纹(称延迟裂纹),故焊接中应合理选材,采取措施减小应力,并应运用合理的焊接参数(如选用碱性焊条、小能量焊接、预热、合理的次序等)进行焊接,确保焊件质量。

6.2　其他常用焊接方法

一、电阻焊

电阻焊是利用电流通过焊件及其接触处所产生的电阻热,将焊件局部加热到塑性或熔化状态,然后在压力下形成焊接接头的焊接方法。

由于工件的总电阻很小,为使工件在极短时间内(0.01 s 到几秒)迅速加热,必须采用很大的焊接电流(几千到几万安培)。

与其他焊接方法相比,电阻焊具有生产率高、焊接变形小、劳动条件好、不需另加焊接材料、操作简便、易实现机械化等优点。但其设备较一般熔焊复杂、耗电量大、适用的接头形式与可焊工件厚度(或断面)受到限制。

电阻焊分为点焊、缝焊和对焊三种形式。

1. 点焊

点焊是利用柱状电极加压通电,在搭接工件接触面之间焊成一个个焊点的焊接方法,如图 6.21 所示。

点焊时,先加压使两个工件紧密接触,然后接通电流。由于两工件接触处电阻较大,电流流过所产生的电阻热使该处温度迅

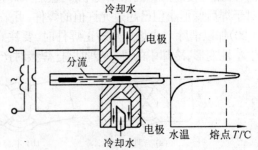

图 6.21　点焊示意图

速升高,局部金属可达熔点温度被熔化形成液态熔核。断电后,继续保持压力或加大压力,使熔核在压力下凝固结晶,形成组织致密的焊点。而电极与工件间的接触处,所产生的热量因被导热性好的铜(或铜合金)电极及冷却水传走,因此温升有限,不会出现焊合现象。

焊完一个点后,电极将移至另一点进行焊接。当焊接下一个点时,有一部分电流会流经已焊好的焊点,称为分流现象。分流将使焊接处电流减小,影响焊接质量。因此两个相邻焊点之间应有一定距离。工件厚度越大,材料导电性越好,则分流现象越严重,故点距应加大。不同材料及不同厚度工件上焊点间最小距离如表 6.4 所示。

表 6.4 点焊的焊点最小距离

工件厚度/mm	点 距/mm		
	结构钢	耐热钢	铝合金
0.5	10	8	15
1	12	10	18
2	16	14	25
3	20	18	30

影响点焊质量的主要因素有焊接电流、通电时间、电极压力及工件表面清理情况等。根据焊接时间的长短和电流大小,常把点焊焊接规范分为硬规范和软规范。硬规范是指在较短时间内通以大电流的规范。它的生产率高、焊件变形小、电极磨损慢,但要求设备功率大,规范应控制精确,适合焊接导热性能较好的金属。软规范是指在较长时间内通以较小电流的规范。它的生产率低,但可选用功率小的设备焊接较厚的工件,更适合焊接有淬硬倾向的金属。

点焊电极压力应保证工件紧密接触顺利通电,同时依靠压力消除熔核凝固时可能产生的缩孔和缩松。工件厚度越大,材料高温强度越大(如耐热钢),电极压力也应越大,但压力过大时,将使焊件电阻减小,从而电极散失的热量将增加,也使电极在工件表面的压坑加深。因此电极压力应选择合适。

焊件的表面状态对焊接质量影响很大。如焊件表面存在氧化膜、泥垢等,将使焊件间电阻显著增大,甚至存在局部不导电而影响电流通过。因此,点焊前必须对焊件进行酸洗、喷砂或打磨处理。

点焊焊件都采用搭接接头。图 6.22 为几种典型的点焊接头形式。

点焊主要适用于厚度为 4 mm 以下的薄板冲压结构及线材的焊接,每次焊一个点或一次焊多个点。目前,点焊已广泛用于制造汽车、车厢、飞机等薄壁结构以及罩壳和轻工、生活用品等。

2. 缝焊

缝焊(图 6.23)过程与点焊相似,只是用旋转的圆盘状滚动电极代替了柱状电极。焊接时,盘状电极压紧焊件并转动(也带动焊件向前移动),配合断续通电,即形成连续重叠的焊点,因此称为缝焊。

缝焊时,焊点相互重叠 50% 以上,密封性好。主要用于制造要求密封性的薄壁结构。如油箱、小型容器与管道等。但因缝焊过程分流现象严重,焊接相同厚度的工件时,焊接电流约为点焊的 1.5~2 倍。因此要使用大功率焊机,用精确的电气设备控制间断通电的时间。缝焊只适用于厚度在 3 mm 以下的薄板结构。

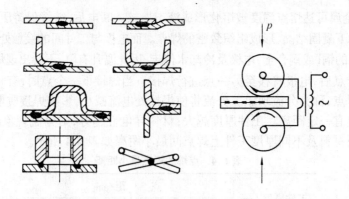

图 6.22　点焊接头形式　　　　图 6.23　缝焊示意图

3. 对焊

对焊是利用电阻热使两个工件在整个接触面上焊接起来的一种方法,如图 6.24 所示。根据焊接操作方法的不同,对焊又可分为电阻对焊和闪光对焊。

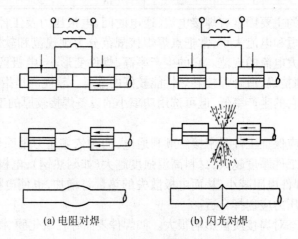

(a) 电阻对焊　　　　　　　　(b) 闪光对焊

图 6.24　对焊示意图

(1) 电阻对焊。将两个工件装夹在对焊机的电极钳口中,施加预压力,使两个工件端面接触,并被压紧,然后通电。当电流通过工件和接触端面时产生电阻热,将工件接触处迅速加热到塑性状态(碳钢约为 1 000 ~ 1 250 ℃,再对工件施加较大的顶锻力并同时断电,使高温断面产生一定的塑性变形而焊接起来(图 6.24(a))。

电阻对焊操作简单,接头比较光滑。但焊前应认真加工和清理端面,否则易出现加热不匀、连接不牢的现象。此外,高温端面易发生氧化,质量不易保证。电阻对焊一般只用于焊接断面简单、直径(或边长)小于 20 mm 和强度要求不高的工件。

(2) 闪光对焊。将两工件端面稍加清理后夹在电极钳口内,接通电源并使两工件轻微接触。因工件表面不平,首先只是某些点接触,强电流通过时,这些接触点的金属即被迅速加热熔化,甚至蒸发,在蒸汽压力和电磁力作用下,液体金属发生爆破,以火花形式从接触处飞出而形成“闪光”。此时应继续送进工件,保持一定闪光时间,待焊件端面全部被加热熔化时,迅速对焊件施加顶锻力并切断电源,焊件在压力作用下产生塑性变形而焊在一起(图 6.24(b))。

在闪光对焊的焊接过程中,工件端面的氧化物和杂质,一部分被闪光火花带出,另一部分在最后加压时随液态金属挤出,因此接头中夹渣少、质量好、强度高。闪光对焊的缺点是金属损耗较大,闪光火花易沾污其他设备与环境,接头处焊后有毛刺需要加工清理。

闪光对焊常用于对重要工件的焊接,可焊相同金属件,也可焊接一些异种金属(铝-铜、铝-钢等)。被焊工件直径可小到 0.01 mm 的金属丝,也可以是断面大到 20 000 mm^2 的金属棒和金属型材。

不论哪种对焊,焊件断面应尽量相同。圆棒直径、方钢边长和管子壁厚之差均不应超过 25%。图 6.25 是推荐的几种对焊接头形式。对焊主要用于刀具、管子、钢筋、钢轨、锚链、链条等的焊接。

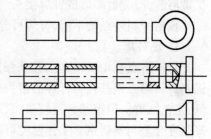

图 6.25　对焊接头形式

二、摩擦焊

摩擦焊是利用工件间相互摩擦产生的热量,同时加压而进行焊接的方法。

图 6.26 是摩擦焊示意图。先将两焊件夹在焊机上,加一定压力使焊件紧密接触。然后焊件 1 作旋转运动,使焊件接触面相对摩擦产生热量,待工件端面被加热到高温塑性状态时,利用刹车装置使焊件 1 骤然停止旋转,并在焊件 2 的端面加大压力,使两焊件产生塑性变形而焊接起来。

图 6.26　摩擦焊示意图

摩擦焊的特点:

(1) 在摩擦焊过程中,焊件接触表面的氧化膜与杂质被清除。因此接头组织致密,不易产生气孔、夹渣等缺陷,接头质量好而且稳定。

(2) 可焊接的金属范围较广,不仅可焊同种金属,也可以焊接异种金属。

(3) 焊接操作简单,不需焊接材料,容易实现自动控制,生产率高。

(4) 设备简单、电能消耗少(只有闪光对焊的 1/10 ~ 1/15)。但要求刹车及加压装置的控制灵敏。

摩擦焊接头一般是等断面的,特殊情况下也可以是不等断面的。但需至少有一个焊件为圆形或管状。图 6.27 示出了摩擦焊可用的接头形式。

摩擦焊已广泛用于圆形工件、棒料及管类件的焊接。可焊实心焊件的直径为 2 ~ 100 mm 以

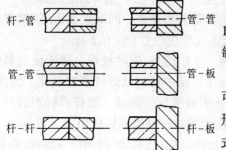

图 6.27　摩擦焊接头形式

上,管类件外径可达几百毫米。

三、钎焊

钎焊是利用熔点比焊件低的钎料作填充金属,加热时钎料熔化而将焊件连结起来的焊接方法。

钎焊的过程是:将表面清理好的工件以搭接形式装配在一起,把钎料放在接头间隙附近或接头间隙之间。当工件与钎料被加热到稍高于钎料的熔点温度后,钎料熔化(此时工件不熔化),借助毛细管作用钎料被吸入并充满固态工件间隙,液态钎料与工件金属相互扩散溶解,冷凝后即形成钎焊接头。

根据钎料熔点的不同,钎焊可分为硬钎焊与软钎焊两类。

1. 硬钎焊

钎料熔点在 450℃ 以上,接头强度在 200 MPa 以上。属于这类的钎料有铜基、银基和镍基钎料等。银基钎料钎焊的接头具有较高的强度、良好的导电性和耐蚀性,而且熔点较低,工艺性好。但银基钎料较贵,只用于要求高的焊件。镍铬合金钎料可用于钎焊耐热的高强度合金与不锈钢。工作温度可高达 900℃。但钎焊时的温度要求高于 1 000℃ 以上,工艺要求很严。硬钎焊主要用于受力较大的钢铁和铜合金构件的焊接以及工具、刀具的焊接。

2. 软钎焊

钎料熔点在 450℃ 以下,接头强度较低,一般不超过 70 MPa。这种钎焊只用于焊接受力不大,工作温度较低的工件。常用的钎料是锡铅合金,所以通称锡焊。这类钎料的熔点一般低于 230℃,熔液渗入接头间隙的能力较强,所以具有较好的焊接工艺性能。软钎焊广泛用于焊接受力不大的常温下工作的仪表、导电元件以及钢铁、铜及铜合金等制造的构件。

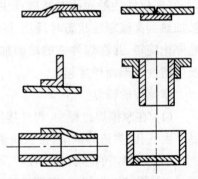

图 6.28　钎焊的接头形式

钎焊构件的接头形式都采用板料搭接和套件镶接。图 6.28 是几种常见的形式。这些接头都有较大的钎接面,以弥补钎料强度低的不足,保证接头有一定的承载能力。接头之间应有良好的配合和适当的间隙。间隙太小,会影响钎料的渗入与湿润,达不到全部焊合。间隙太大,不仅浪费钎料,而且会降低钎焊接头强度。因此,一般钎焊接头间隙值取 0.05 ~ 0.2 mm。

在钎焊过程中,一般都需要使用熔剂,即钎剂。其作用是:清除被焊金属表面的氧化膜及其他杂质,改善钎料流入间隙的性能(即润湿性),保护钎料及焊件不被氧化。因此,对钎焊质量影响很大。软钎焊时,常用的钎剂为松香或氯化锌溶液。硬钎焊钎剂的种类较多,主要由硼砂、硼酸、氟化物、氯化物等组成,应根据钎料种类选择应用。

钎焊的加热方法有烙铁加热、火焰加热、电阻加热、感应加热、炉内加热、盐浴加热等,可根据钎料种类、工件形状及尺寸、接头数量、质量要求与生产批量等综合考虑选择。其中烙铁加热温度低,一般只适用于软钎焊。

与一般熔焊相比,钎焊的特点是:

(1) 工件加热温度较低,组织和力学性能变化很小,变形也小。接头光滑平整,工件尺寸精确。

(2) 可焊接性能差异很大的异种金属,对工件厚度的差别也没有严格限制。

(3) 对工件整体进行钎焊时,可同时钎焊多条(甚至上千条)接缝组成的复杂形状构件,生产率很高。

(4) 设备简单,投资费用少。但钎焊的接头强度较低,尤其是动载强度低,允许的工作温度不高,焊前清整要求严格,而且钎料价格较贵。因此,钎焊不适合于一般钢结构件及重载、动载零件的焊接。钎焊主要用于制造精密仪表、电气部件、异种金属构件以及某些复杂薄板结构(如夹层结构、蜂窝结构等),还用于各类导线与硬质合金刀具。

四、电渣焊

电渣焊是利用电流通过熔渣所产生的电阻热作为热源进行焊接的方法。电渣焊一般都是在垂直立焊位置进行焊接,其焊接过程如图 6.29 所示。两个工件 1 的接头相距 25 ~ 35 mm。固态熔剂熔化后形成的渣池 3 具有较大的电阻,当电流通过时产生大量电阻热,使渣池温度保持在 1 700 ~ 2 000℃。焊丝 2 和工件 1 被渣池加热熔化而形成金属熔池 4。工件待焊端面两侧,各装有冷却铜滑块 5,使液态熔渣及金属熔池不会外流。冷却水从滑块内部流过,迫使熔池冷却并凝固成为焊缝 6。在焊接过程中,焊丝不断地送进并被熔化。熔池和渣池逐渐上升,冷却滑块也同时配合上升,从而使立焊缝由下向上顺次形成。

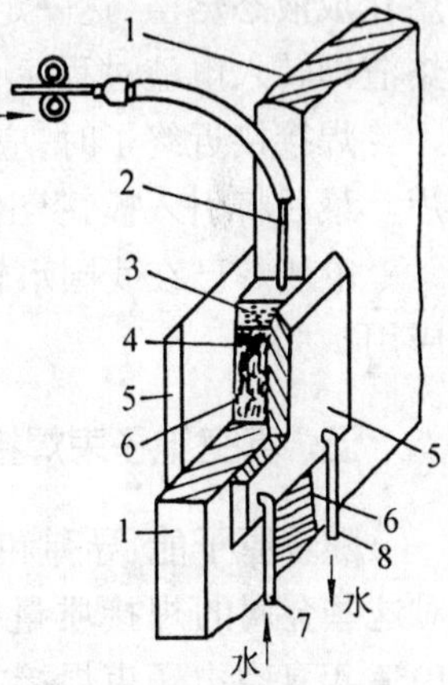

图 6.29 电渣焊示意图
1—工件;2—焊丝;3—渣池
4—熔池;5—冷却铜滑块;
6—焊缝;7、8—冷却水进、出管

由于渣池热量多、温度高,与熔渣接触的待焊端面被熔化一层,而且焊丝在焊接时还可左右缓慢摆动,因此很厚的工件也可用电渣焊一次焊成。例如,单丝不摆动可焊接厚度为 40 ~ 60 mm,单丝摆动可焊接厚度为 60 ~ 150 mm,三丝摆动可焊接厚度为 450 mm 的工件。

电渣焊与其他焊接方法相比有以下特点:

(1) 可一次焊接很厚的工件。在重型机器的制造过程,可采用铸-焊、锻-焊的复合结构拼小成大,以代替巨大的铸造和锻造整体结构,可节省大量的金属材料和铸锻设备投资。

(2) 生产率高、成本低。焊接厚度在 40 mm 以上的工件,即使采用埋弧焊也必须开坡口进行多层焊,而电渣焊对任何厚度的工件都不需开坡口,只要使焊接端面之间保持25 ~ 35 mm 的间隙,就可一次焊成。因此生产率高,消耗的焊接材料较少、成本低。

(3) 焊缝金属比较纯净。电渣焊的熔池保护严密,保持液态的时间较长,因此冶金过程的进行比较完善,熔池中的气体和杂质有充分的时间浮出。由于冷却条件使焊缝金属的结晶是有序进行的,故有利于排出低熔点杂质。

(4) 焊后冷却速度较慢,焊接应力较小。电渣焊适合于焊接塑性稍差的中碳钢与合金结构钢工件。另一方面,焊缝和热影响区金属在高温停留时间较长,热影响区比其他焊接方法都宽,晶粒粗大,易产生过热组织。因此一般要进行焊后热处理(如正火处理),以改善其性能。

进行电渣焊之前,应很好地清理焊接端面,并将侧面边缘加工到一定光滑程度,以利于冷却滑块贴附和滑行。在工件下边应加焊引入板和引弧板,在工件上端应加焊引出板。为了固定两工件的相对位置,防止焊接收缩变形,在工件上常常焊上∩形"马",如图 6.30 所示。

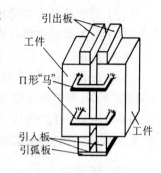

图 6.30 电渣焊工件装配图

焊接时,先把颗粒状焊剂放到引弧板上的引入板与滑块中间达一定高度,然后使焊机送入焊丝并引燃电弧。电弧将焊剂熔化成液态熔渣,达一定深度后,电弧被淹没而熄灭,电流通过熔渣即转入电渣过程。

焊接接近终了时,应将渣池升到引出板中,当金属熔池高出工件上边缘一定尺寸后停焊。最后将引入板、引出板及∏形"马"等切掉。

电渣焊已在我国水轮机、水压机、轧钢机、重型机械等大型设备的制造中得到了广泛应用。

五、真空电子束焊接

随着原子能、导弹和宇航技术的发展,大量应用了锆、钛、钽、钼、铂、铌、镍及其合金,对这些金属的焊接质量提出更高的要求,一般的气体保护焊已不能得到满意的结果。1956 年真空电子束焊接方法研制成功,解决了上述稀有金属的焊接问题。

真空电子束焊接如图 6.31 所示。电子枪、工件及夹具全部装在真空室内。电子枪由加热灯丝、阴极、阳极及聚焦装置等组成。当阴极被灯丝加热到 2 600 K 时,能发出大量电子。这些电子在阴极与阳极(焊件)间的高压作用下,经电磁透镜聚焦成电子流束,以极大速度(可达到 160 000 km/s)射向焊件表面,使电子的动能转变为热能,其能量密度($10^6 \sim 10^8$ W/cm^2)比普通电弧大 1 000 倍,故使焊件金属迅速熔化,甚至气化。根据焊件的熔化程度,适当移动焊件,即得到要求的焊接接头。

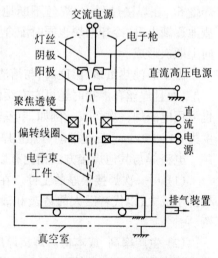

图 6.31 真空电子束焊接示意图

真空电子束焊接有以下特点:

(1) 由于在真空中焊接,焊件金属无氧化、氮化、无金属电极沾污,从而保证了焊缝金属的高纯度。焊缝表面平滑纯净,没有弧坑或其他表面缺陷。内部结合好,无气孔及夹渣。

(2) 热源能量密度大,熔深大,速度快,焊缝深而窄(焊缝宽深比可达 1∶20),能单道焊厚件。焊接热影响区很小,基本上不产生焊接变形,从而防止难熔金属熔接时产生裂纹

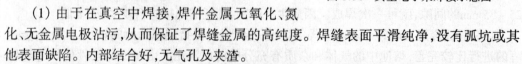

及泄漏。此外,可对精加工后的零件进行焊接。

(3) 厚件也不必开坡口,焊接时一般不必另填金属。但接头要加工得平整洁净,装配紧,不留间隙。

(4) 电子束参数可在较宽范围内调节,而且焊接过程的控制灵活,适应性强。

目前,真空电子束焊接的应用范围正日益扩大,从微型电子线路组件、真空膜盒、钼箔蜂窝结构,原子能燃料原件到大型导弹壳体都已采用电子束焊接。此外,熔点、导热性、溶解度相差很大的异种金属构件,真空中使用的器件和内部要求真空的密封器件等,用真空电子束焊接也能得到良好的焊接接头。

真空电子束焊接缺点是,设备复杂、造价高、使用与维护技术要求高,焊件尺寸受真空室限制,对焊件的清整与装配要求严格,因而,其应用也受到一定限制。

六、激光焊接

激光是指利用原子受激辐射原理,使物质受激而产生的波长均一、方向一致和强度很高的光束。激光器是指产生激光的器件。激光与普通光(太阳光、电灯光、烛光、荧光)不同,激光具有单色性好、方向性好以及能量密度高(可达 $10^5 \sim 10^{13}$ W/cm^2)等特点,因此被成功地用于金属或非金属材料的焊接、穿孔和切割。

在焊接中应用的激光器,目前有固体及气体介质两种。固体激光器常用的激光材料是红宝石、钕玻璃或掺钕钇铝石榴石,气体的则使用二氧化碳。

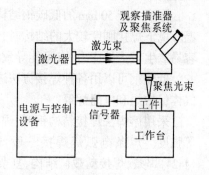

图 6.32 激光焊接示意图

激光焊接的示意图如图 6.32 所示,其基本原理是:利用激光器受激产生的激光束,通过聚焦系统可聚焦到十分微小的焦点(光斑)上,其能量密度大于 10^5 W/cm^2。当调焦到焊件接缝时,光能转换为热能,使金属熔化形成焊接接头。

按激光器的工作方式,激光焊接可分为脉冲激光点焊和连续激光焊接两种。目前脉冲激光点焊已得到广泛应用。

通用激光点焊设备的单个脉冲输出能量为 10 J 左右,脉冲持续时间一般不超过 10 ms,主要用于厚度小于 0.5 mm 金属箔材或直径小于 0.6 mm 金属线材的焊接。连续激光焊接主要使用大功率 CO_2 气体激光器。在实验室内,其连续输出功率已达几十千瓦,能够成功地焊接不锈钢、硅钢、铜、镍、钛等金属及其合金。

激光焊接的特点是:

(1) 激光辐射的能量释放极其迅速,点焊过程只有几毫秒。这不仅提高了生产率,而且被焊材料不易氧化。因此可以在大气中进行焊接,不需要气体保护或真空环境。

(2) 激光焊接的能量密度很高、热量集中、作用时间很短,所以焊接热影响区极小,焊件不变形,特别适用于热敏感材料的焊接。

(3) 激光束可用反射镜或偏转棱镜将其在任何方向上弯曲或聚焦,可以用光导纤维引到难以接近的部位。激光还可以通过透明材料壁进行聚焦,因此可以焊接一般焊法难以接近或无法安置的焊点。

(4) 激光可对绝缘材料直接焊接,焊接异种金属材料也比较容易,甚至能把金属与非金属焊在一起。

激光焊接(主要是脉冲激光点焊)特别适合微型、精密、排列非常密集和热敏感材料的焊件及微电子元件的焊接(如集成电路内外引起焊接,微型继电器、电容器、石英晶体的管壳封焊,以及仪表游丝的焊接等),但激光焊接设备的功率较小,可焊接的厚度受到一定限制,而且操作与维护的技术要求较高。

6.3　常用金属材料的焊接

一、碳钢的焊接

1. 低碳钢的焊接

低碳钢含碳质量分数小于等于 0.25%,其塑性好,一般没有淬硬倾向,对焊接过程不敏感,焊接性好。焊这类钢时,不需要采取特殊的工艺措施,通常在焊后也不需进行热处理(电渣焊除外)。

厚度大于 50 mm 的低碳钢结构,常用大电流多层焊,焊后应进行消除内应力退火。低温环境下焊接刚度较大的结构时,由于焊件各部分温差较大,变形又受到限制,焊接过程容易产生较大的应力,有可能导致结构件开裂,因此应进行焊前预热。

低碳钢可以用各种焊接方法进行焊接,应用最广泛的是焊条电弧焊、埋弧焊、电渣焊、气体保护焊和电阻焊等。

采用熔焊法焊接结构钢时,焊接材料及工艺的选择主要应保证焊接接头与工件材料等强度。焊条电弧焊焊接一般低碳钢结构,可选用 E4313(J421)、E4303(J422)、E4320(J424)焊条;焊接动载荷结构、复杂结构或厚板结构时,应选用 E4316(J426)、E4315(J427)或 E5015(J507)焊条;埋弧焊时,一般采用 H08A 或 H08MA 焊丝配焊剂 431。

2. 中、高碳钢的焊接

中碳钢含碳质量分数为 0.25% ~ 0.6%。随着含碳质量分数的增加,淬硬倾向越加明显,焊接性逐渐变差。实际生产中,主要是焊接各种中碳钢的铸件与锻件。

(1) 热影响区易产生淬硬组织和冷裂纹。中碳钢属淬火钢,热影响区金属被加热超过淬火温度区段时,受工件低温部分的迅速冷却作用,势必出现马氏体等淬硬组织。当焊件刚性较大或工艺不当时,就会在淬火区产生冷裂纹,即焊接接头焊后冷却到相变温度以下或冷却到室温后产生裂纹。

(2) 焊缝金属产生热裂纹倾向较大。焊接中碳钢时,因工件基体材料含碳质量分数与硫、磷杂质含量远远高于焊芯,基体材料熔化后进入熔池,使焊缝金属含碳质量分数增加,塑性下降,加上硫、磷低熔点杂质存在,焊缝及熔合区在相变前可能因内应力而产生裂纹。

因此,焊接中碳钢构件,焊前必须进行预热,使焊接时工件各部分的温差小,以减小焊接应力。一般情况下, 35 钢和 45 钢的预热温度可选为 150 ~ 250℃。结构刚度较大或钢材含碳质量分数更高时,预热温度应再提高些。

由于中碳钢主要用于制造各类机器零件,焊缝一般有一定的厚度,但长度不大。因此,焊接中碳钢多采用焊条电弧焊。厚件可考虑采用电渣焊,但焊后要进行相应的热处理。

焊接中碳钢焊件,应选用抗裂能力较强的低氢型焊条。要求焊缝与工件材料等强度时,可根据钢材强度选用 E5016(J506)、E5015(J507)、E6016 - D1(J606)、E6015 - D1(J601)焊条。若不要求等强度时,可选用 E4315(J427)型强度低些的焊条,以提高焊缝塑性。不论用哪种焊条焊接中碳钢件,均应选用细焊条、小电流、开坡口进行多层焊,以防止工件材料过多地熔入焊缝,同时减小焊接热影响区的宽度。

高碳钢的焊接特点与中碳钢基本相似。由于含碳质量分数更高,使焊接性变得更差,进行焊接时,应采用更高的预热温度、更严格的工艺措施。实际上,高碳钢的焊接一般只限于利用焊条电弧焊进行修补工作。

二、合金结构钢的焊接

合金结构钢分为机械制造用合金结构钢和低合金结构钢两大类。

用于机械制造的合金结构钢零件(包括调质钢、渗碳钢),一般都采用轧制或锻造的坯料,焊接结构较少。如需焊接,因其焊接性与中碳钢相似,所以其焊接工艺措施与中碳钢基本相同。

焊接结构中,用得最多的是低合金结构钢,又称普通低合金钢或低合金高强钢。其焊接特点如下:

(1) 热影响区的淬硬倾向。低合金结构钢焊接时,热影响区可能产生淬硬组织,淬硬程度与钢材的化学成分和强度级别有关。钢中含碳及合金元素越多,钢材强度级别越高,则焊后热影响区的淬硬倾向越大。如 300 MPa 级的 09Mn2、09Mn2Si 等钢材的淬硬倾向很小,其焊接性与一般低碳钢基本一样。350 MPa 级的 16Mn 钢淬硬倾向也不大,但当含碳量接近允许上限或焊接参数不当时,过热区也完全可能出现马氏体等淬硬组织。强度级别较大的低合金钢,淬硬倾向增加,热影响区容易产生马氏体组织,硬度明显增高,塑性和韧度则下降。

(2) 焊接接头的裂纹倾向。随着钢材强度级别的提高,产生冷裂纹的倾向也加剧。影响冷裂纹的因素主要有三个方面:一是焊缝及热影响区的含氢质量分数;二是热影响区的淬硬程度;三是焊接接头应力大小。对于热裂纹,由于我国低合金结构钢系统的含碳质量分数低,且大部分含有一定的锰,对脱硫有利。因此产生热裂纹的倾向不大。

根据低合金结构钢的焊接特点,生产中可分别采取以下措施进行焊接。对于强度级别较低的钢材,在常温下焊接时与对待低碳钢基本一样。在低温或在大刚度、大厚度构件上进行小焊脚、短焊缝焊接时,应防止出现淬硬组织,要适当增大焊接电流、减慢焊接速度、选用抗裂性强的低氢型焊条。必要时需采用预热措施。对锅炉、受压容器等重要构件,当厚度大于 20 mm 时,焊后必须进行退火处理,以消除应力。对于强度级别高的低合金结构钢件,焊前一般均需预热。焊接时,应调整焊接参数,以控制热影响区的冷却速度。焊后还应进行热处理,以消除内应力。不能立即热处理时,可先进行消氢处理,即焊后立即将工件加热到 200 ~ 350℃,保温 2 ~ 6 h,以加速氢扩散逸出,防止产生因氢引起的冷裂纹。

三、铸铁的补焊

铸铁含碳质量分数高,组织不均匀,塑性很低,属于焊接性很差的材料。因此不应该采用铸铁设计和制造焊接构件。但铸铁件生产中常出现铸造缺陷,铸铁零件在使用过程中有时会发生局部损坏或断裂,用焊接手段将其修复,经济效益是很大的。所以,铸铁的焊接主要是焊补工作。

铸铁的焊接特点:

(1)熔合区易产生白口组织。由于焊接时为局部加热,焊后铸铁件上的焊补区冷却速度远比铸造成形时快得多,因此很容易形成白口组织,其硬度很高,焊后很难进行机械加工。

(2)易产生裂纹。铸铁强度低、塑性差。当焊接应力较大时,就会在焊缝及热影响区内产生裂纹,甚至使焊缝整体断裂。此外,当采用非铸铁组织的焊条或焊丝冷焊铸铁件时,因铸铁中碳及硫、磷杂质含量高,基体材料过多熔入焊缝中,则易产生热裂纹。

(3)易产生气孔。铸铁含碳质量分数高,焊接时易生成 CO 和 CO_2 气体,铸铁凝固时由液态转变为固态所经过的时间很短,熔池中的气体来不及逸出而形成气孔。

此外,铸铁的流动性好,立焊时熔池金属容易流失,所以一般只应进行平焊。

根据铸铁的焊接特点,采用气焊、焊条电弧焊(个别大件可采用电渣焊)进行焊补较为适宜。按焊前是否预热,铸铁的补焊可分为热焊法和冷焊法两大类:

(1)热焊法。焊前将工件整体或局部预热到 600 ~ 700℃,焊补后缓慢冷却。热焊法能防止工件产生白口组织和裂纹,焊补质量较好,焊后可进行机械加工。但热焊法成本较高、生产率低、焊工劳动条件差。一般用于焊补形状复杂、焊后需进行加工的重要铸件。如床头箱,汽缸体等。

用气焊进行铸铁热焊比较方便。气焊火焰还可以用于预热工件和焊后缓冷。填充金属应使用专制的铸铁棒,并配以 CJ201 气焊焊剂,以保证焊接质量。同时也可用铸铁焊条进行焊条电弧焊焊补,药皮成分主要是石墨、硅铁、碳酸钙等,以补充焊补处碳和硅的烧损,并造渣清除杂质。

(2)冷焊法。焊补前工件不预热或只进行 400℃ 以下的低温预热。焊补时主要依靠焊条来调整焊缝的化学成分,以防止或减少白口组织和避免裂纹。冷焊法方便、灵活、生产率高、成本低、劳动条件好。但焊接处切削加工性能较差。生产中多用于焊补要求不高的铸件以及不允许高温预热引起变形的铸件。焊接时,应尽量采用小电流、短弧、窄焊缝、短焊道(每段不大于 50 mm),并在焊后及时锤击焊缝,以松弛应力,防止焊后开裂。

冷焊法一般采用焊条电弧焊进行焊补。根据铸铁性能、焊后对切削加工的要求及铸件的重要性等来选定焊条,常用的有:钢芯或铸铁焊条,适用于一般非加工面的焊补;镍基铸铁焊条,适用于重要铸件的加工面的焊补;铜基铸铁焊条,用于焊后需要加工的灰口铸铁件的焊补。

四、有色金属及其合金的焊接

1. 铜及铜合金的焊接

铜及铜合金的焊接比低碳钢困难得多。其特点有：

(1) 铜的导热性很高(紫铜为低碳钢的8倍)，焊接时热量极易散失。因此，焊前工件要预热，焊接中要选用较大的电流或火焰。否则容易造成焊不透缺陷。

(2) 液态铜易氧化，生成的 Cu_2O 与铜可组成低熔点共晶体，分布在晶界上形成薄弱环节。又因为铜的膨胀系数大，冷却时收缩率也大，容易产生较大的焊接应力。因此，焊接过程中极易引起开裂。

(3) 铜在液态时吸气性强，特别容易吸收氢气。凝固时，气体将从熔池中析出，来不及逸出去就会在工件中形成气孔。

(4) 铜的电阻极小，不适于电阻焊。

(5) 某些铜合金比纯铜更容易氧化，使焊接的困难增大。例如，黄铜(铜锌合金)中的锌沸点很低，极易烧蚀蒸发并生成氧化锌(ZnO)。锌的烧损不但改变了接头的化学成分，降低接头性能，而且所形成的氧化锌烟雾易引起焊工中毒。铝青铜中的铝，在焊接中易生成难熔的氧化铝，增大熔渣粘度，生成气孔和夹渣。

铜及铜合金可用氩弧焊、气焊、碳弧焊、钎焊等进行焊接。其中氩弧焊主要用于焊接紫铜和青铜件。气焊主要用于焊接黄铜件。

2. 铝及铝合金的焊接

工业中主要对纯铝、铝锰合金、铝镁合金和铸铝件进行焊接。铝及铝合金的焊接也比较困难。其焊接特点有：

(1) 铝与氧的亲和力很大，极易氧化生成氧化铝(Al_2O_3)。氧化铝组织致密，熔点高达2 050℃，覆盖在金属表面，能阻碍金属熔合。此外，氧化铝的密度较大，易使焊缝形成夹渣缺陷。

(2) 铝的导热系数较大，焊接中要使用大功率或能量集中的热源。焊件厚度较大时应考虑预热。铝的膨胀系数也较大，易产生焊接应力与变形，并可能导致裂纹的产生。

(3) 液态铝能吸收大量氢气，而固态铝却几乎不能溶解氢。因此在熔池凝固中易产生气孔。

(4) 铝在高温时强度和塑性很低，焊接中常由于不能支持熔池金属而形成焊缝塌陷。因此常需采用垫板进行焊接。

目前焊接铝及铝合金的常用方法有氩弧焊、气焊、点焊、缝焊和钎焊。其中氩弧焊是焊接铝及铝合金较好的方法，焊接时可不用焊剂。但要求氩气纯度大于99.9%。气焊常用于要求不高的铝及铝合金工件的焊接。

6.4 焊接结构设计

设计焊接结构时，设计者既要很好地了解产品使用性能的要求，如载荷大小、载荷性质、使用温度、使用环境以及有关产品结构的国家标准与规程，又要考虑焊接结构的工艺性,如焊接工艺材料的选择、焊接方法的选择、焊接接头的工艺设计等,还要考虑到制造单位的质量管理水平、产品检验技术等有关问题,才能设计出生产容易、质量优良、成本低廉的焊接结构。

一、焊接结构件材料的选择

焊接结构在满足工作性能要求的前提下,首先要考虑选择焊接性较好的材料。低碳钢和 $w(C_{当量}) < 0.4\%$ 的低合金钢都具有良好的焊接性,设计中应尽量选用;$w(C) > 0.4\%$ 的碳钢、$w(C_{当量}) > 0.4\%$ 的合金钢,焊接性不好,设计时一般不宜选用。若必须选用,应在设计和生产工艺中采取必要措施。

强度等级低的合金结构钢,焊接性与低碳钢基本相同,钢材价格也不贵,而强度却能显著提高,条件允许时应优先选用。

强度等级较高的低合金结构钢,焊接性能虽然差些,但只要采取合适的焊接材料与工艺,也能获得满意的焊接接头。设计强度要求高的重要结构可以选用。

镇静钢脱氧完全,组织致密,质量较高,重要的焊接结构应选用之。

沸腾钢含氧量较高,组织成分不均匀,焊接时易产生裂纹。厚板焊接时还可能出现层状撕裂。因此不宜用作承受动载荷或严寒下工作的重要焊接结构件以及盛装易燃、有毒介质的压力容器。

异种金属的焊接,必须特别注意它们的焊接性及其差异。一般要求接头强度不低于被焊钢材中的强度较低者,并应在设计中对焊接工艺提出要求,按焊接性较差的钢种采取措施,如预热或焊后热处理等。对不能用熔焊方法获得满意接头的异种金属应尽量不选用。

各种常用金属材料的焊接性如表 6.5 所示。

表 6.5　常用金属材料的焊接性

焊接方法 \ 金属材料	气焊	手弧焊	埋弧焊	CO_2 保护焊	氩弧焊	电子束焊	电渣焊	点焊缝焊	对焊	摩擦焊	钎焊
低碳钢	A	A	A	A	A	A	A	A	A	A	A
中碳钢	A	A	B	B	A	A	B	A	A	A	A
低合金结构钢	B	A	A	A	A	A	A	A	A	A	A
不锈钢	A	A	B	A	A	A	B	A	A	A	A
耐热钢	B	A	B	C	A	A	D	B	C	D	A
铸钢	A	A	A	A	A	A	A	(—)	B	B	B
铸铁	A	B	B	C	A	(—)	B	(—)	D	D	A
铜及其合金	B	B	C	C	A	B	D	D	D	A	A
铝及其合金	B	C	C	D	A	D	D	A	A	B	C
钛及其合金	D	D	D	D	A	A	D	B~C	C	D	B

注:A—焊接性良好;B—焊接性较好;C—焊接性较差;D—焊接性不好;(—)很少采用。

此外,设计焊接结构时,应多采用工字钢、槽钢、角钢和钢管等型材,以降低结构质量,减少焊缝数量,简化焊接工艺,增加结构件的强度和刚性。对形状比较复杂的部分,还可以选用铸钢件、锻件或冲压件来焊接。图 6.33 是合理选材、减少焊缝数量的几个示例。

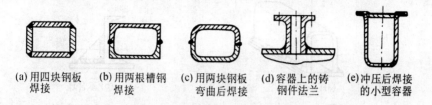

(a) 用四块钢板　(b) 用两根槽钢　(c) 用两块钢板　(d) 容器上的铸　(e) 冲压后焊接
　　焊接　　　　　焊接　　　　弯曲后焊接　　钢件法兰　　　的小型容器

图 6.33　合理选材与减少焊缝

二、焊接接头的工艺设计

1. 焊缝的布置

合理的焊缝位置是焊接结构设计的关键,与产品质量、生产率、成本及劳动条件密切相关。其一般工艺设计原则如下:

(1) 焊缝布置应尽量分散。焊缝密集或交叉,会造成金属过热,热影响区加大,使组织恶化。

因此两条焊缝的间距一般要求大于 3 倍板厚,且不小于 100 mm。图 6.34 所示(a)、(b)、(c)的结构应改为(d)、(e)、(f)的结构形式。

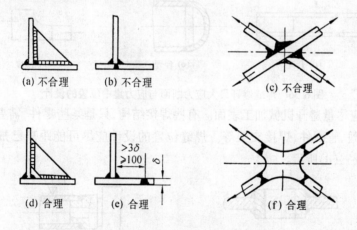

(a) 不合理　　　(b) 不合理　　　　　　　(c) 不合理

(d) 合理　　　(e) 合理　　　　　　　　(f) 合理

图 6.34　焊缝分散布置的设计

(2) 焊缝的位置应尽可能对称布置。如图 6.35(a)、(b)所示的焊件,焊缝位置偏离截面中心,并在同一侧。由于焊缝的收缩,会造成较大的弯曲变形。图中(c)、(d)、(e)所示的焊缝位置对称,焊后不会发生明显的变形。

(3) 焊缝应尽量避开最大应力断面和应力集中位置。对于受力较大、结构较复杂的焊接构件,在最大应力断面和应力集中位置不应该布置焊缝。例如,大跨度的焊接钢梁、板坯的拼料焊缝,应避免放在梁的中间,如图 6.36(a)应改为(d)的状态。压力容器的封头应有一直壁段,如图 6.36(b)应改为(e)的状态,使焊缝避开应力集中的转角位置。直壁段不小于 25 mm。在构件截面有急剧变化的位置或尖锐棱角部位,易产生应力集中,应避免布置焊缝。例如图 6.36(c)应改为(f)的状态。

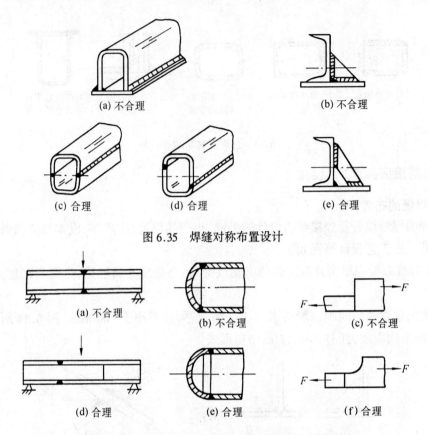

图 6.35　焊缝对称布置设计

图 6.36　焊缝避开最大应力断面与应力集中位置的设计

(4) 焊缝应尽量避开机械加工表面。有些焊接结构,只是某些零件,需要进行机械加工。如焊接轮毂、管配件、焊接支架等。焊缝位置的设计应尽可能距离已加工表面远一些,如图 6.37(c)、(d)所示。

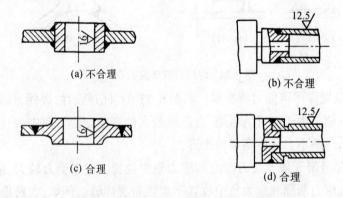

图 6.37　焊缝远离机械加工表面的设计

(5) 焊缝位置应便于焊接操作。布置焊缝时,要考虑到有足够的操作空间。如图 6.38(a)、(b)、(c)所示的内侧焊缝,焊接时焊条无法伸入。若必须焊接,只能将焊条弯曲,但操作者的视线被遮挡着,极易造成缺陷。因此应改为图 6.38(d)、(e)、(f)所示的设计。

埋弧焊结构要考虑接头处在施焊中存放焊剂和熔池保持问题(图6.39)。点焊与缝焊应考虑电极伸入方便(图6.40)。

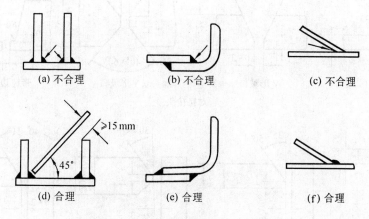

(a) 不合理   (b) 不合理   (c) 不合理

(d) 合理   (e) 合理   (f) 合理

图6.38 焊缝位置便于电弧焊的设计

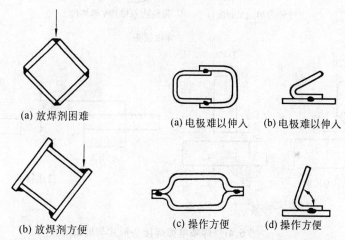

(a) 放焊剂困难   (a) 电极难以伸入   (b) 电极难以伸入

(b) 放焊剂方便   (c) 操作方便   (d) 操作方便

图6.39 焊缝便于埋弧焊的设计   图6.40 便于点焊及缝焊的设计

此外,焊缝应尽量放在平焊位置,应尽可能避免仰焊焊缝,减少横焊焊缝。良好的焊接结构设计,还应尽量使全部焊接部件,至少是主要部件能在焊接前一次装配点固,以简化装配焊接过程,节省场地面积,减少焊接变形,提高生产效率。

2. 接头形式的选择与设计

接头形式应根据结构形状、强度要求、工件厚度、焊后变形大小、焊条消耗量、坡口加工难易程度、焊接方法等因素综合考虑决定。

(1) 接头形式。根据 GB/T 985—1998《气焊、手工电弧焊及气体保护焊焊缝坡口的基本形式与尺寸》规定,焊接碳钢和低合金钢的接头形式可分为对接接头、角接接头、T形接头及搭接接头四种。常用接头形式基本尺寸如图6.41所示。

对接接头受力比较均匀,是最常用的接头形式,重要的受力焊缝应尽量选用。搭接接头因两工件不在同一平面,受力时将产生附加弯矩,而且金属消耗量也大,一般应避免采用。但搭接接头不需开坡口,装配时尺寸要求不高,对某些受力不大的平面联接与空间构

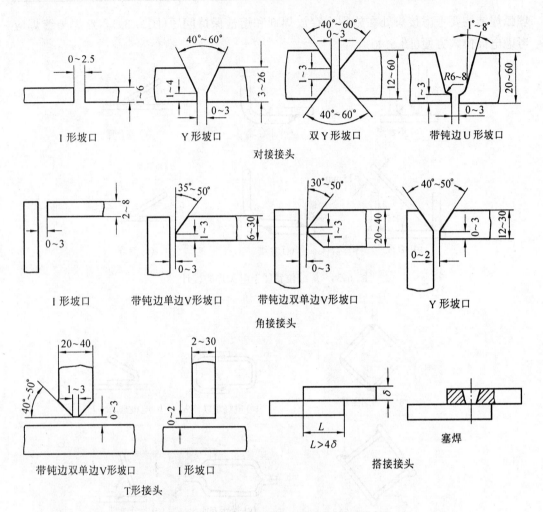

图 6.41　焊条电弧焊接头形式与坡口形式

架,采用搭接接头可节省工时。

　　角接接头与 T 形接头受力情况都较对接接头复杂,但接头成直角或一定角度连接时,必须采用这种接头形式。

　　(2) 坡口形式。焊条电弧焊对板厚在 6 mm 以下对接接头施焊时,一般可不开坡口(即 I 形坡口)直接焊成。但当板厚增大时,为了保证焊透,接头处应根据工件厚度预制出各种形式的坡口。坡口角度和装配尺寸按标准选用。两个焊接件的厚度相同时,常用的坡口形式及角度如图 6.41 所示。Y 形坡口和 U 形坡口用于单面焊,其焊接性较好,但焊后角度变形较大,焊条消耗量也大些。双 Y 形坡口双面施焊,受热均匀,变形较小,焊条消耗量较少,但有时受结构形状限制。U 形坡口根部较宽,允许焊条深入,容易焊透。而且坡口角度小,焊条消耗量较小。但因坡口形状复杂,一般只在重要的受动载的厚板结构中采用。双单边 V 形坡口主要用于 T 形接头和角接接头的焊接结构中。

　　(3) 接头过渡形式。设计焊接构件最好采用相等厚度的金属材料,以便获得优质的焊接接头。当两块厚度相差较大的金属材料进行焊接时,接头处会造成应力集中,而且接头两边受热不匀易产生焊不透等缺陷。不同厚度金属材料对接时,允许的厚度差如表 6.6 所示。如果 $\delta_1 - \delta$ 超过表中规定值或者双面超过 $2(\delta_1 - \delta)$ 时,应在较厚板料上加工出单面或双面斜边的过渡形式,如图 6.42 所示。

表 6.6　不同厚度金属材料对接时允许的厚度差

较薄板的厚度/mm	2 ~ 5	6 ~ 8	9 ~ 11	≥12
允许厚度差($\delta_1 - \delta$)/mm	1	2	3	4

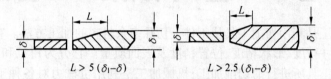

图 6.42　不同厚度金属材料对接的过渡形式

钢板厚度不同的角接与 T 形接头受力焊缝,可考虑采取图 6.43 所示的过渡形式。

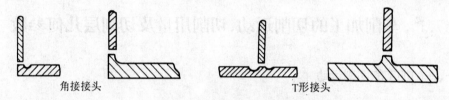

角接接头　　　　　　　　　　　　　　　　T形接头

图 6.43　不同厚度的角接与 T 形接头的过渡形式

(4) 其他焊接方法的接头与坡口形式。埋弧焊的接头形式与焊条电弧焊基本相同。但由于埋弧焊选用的电流大、熔深大,所以板厚小于 12 mm 时,可不开坡口(即 I 型坡口)单面焊接;板厚小于 24 mm 时,可不开坡口双面焊接。焊更厚的工件时,必须开坡口。坡口形式与尺寸按 GB 986 — 88《埋弧焊焊缝坡口的基本形式和尺寸》选定。

电渣焊可选用对接接头、T 形接头和角接接头。生产中经常采用的主要是对接接头。图 6.44 所示为电渣焊的接头形式,两工件间的间隙一般应取为 25 ~ 35 mm。

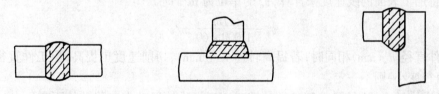

图 6.44　电渣焊接头形式

由于气焊火焰温度低,T 形接头和搭接接头很少采用,一般多采用对接接头和角接接头。

下　　编

第七章　金属切削加工基础

金属切削加工是利用切削工具从工件上切除多余材料的加工方法。它使工件获得符合图样要求的尺寸精度、形状精度、位置精度及表面质量。它分为钳工和机械加工两类。钳工是工人手持工具所进行的切削加工;机械加工是利用机械力对各种工件进行加工的方法。由于被加工工件的材料、形状、尺寸精度和表面粗糙度等不同,所用的机床和刀具的类型、刀具和工件的装夹方法及其运动形式也就不同。

7.1　车削加工的切削运动、切削用量及切削层几何参数

一、车削加工的切削运动

(1) 主运动。工件的转动是主运动,用 n 表示转速(r/min)。它形成机床的切削速度 v_c,是消耗主要动力的工作运动(图 7.1(a))。

(2) 进给运动。车刀的移动是进给运动。它是使工件的多余材料不断被去除的工作运动。进给速度用 v_f(mm/s)表示。

二、车削加工的切削用量三要素

(1) 切削速度。切削速度 v_c 是切削刃选定点 A 相对于工件主运动的瞬时速度,可用工件上待加工表面的线速度来计算,v_c 的单位为 m/s 时

$$v_c = \frac{\pi D n}{1\ 000 \times 60} \ \text{m/s}$$

工件直径 d_w(mm)相同时,若提高转速 n(r/min),切削速度也提高,但工件直径不同时(如直径变小)则不一定。

(2)进给量 f。进给量是工件转一转时车刀沿进给运动方向移动的距离(mm/r)。只改变转速 n 时,不会使进给量 f 变化。

(3)背吃刀量 a_p。背吃刀量是待加工表面与已加工表面之间的距离(在垂直于假定工作平面 p_f 的方向上测量),即

$$a_p = \frac{d_w - d_m}{2} \ \text{mm}$$

三、切削层几何参数

以车外圆为例(图 7.1(b)),切削层就是工件每转一转,切削刃所切下的一层材料。

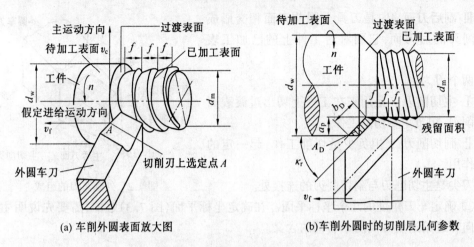

(a) 车削外圆表面放大图   (b)车削外圆时的切削层几何参数

图 7.1 车削时的切削要素及切削层几何参数

(1) 切削层公称横截面积 A_D。在给定瞬间,切削层在切削层尺寸平面里的实际横截面积,单位为 mm^2,A_D 不包括残留面积。

(2) 切削层公称宽度 b_D。在给定瞬间,起作用的主切削刃上两个极限点间的距离,在切削层尺寸平面中测量,单位为 mm。

(3) 切削层公称厚度 h_D。在同一瞬间的切削层公称横截面积与其切削层公称宽度之比,单位为 mm,即

$$h_D = \frac{A_D}{b_D} \ mm$$

7.2 刀具的几何形状及刀具材料

一、刀具的几何形状

不同的切削加工方法,所用的刀具是不同的,但其切削部分的几何形状却很相似。外圆车刀是最常用、最典型的切削刀具,其他刀具可看做是由它演变和组合而成。因此,分析清楚外圆车刀的几何形状之后,也就具备了进一步分析其他刀具的基础。

刀具的角度可分为标注角度和工作角度两类。

1. 刀具的标注角度

在设计和制造刀具时,图样上标注的角度、刃磨刀具时测量的角度称为刀具的标注角度(或静止角度)。

(1) 外圆车刀的标注角度。

① 外圆车刀上的三个面、两个刃和一个尖。

三个面(图7.2)为:

Ⅰ 前刀面 A_γ 是刀具上切屑流过的表面。

Ⅱ 主后刀面 A_α 是刀具上同前刀面相交形成主切削刃的后刀面,它面对着工件上的过渡表面。

Ⅲ 副后刀面 A'_α 是刀具上同前刀面相交形成副切削刃的后刀面,它面对着工件上的已加工表面。

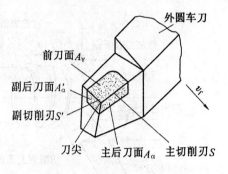

图7.2　外圆车刀的组成

两个刃为:

Ⅰ 主切削刃 S 是用来在工件上切出过渡表面的切削刃,担负主要切削工作。

Ⅱ 副切削刃 S' 担负少量切削工作,起一定的修光作用。

刀尖是主切削刃与副切削刃的连接处。

② 确定车刀角度的几个坐标平面。在确定坐标平面(图7.3)之前,需要先说明主运动方向和进给运动方向两个名词的含义。

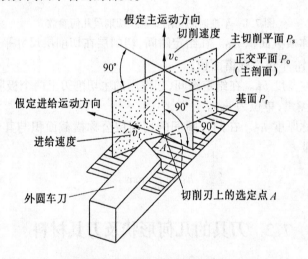

图7.3　外圆车刀标注角度基准系

主运动方向是切削刃选定点相对于工件的瞬时主运动方向。当单独看车刀时,此主运动方向是假定的,所以称为假定主运动方向。

进给运动方向是切削刃选定点相对于工件的瞬时进给运动方向。当单独看车刀时,此进给运动方向是假定的,所以称为假定进给运动方向。

Ⅰ 基面 P_r 是通过切削刃选定点 A,垂直于假定主运动方向的平面。

Ⅱ 主切削平面 P_s 是通过主切削刃选定点 A,与主切削刃相切并垂直于基面的平面。

Ⅲ 副切削平面 P'_s 是通过副切削刃选定点,与副切削刃相切并垂直于基面的平面。

Ⅳ 正交平面 P_o 又称主剖面(图7.3),是通过主切削刃选点 A,并同时垂直于基面和主切削平面的平面。

Ⅴ 假定工作平面 P_f 是通过主切削刃选定点 A,垂直于基面并平行于假定进给运动方向的平面(图7.4)。

③ 外圆车刀5个主要角度的定义及其主要作用(图7.4)。

Ⅰ 在基面 P_r 投影中测量的角度。

(a)主偏角 κ_r 是主切削平面 P_s 与假定工作平面 P_f 间的夹角,即主切削刃在基面上的投影与进给运动方向间的夹角。增大主偏角可使背向力(径向分力)F_p减小,可减小车削细长轴时F_p把工件顶弯的变形(图7.5(a))。又如图7.5(b)所示,在背吃刀量a_p和进给量f相同的情况下,减小主偏角κ_r,可使主切削刃参加切削的长度增加,使切屑变薄,刀刃单位长度的切削负荷减轻,从而增大了散热面积使刀具耐用。一般取$\kappa_r = 40° \sim 90°$。

(b)副偏角κ'_r是副切削平面P'_s与假定工作平面P_f间的夹角,即进给的相反方向和副切削刃S'在基面上的投影间的夹角。副偏角使副切削刃与工件已加工表面的摩擦力减小,防止切削时产生振动。减小副偏角还可减小已加工表面上的"残留面积",从而减小表面粗糙度Ra值,使副切削刃起修光作用。一般取$\kappa'_r = 5° \sim 15°$。

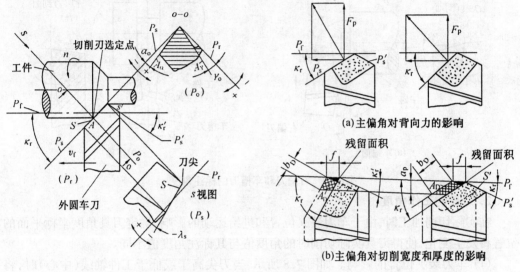

图7.4 车刀的主要角度

图7.5 主偏角κ_r变化的影响

Ⅱ 在正交平面P_o中测量的角度。

(a)前角γ_o是前刀面A_γ与基面P_r间的夹角。增大前角使刀刃锋利、切削轻快,但前角过大会使刀刃削弱、不易散热且容易磨损和崩坏。对于硬质合金车刀车削钢件,可取$\gamma_o = 5° \sim 15°$;对于车削铸铁,可取$\gamma_o = 0° \sim 10°$。

(b)后角α_o是主后刀面A_α与主切削平面P_s间的夹角。它可减小主后刀面与工件过渡表面间的摩擦。一般取$\alpha_o = 6° \sim 12°$。粗车时取小值,精车时取大值。

Ⅲ 在主切削平面中测量的角度。

刃倾角λ_s是主切削刃S与基面P_r间的夹角。它影响刀尖强度和切屑流出的方向。如图7.6所示,主切削刃与基面平行时$\lambda_s = 0$;刀尖处于主切削刃的最低点时λ_s为负值,刀尖强度增大,切屑流向已加工表面,用于粗加工;刀尖处于主切削刃的最高点时λ_s为正值,

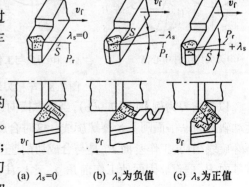

(a) $\lambda_s = 0$　　(b) λ_s为负值　　(c) λ_s为正值

图7.6 刃倾角对排屑方向的影响

刀尖强度削弱,切屑流向待加工表面,用于精加工。一般 $\lambda_s = -5° \sim +5°$ 之间。

(2) 右偏刀和车槽刀的标注角度。从图7.7(a)可以看出,当右偏刀作横向进给时,其主切削刃 S、副切削刃 S'、主切削平面 P_s、副切削平面 P'_s、假定工作平面 P_f、主偏角 κ_r、副偏角 κ'_r、正交平面 P_o、主后刀面 A_α、后角 α_o、已加工表面、待加工表面以及过渡表面的位置与车外圆时都不同。车槽刀有两个刀尖、两个副切削刃 S' 和两个副偏角 κ'_r,如图7.7(b)所示。

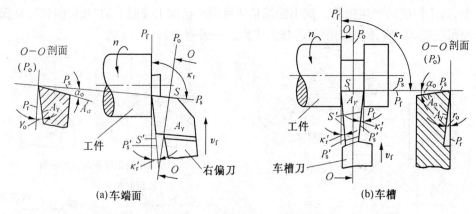

(a)车端面　　　　　　　　　　　　　　　(b)车槽

图 7.7　右偏刀和车槽刀的标注角度

2. 刀具的工作角度

在实际切削加工时,由于车刀装夹位置和进给运动的影响,确定刀具角度坐标平面的位置将发生变化,使得刀具实际切削时的角度值与其标注角度值不同。

(1) 车刀装夹位置的影响。如图 7.8 所示,当刀尖高于或低于工件轴线(中心)时,将引起工作前角 γ_{oe} 和工作后角 α_{oe} 发生变化;当外圆车刀刀杆的纵向轴线与进给方向不垂直时(图 7.9(a)),会引起工作主偏角 κ_{re} 和工作副偏角 κ'_{re} 发生变化。

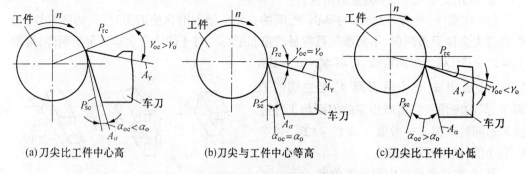

(a)刀尖比工件中心高　　　　(b)刀尖与工件中心等高　　　　(c)刀尖比工件中心低

图 7.8　车槽刀装夹高度的影响

以车槽刀为例,如图 7.9(b),当考虑横向进给运动时,车槽过程中切削刃相对于工件的运动轨迹为一平面阿基米德螺旋线。这时合成切削速度 v_c 的方向是与切削刃处的阿基米德螺旋线相切,工作基面 P_{re} 是与合成切削速度方向垂直的平面,工作主切削平面 P_{se} 应与工作基面 P_{re} 垂直。因而使工作前角 γ_{oe} 比标注前角 γ_o 增大,工作后角 α_{oe} 比标注后角 α_o 减小。

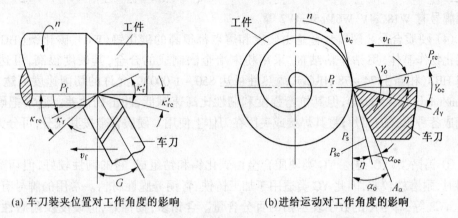

(a) 车刀装夹位置对工作角度的影响　　(b)进给运动对工作角度的影响

图 7.9　车刀装夹位置及进给运动对工作角度的影响

二、刀具材料

1. 对刀具材料的要求

刀具切削工件时，切削部分直接受到高温、高压以及强烈的摩擦和冲击与振动的作用，因此它必须具备以下基本性能：

(1) 较高的硬度。其硬度必须高于工件材料的硬度，常温下要求在 60 HRC 以上。

(2) 良好的耐磨性。耐磨性越好，刀具磨损就越慢，同一把刀具连续加工出的一批零件的尺寸分散性就越小。

(3) 良好的耐热性。耐热性也称热硬性或红硬性，是指刀具材料在较高温度下仍能保持高的硬度、高的强度和良好耐磨性等综合性能。

(4) 足够的强度和韧性。以承受切削力和冲击。

(5) 良好的工艺性。即易于进行锻造、焊接、切削加工和热处理等。

2. 常用刀具材料的性能和用途

(1) 碳素工具钢。碳素工具钢是一种含碳质量分数较高的优质钢，含碳质量分数在 0.7% ~ 1.2%，淬火后的硬度可达 61 ~ 65 HRC，且价格低。但它的耐热性不好，在 200 ~ 250℃后它的硬度就会急剧下降，它所允许采用的切削速度不能超过 8 m/min(0.13 m/s)，且在淬火时容易产生变形和裂纹，所以多用于制造切削速度低的简单手工工具，如锉刀、锯条和刮刀等。常用牌号为 T10、T10A 和 T12、T12A 等。

(2) 合金工具钢。在碳素工具钢中加入适量的铬(Cr)、钨(W)、锰(Mn)等合金元素，能够提高材料的耐热性、耐磨性和韧性。它的主要优点是淬火变形小、淬透性好、淬火硬度可达 61 ~ 65 HRC，耐热性可达 300 ~ 400℃。常用于制造低速加工(允许的切削速度可比碳素工具钢提高 20%左右)和要求热处理变形小的刀具，如铰刀、拉刀等。常用的牌号有 CrWMn 和 9SiCr 等。

(3) 高速钢。高速钢又称白钢、锋(或风)钢，它是含有较多的钨、铬等合金元素的高合金工具钢。它的硬度、耐热性和耐磨性都有显著提高，淬火硬度为 62 ~ 68 HRC，耐热性可达 600℃，允许切削速度为 30 ~ 50 m/min(0.5 ~ 0.83 m/s)。它的热处理变形小，刃磨性能较硬质合金好，所以广泛用于制造各种复杂的刀具，如钻头、铣刀、拉刀和齿轮刀具等。

常用牌号有 W18Cr4V、W6Mo5Cr4V2 等。

(4) 硬质合金。硬质合金是由硬度和熔点都很高的碳化钨(WC)、碳化钛(TiC)等金属碳化物作基体,用钴作粘结剂,采用粉末冶金法制成的合金,其硬度很高,可达 89 ~ 93.5 HRA(相当于 74 ~ 78 HRC),耐热性可达 850 ~ 1 000℃,允许的切削速度可达 100 ~ 300 m/min(1.7 ~ 5 m/s),但其抗弯强度和韧性比高速钢低,冲击韧性差。通常把硬质合金制成各种形式的刀片,将其焊接或夹固在刀体上使用。硬质合金按其成分,可分为两大类:

① 钨钴类(YG 类)。YG 类硬质合金由碳化钨和钴组成,它的韧性较好,但切削韧性材料时,耐磨性较差,因此 YG 类适用于加工铸铁、青铜等脆性材料。常用的牌号有 YG3、YG6、YG8 等,牌号中的数字表示钴的百分含量。含钴多,韧性好,但硬度及耐磨性降低。粗加工应选用含钴多的牌号(如 YG8),精加工应选用含钴少的牌号(如 YG3)。

② 钨钛钴类(YT 类)。YT 类硬质合金由碳化钨、碳化钛和钴组成。由于加入了碳化钛,因而其耐磨性及耐热性比 YG 类硬质合金更高,但 YT 类硬质合金韧性差,故适于加工钢件。常用的牌号有 YT5、YT15、YT30 等,牌号中的数字表示 TiC 的百分含量。TiC 的含量越多,耐热性和耐磨性越好,但韧性越差。粗加工选用含 TiC 少的牌号(如 YT5),精加工可选用含 TiC 多的牌号(如 YT30)。

(5) 陶瓷材料。陶瓷材料的主要成分是氧化铝(Al_2O_3),刀片硬度可达 86 ~ 96 HRA,能耐 1 200℃高温,所以能承受较高的切削速度;又因 Al_2O_3 的价格较低、原料丰富,因此很有发展前途。但陶瓷材料性脆怕冲击,所以如何提高它的抗弯强度,已成为各国研究工作的重点。近 10 多年来各国先后研究成功"金属陶瓷",如我国研制的 AMF、AMT、AMMC 等牌号的金属陶瓷,其成分除 Al_2O_3 外,还含有各种金属元素,其抗弯强度比普通陶瓷刀片高。陶瓷材料目前主要用于高硬度钢材的半精加工和精加工。

(6) 人造金刚石。人造金刚石的硬度极高,接近于 10 000 HV(硬质合金为 1 300 ~ 1 800 HV),耐热性为 700 ~ 800℃,其颗粒一般小于 0.5 mm。可用于加工硬质合金、陶瓷、玻璃、有色金属及其合金等,但不宜加工钢铁材料,因铁和金刚石的碳原子的亲和力强,易产生粘附作用而加快刀具磨损。用细颗粒金刚石制成的砂轮是磨削硬质合金特别有效的工具。

(7) 立方氮化硼。立方氮化硼的硬度达 8 000 ~ 9 000 HV,其耐热性(为 1 300 ~ 1 500℃)和化学稳定性均优于人造金刚石。但它的强度低、焊接性差,适用于半精加工和精加工高硬度、高强度的淬火钢及耐热钢,也可用于精加工有色金属。

3. 刀具涂层

(1) 为什么刀具要进行表面涂层。一般高速钢刀具的硬度仅为 62 ~ 68 HRC(760 ~ 960 HV),硬质合金刀具的硬度只为 89 ~ 93.5 HRA(1 300 ~ 1 850 HV),对于难加工材料的高效加工已不能适应。可以采取各种措施来提高刀具材料的硬度和耐磨性,但同时都使刀具材料的抗弯强度和冲击韧性下降,损害了刀具使用性能。因此,在韧性好的刀具材料基体上进行表面涂层,涂覆具有高硬度、高耐磨性、耐高温材料的薄层,是解决上述矛盾的好办法。目前多用于硬质合金机夹可转位刀片(图 7.10)、车刀、面铣刀、高速齿轮刀具、硬合金棒式刀具及部分成型刀具。

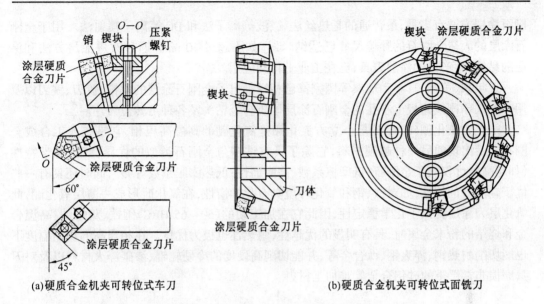

(a)硬质合金机夹可转位式车刀　　　　　　　(b)硬质合金机夹可转位式面铣刀

图 7.10　机夹可转位式车刀及面铣刀

(2) 刀具表面涂层的优点。

① 涂层刀具的硬度比基体高很多。在硬质合金基体上涂 4～5 μm 的 TiC 涂层,其表层硬度可达 2 500～4 200 HV(一般硬质合金刀具硬度只有 1 300～1 850 HV)。在高速钢钻头、丝锥、滚刀等刀具上,涂覆 2 μm 厚的 TiN 涂层后,硬度可达 80 HRC(一般高速钢刀具的硬度仅为 62～68 HRC,相当于 760～960 HV)。

② 涂层具有低的摩擦系数,可降低切削力及切削温度,可大大提高刀具耐用度。涂层硬质合金刀片的耐用度至少可提高 1～3 倍;涂层高速钢刀具的耐用度可提高 2～10 倍以上。加工材料的硬度越高,涂层刀具的效果越好。

③ 涂层刀具的化学性能稳定,有高的抗氧化性能和抗黏结性能,因此有高的耐磨性和抗月牙洼(图 7.19)磨损能力。

④ 经过涂层的刀具,可提高切削速度 20%～70%,提高加工精度 0.5～1 级,降低刀具消耗费用 20%～50%。

(3) 刀具涂层技术。

① TiC、TiN 和 Al_2O_3 涂层。TiC 和 TiN 是最早出现的涂层材料,也是目前国内外应用较多的,TiC 涂层的硬度高达 2 500～4 200 HV。

化学气相沉积(CVD)的 Al_2O_3 涂层刀具的切削性能高于 TiN 和 TiC 涂层刀具,且切削速度越高,刀具耐用度提高的幅度越大,在高速范围切削钢工件时,Al_2O_3 涂层在高温下硬度降低较 TiC 涂层小,Al_2O_3 具有更好的化学稳定性和高温抗氧化能力,因此具有更好的抗月牙洼磨损、抗后刀面磨损和抗刃口热塑性变形的能力,在高温下有较好的耐用度。

② 超硬材料涂层。

a.金刚石(PCD)涂层。金刚石涂层是利用低压化学气相沉积技术在硬质合金基体上生长出一层由多晶组成的金刚石膜。金刚石涂层刀具特别适用于加工硅铝合金和铜合金等有色金属,以及印刷线路板等材料,刀具寿命是未涂层硬质合金刀具的 50～100 倍。金刚石涂层方法有多种,最普通的是热丝法、微波等离子法和 DC 等离子喷射法。用于金刚石涂层的人造金刚石的颗粒尺寸已达纳米级,如不超过 10 nm。通过改进涂层方法和涂层的黏结,生产出的涂层刀具,已在工业上得到应用。

　　近年来,美国、日本和瑞典等国家都已相继推出了金刚石涂层的丝锥、铰刀、铣刀以及用于加工印刷线路板上小孔的金刚石涂层硬质合金钻头及各种可转位刀片。

　　b. 立方氮化硼(CBN)涂层。立方氮化硼是氮化硼的高温高压相,它是继人工合成金刚石之后出现的另一种超硬材料,它除了具有许多与金刚石类似的优异物理、化学特性(如超高硬度仅次于金刚石;低摩擦系数、高耐磨性;低热膨胀系数等)外,同时还具有一些优于金刚石的特性,如对铁、钢和氧化环境具有化学惰性,在氧化时形成一薄层氧化硼,此氧化层为涂层提供了化学稳定性,因此它在加工硬的(50 ~ 65 HRC)钢铁、灰铸铁、高温合金和烧结的粉末金属时,具有明显的优越性,耐热性也极为优良。在相当高的切削温度下也能切削耐热钢、淬火钢、钛合金等,并能切削高硬度的冷硬轧辊、渗碳淬火材料以及对刀具磨损非常严重的硅铝合金等难加工材料。

7.3　金属切削过程及其伴生的物理现象

一、切削过程及切屑种类

1. 金属切削过程

　　切削加工时,工件上的一部分金属受到刀具的挤压而产生弹性变形和塑性变形。如图 7.11 所示,切削塑性金属时,工件金属受到刀具挤压,切削层金属在 OA 线以左只有弹性变形,愈靠近 OA,弹性变形愈大,在 OA 面上应力达到材料的屈服点 σ_s,晶粒内部原子沿滑移平面发生滑移,使晶粒由圆颗粒逐渐呈椭圆形。刀具继续移动,产生滑移变形的金属逐渐向前刀面靠拢,应力和变形也逐渐增大。当到达终滑移线 OM 时,被切削材

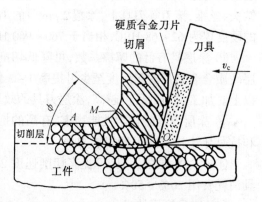

图 7.11　切削塑性金属的变形情况

料的流动方向与前刀面平行。由此可见,切削层的金属经 OA 到 OM 的塑性变形区脱离工件母体后,沿前刀面流出而形成切屑,完成切离。OM 与切削速度 v_c 方向之间的夹角 ϕ 角称为滑移角,也叫剪切角。

　　切削塑性金属时,实际上有三个变形区(图 7.12):第一变形区在 OA 和 OM 之间;第二变形区是切屑与前刀面的摩擦区,积屑瘤的产生及前刀面的磨损主要取决于第二变形区的变形;第三变形区是工件已加工表面与刀具后刀面的摩擦区,后刀面的磨损及已加工表面质量与这个变形区的变形有关。其中第一变形区的变形最大。

2. 切屑种类

　　工件材料的塑性、刀具前角及所采用的切削用量(a_p、f 及 v_c)不同,会产生不同类型

的切屑,如图 7.13,不同的切屑对加工过程和已加工表面质量都会产生不同的影响。

（1）带状切屑。在切削塑性金属时,采用的前角大、切削速度高、进给量和背吃刀量小时,容易产生带状切屑（图 7.13(a)）。它的形成过程经过弹性变形、塑性变形、切离三个阶段,切削力波动小,加工表面粗糙度 Ra 值小。但它会缠绕在刀具或工件上,故常在前刀面上磨出卷屑或断屑槽,以使切屑卷曲或折断。

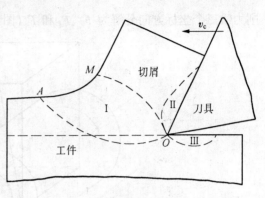

图 7.12　切削的三个变形区

（2）节状切屑。在加工中等硬度的塑

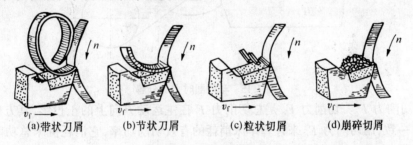

(a)带状刀屑　　(b)节状刀屑　　(c)粒状切屑　　(d)崩碎切屑

图 7.13　切屑种类

性材料(如中碳钢)时,若采用小的前角和较低的切削速度,易形成节状切屑（图 7.13(b)）,又称挤裂切屑。它经过了弹性变形、塑性变形、挤裂和切离四个阶段,是最典型的切削过程。它的切削力大,且有波动,加工出的表面较粗糙。

（3）粒状切屑。在形成节状切屑过程中,再减小前角,降低切削速度,会形成粒状切屑,又称单元切屑（图 7.13(c)）,这时切削力更大,波动也更大。

（4）崩碎切屑。在切削铸铁和黄铜等脆性材料时,切削层金属一般经过弹性变形后就突然崩碎,形成不规则的碎块状切屑,使得已加工表面凸凹不平（图 7.13(d)）。切屑的形成过程经过弹性变形、挤裂、切离三个阶段。切削热和断续的切削力都集中在主切削刃和刀尖附近,使刀尖容易磨损,且易产生振动,已加工表面较粗糙。

在实际生产中最常见到的是带状切屑,粒状切屑很少见。切屑形态可以随切削条件而转化,在形成节状切屑条件下,加大前角,提高切削速度、减小切削厚度、就可以得到带状切屑;反之,若减小前角或加大切削厚度,就可以得到粒状切屑。

二、切削力及切削功率

1. 切削力的产生及切削分力

切削加工时使工件上被切削金属产生弹性变形和塑性变形(图 7.14),克服切屑与前刀面间的摩擦力以及后刀面与工件间的摩擦力所需要的全部切削力的合力称为总切削力 F。它是一个空间力,为了便于分析、测量和计算,将总切

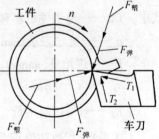

图 7.14　弹、塑性变形力及克服摩擦的力

削力沿三个坐标方向分解为 F_c、F_f 和 F_p（图 7.15）。

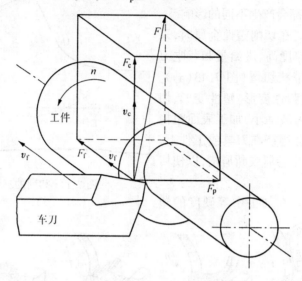

图 7.15　车外圆时力的分解

（1）切削力 F_c。切削力 F_c 是总切削力 F 在主运动方向上的正投影,其方向与切削速度方向一致,用切削力 F_c 来计算车床消耗的有效切削功率,它消耗机床总功率的 95% 左右。切削力 F_c 是计算车床动力和设计主运动传动系统零件强度和刚度的主要依据。

（2）进给力 F_f。进给力 F_f 是总切削力在进给运动方向上的正投影,它与进给运动方向一致,又称为轴向力。它只消耗车床总功率的 1% ~ 5%,是设计和使用车床时验算进给运动传动系统零件强度的依据。

（3）背向力 F_p。背向力 F_p 是总切削力在垂直于工作平面上的分力,它与进给运动方向垂直,作用在工件的径向,又称径向力,它不做功。加工细长轴时,F_p 所引起的工件弯曲变形使车出的工件中间粗两端细,有时还会引起振动。

2. 切削力的估算

（1）用经验公式估算。经验公式是在切削实验研究中,用测力仪测得的数据,经过数据处理而建立的公式。计算切削力 F_c 的经验公式为

$$F_c = C_{F_c} a_p^{x_{F_c}} f^{y_{F_c}} K_{F_c} \text{ N}$$

式中　C_{F_c}——与工件材料和刀具材料有关的系数;

　　　a_p——背吃刀量（mm）;

　　　f——进给量（mm/r）;

　　　x_{F_c}、y_{F_c}——指数;

　　　K_{F_c}——与切削用量、刀具角度、刀具磨损及切削液有关的修正系数。

上述系数、指数和修正系数,可以从各种技术手册（如"切削用量手册"）中查得。例如用 $\gamma_o = 15°$、$\kappa_r = 75°$ 的硬质合金车刀车削热轧结构钢（45 或 40Cr）外圆时,其计算公式为

$$F_c = 1\ 609 a_p f^{0.84} K_{F_c} \text{ N}$$

由上式可以看出,工件材料和刀具材料对切削力的影响最大,切削用量中背吃刀量 a_p 对切削力的影响比进给量 f 的影响大。

(2)用单位切削力 p 来估算。生产中常用单位切削力来估算切削力的大小。单位切削力是指作用在单位切削面积(mm^2)上的切削力, p 的单位为 N/mm^2。其计算公式为

$$F_c = pA_c = pa_p f \text{ N}$$

p 的数值可以从有关手册中查出。表 7.1 列出几种工件材料的单位切削力。

表 7.1

工件材料名称	牌　号	制造、热处理状态	硬度 HB	$p/(N·mm^{-2})$
结　构　钢	Q235	热轧或正火	134～137	1 884
	45		187	1 962
	40Cr		212	
	45	调　质	229	2 305
	40Cr		285	
灰　铸　铁	HT200	退　火	170	1 118
硬铝合金	LY12	淬火及时效	107	833.9($\gamma_o = 15°$)
黄　铜	H62	冷　拔	80	1 422

3. 切削功率 P_m

车削加工所消耗的总功率,应该是三个分力所消耗功率之和,但 F_p 不做功, F_f 消耗功率很小($< 1\%$)。因此,通常车削外圆的功率可用下式来计算

$$P_m = F_c v_c \times 10^{-3} \text{ kW} \quad (F_c \text{ 单位用 } N, v_c \text{ 单位用 } m/s)$$

考虑机床传动效率一般 $\eta_m = 0.75 \sim 0.85$,故机床电动机功率 P_E 的计算公式为

$$P_E > P_m/\eta_m$$

三、积屑瘤

切削钢、球墨铸铁、铝合金等塑性金属时,在切削速度不高,而又能形成带状切屑的情况下,常常有一些金属冷焊(粘结)沉积在前刀面上,形成硬度很高的楔块,它能代替前刀面和切削刃进行切削,这个小硬块称为积屑瘤(图 7.16)。

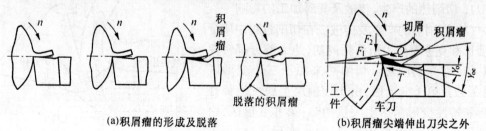

(a)积屑瘤的形成及脱落　　　　(b)积屑瘤尖端伸出刀尖之外

图 7.16　积屑瘤的形成和破坏

1. 积屑瘤的形成及对加工的影响

当被切下的切屑沿前刀面流出时,在一定的温度和压力 F_1、F_2 及拉力 Q 的作用下,切屑底层受到很大的摩擦阻力 T,使该底层金属的流动速度降低而形成"滞流层"。当前刀面与滞流层金属之间的摩擦阻力 T 超过切屑内部的结合力时,就有一部分金属黏结在刀刃附近而形成积屑瘤。

积屑瘤可以代替刀刃进行切削,起到保护刀刃、减小刀具磨损的作用。积屑瘤使刀具工作前角 γ_{oe} 增大,减小了切削力。积屑瘤的尖端伸出刀尖(刃)之外,当 F_1、F_2 及 Q 力在摩擦阻力 T 相反方向的合力大于 T 时,积屑瘤会受到破坏而脱落,之后它又不断地产生和脱落,会在已加工表面上留下不均匀的沟痕,并有一些粘附在已加工工件表面上,影响加工尺寸和表面粗糙度。因此,积屑瘤对粗加工有一定的好处,精加工时必须避免积屑瘤产生。

2. 影响积屑瘤的因素及控制方法

影响积屑瘤产生最主要的因素是工件材料和切削速度。

切削时塑性变形较大,容易产生积屑瘤;塑性较小、硬度高的材料,不易产生积屑瘤,或所产生积屑瘤的高度相对较小;切削脆性材料时所形成的崩碎切屑不与前刀面剧烈摩擦,因此一般不产生积屑瘤。

切削速度对积屑瘤的影响,主要是通过切削温度和摩擦系数起作用的。切削速度很低($v_c < 0.083$ m/s)时,切屑流动较慢,切削温度很低,切屑与前刀面的摩擦系数很小,不会产生黏结现象,不会产生积屑瘤;当切削速度提高($v_c = 0.083 \sim 0.83$ m/s)时,切屑流动加快,切削温度较高,切屑与前刀面的摩擦系数较大,与前刀面容易黏结产生积屑瘤;切削结构钢时,$v_c \approx 0.33$ m/s,切削温度在 $300 \sim 350$℃之间,摩擦系数最大,积屑瘤也最高;当切削速度很高($v_c > 1.67$ m/s)时,由于切削温度很高,使切屑底层金属呈微熔状态,摩擦系数明显减小,也不会产生积屑瘤。

为了避免产生积屑瘤,一般精车、精铣采用高的切削速度,而拉削、铰孔和宽刃精刨则采用低的切削速度。

此外,增大前角以减小切屑变形,用油石仔细研磨前刀面以减小摩擦,以及选用合适的工作液以减小摩擦和降低切削温度,都是防止产生积屑瘤的重要措施。

四、切削热

1. 切削热的产生、传散及其对加工的影响

(1) 切削热的产生及传散。在切削过程中使金属变形和克服摩擦力所消耗的功,绝大部分都转变成热能,称为切削热。切削热来源于三个变形区(图 7.17):第 I 变形区,由于切削层金属发生弹性变形和塑性变形而产生大量的热;第 II 变形区,由于切屑与前刀面摩擦而生热;第 III 变形区,由于工件与后刀面摩擦而生热。切削塑性金属时,切削热主要来自 I、II 变形区;切削脆性金属时,切削热主

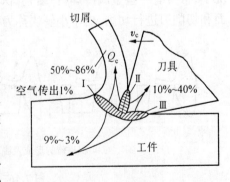

图 7.17　三个变形区

要来自 I、Ⅲ变形区。

据有关资料[7、15]介绍,车削加工时切削热的 50% ~ 86% 由切屑带走,10% ~ 40% 传入车刀,9% ~ 3% 传入工件,1% 左右传入空气。

(2) 切削热对加工的影响,刀头上的温度最高点可达 1 000℃ 以上,导致刀具材料的金相组织发生变化,使刀具硬度降低,严重时甚至使刀具丧失切削性能而加速刀具磨损。传入工件的切削热,使工件尺寸变化而影响加工精度。

2. 影响切削温度的因素

影响切削温度的主要因素有工件和刀具的材料、切削用量以及刀具的几何形状等。

根据试验,车削钢材时切削温度与切削用量的关系为

$$\theta = C_\theta v_c^{0.3} f^{0.14} a_p^{0.08}$$

式中 θ——切削温度;

C_θ——常数。

从上式可以看出,切削用量中,切削速度 v_c 对切削温度的影响最大,背吃刀量 a_p 的影响最小。

工件材料的强度和硬度越高,切削时所消耗的功率越大,产生的热量越多,切削温度就越高。通常所说的切削温度,是指刀具表面上与切屑和工件接触处的平均温度,它是切削热产生和传散综合作用的结果。若工件材料和刀具材料的导热性好、传热快,可降低切削温度。

刀具角度中前角 γ_o 和主偏角 κ_r 对切削温度影响较大。加大前角使切削层金属变形显著减小,产生的切削热少。但如果前角过大,会使刀头的散热体积减小,反而对降低切削温度不利。减小主偏角可使主切削刃工作长度增加,散热条件改善,而使切削温度降低。因此,若工件刚度较好,可采用较小的主偏角。

降低切削温度的另一个有效途径是通过浇注切削液来改善刀具和工件的散热条件。

3. 切削液

切削液的作用,一方面是它吸收并带走大量的热量,起冷却作用;另一方面它能渗入到刀具与工件和切屑的接触表面,形成润滑膜,有效地减小摩擦,起润滑作用,减少切削热产生,并提高已加工表面质量。此外,切削液还应该具有清洗作用,以清洗切削过程中产生的碎屑和磨屑;还应该有防锈作用,以减小工件、机床和刀具受水和空气等的腐蚀。

在金属切削加工中常用的工作液可分为三大类:水溶液、乳化液和切削油。

(1) 水溶液。水溶液的主要成分是水,它的冷却性能好,若配成透明状,便于操作者观察。为防止工件和机床生锈,常加入防锈剂,它的润滑性能差。

(2) 乳化液。乳化液是将乳化油用水稀释而成。乳化油是由矿物油、乳化剂及添加剂配成。乳化液具有良好的冷却性能和清洗性能,并兼有润滑性能和防锈性能,为了提高其冷却性能和防锈性,可再加入一定量的油性、极压添加剂(如脂肪酸、氯化石蜡等)和防锈添加剂(如亚硝酸钠、石油磺酸钠等),配制成极压乳化液或防锈乳化液。

(3) 切削油。切削油的主要成分是矿物油,少数采用动植物油或复合油。主要起润滑作用。纯矿物油不能在摩擦界面上形成坚固的润滑膜,润滑效果一般。因此,常加入油性添加剂、极压添加剂和防锈添加剂,以提高其润滑和防锈性能。

应根据工件材料、刀具材料、加工方法和加工要求的不同,选用不同的切削液,若选择不当,就得不到应有的效果。在用高速钢刀具粗加工时,应选用以冷却作用为主的切削液。用硬质合金刀具粗加工时可以不用切削液,必要时也可以采用低浓度乳化液或水溶液,但必须连续地、充分地浇注。精加工时,应以改善加工表面质量和提高刀具耐用度为主要目的。用高速钢刀具在中、低速精加工时(包括铰削、拉削、螺纹加工和剃齿等),应选用润滑性能好的极压切削油或高浓度的极压乳化液。用硬质合金刀具精加工时,采用的切削液与粗加工时基本相同,但应适当提高其润滑性能。

五、加工硬化与残余应力

切削塑性金属时,工件已加工表面的硬度比加工前往往有明显提高,而塑性却下降,此现象称为加工硬化。这是因为工件金属发生弹性变形和塑性变形的结果。在研究切屑的形成过程时,曾假定刀具刃口是锋利的,但实际上刀具切削刃总有一个很小的圆角(图 7.18),切削层金属以点 O 为分流点,在点 O 以上的金属流向前刀面成为切屑,点 O 以下的金属流向后刀面成为已加工表面,这层金属受到很大的压力并产生很大的弹性变形和塑性变形,这就是第Ⅲ变形区。当刀具从已加工表面刚切过去时,该表面变形层立即出现弹性恢复,其值为

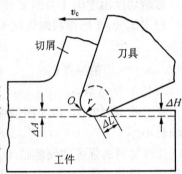

图 7.18 刃前金属的分流点及后刀面接触面

ΔH,于是在已加工表面和刀具后刀面之间出现一个宽度为 ΔL 的接触面。弹性变形越大,弹性恢复量也越大,因而摩擦力 F 也越大。为了减小摩擦力,必须有适当的后角 α_o。

由于弹性变形、塑性变形以及切削力和切削热的作用,导致已加工表面层在一定深度内产生残余拉应力或残余压应力,残余应力往往是与加工硬化同时出现的。残余拉应力会降低工件金属的疲劳强度,因为它在表面层中会引起微裂纹,而微裂纹在腐蚀介质作用下又会迅速扩展。与其相反,残余压应力会提高零件的疲劳强度。残余应力释放不均衡时,会使已加工表面的几何形状发生畸变,进而导致已加工表面相互间的位置精度和尺寸精度下降。在机器零件使用过程中不断出现残余应力释放现象,会降低这些零件的质量和工作可靠性。

因此,对于重要零件的表面,其最后加工所采用的加工方法,应使工件表面层中不会出现残余应力,或使其降到最低限度。例如,采用电化学加工,可使残余应力减小。为了在表面层获得残余压应力,可以采用薄层塑性变形加工。例如,用淬火的钢滚柱或滚珠来滚压工件表面。

六、刀具磨损及刀具耐用度

切屑和前刀面之间的摩擦以及后刀面和工件过渡表面之间的摩擦会使刀具磨损。

1. 刀具磨损的形式及过程

因工件材料和切削用量不同,刀具磨损有三种形式:前刀面磨损;后刀面磨损;前后刀面同时磨损(图 7.19)。

以较高的切削速度和较大的切削层公称厚度($h_D > 0.5$ mm)切削塑性金属时,在前刀面上产生剧烈摩擦磨损,以形成"月牙洼"磨损为主(图7.19(a)),其值以最大深度 KT 表示;在切削脆性金属或以较低的切削速度、较小的切削厚度($h_D < 0.1$ mm)切削塑性金属时,在后刀面上产生磨损(图7.19(b));当以中等切削速度和中等切削层公称厚度($h_D = 0.1 \sim 0.5$ mm)切削塑性金属时,前后刀面上同时产生磨损(图7.19(c))。

在多数情况下后刀面都有磨损,后刀面磨损量 VB 对加工尺寸精度和表面粗糙度影响较大,而且测量方便,所以一般都用后刀面上的磨损值 VB 来表示刀具磨损的程度。

刀具磨损过程可分为三个阶段(图7.20):

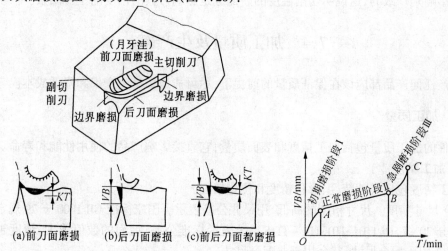

图7.19 刀具磨损的形式   图7.20 刀具磨损过程

(1)初期磨损阶段Ⅰ。由于刀具刃磨后其后刀面上有微观凸峰,与过渡表面的实际接触面积很小,故磨损较快。

(2)正常磨损阶段Ⅱ。由于后刀面上的微观凸峰已被磨平,表面已很光滑,可形成一定的接触面积,使压强减小,故磨损较慢。

(3)急剧磨损阶段Ⅲ。当刀具在正常磨损阶段后期,已逐步磨损变钝,若未及时刃磨,刀具切削状况显著恶化,摩擦加剧,使切削刃急剧变钝,以致丧失切削能力。

2. 刀具耐用度

刀具磨损到一定程度,就应及时刃磨,否则会降低加工精度和表面质量,使切削力和切削功率增加,促使产生振动,甚至使刀刃崩裂或烧毁刀刃。因此必须规定一个最大的允许磨损值,作为刀具的磨钝标准,以 VB 表示。粗车应控制 $VB = 0.4 \sim 1.2$ mm,最大不要超过1.5 mm;精车时应控制 $VB = 0.1 \sim 0.3$ mm 范围内。

在实际生产中不可能停车去测量 VB 值,所以把刀具从刃磨锋利以后,自开始切削到磨钝为止的实际切削工作时间,称为刀具耐用度 T。一把新刀从第一次切削开始,经多次刃磨切削到不能再刃磨使用为止,实际切削工作时间的总和,称为刀具寿命。

硬质合金车刀的耐用度约为60 min,高速钢钻头为 $80 \sim 120$ min,硬质合金镶齿面铣刀为 $120 \sim 180$ min,齿轮刀具为 $200 \sim 300$ min。

精加工时,常以走刀次数或加工零件个数来表示刀具耐用度。

刀具耐用度时间的长短,受工件材料、刀具材料、切削用量及刀具几何角度等的影响。综合考虑切削速度 v_c、进给量 f 和背吃刀量 a_p 对刀具耐用度 T 的影响,在用硬质合金车削 $\sigma_b = 735$ MPa 的碳素结构钢时,它们存在下式的关系

$$T = \frac{C_T}{v_c^5 f^{2.25} a_p^{0.75}} \tag{7.1}$$

由上式可知,切削速度 v_c 对刀具耐用度 T 的影响最大,进给量 f 的影响次之,背吃刀量 a_p 的影响最小。C_T 是与工件材料和刀具材料有关的常数。以上关系与切削用量对切削温度的影响是一致的,这说明切削温度的高低也是影响刀具耐用度的主要因素。

7.4 加工质量及生产率

生产任何产品都应该在保证质量的前提下,尽可能地提高生产率和降低成本。

一、加工质量

零件的加工质量包括加工精度和表面质量,它直接影响产品的使用性能和寿命。

1. 加工精度

加工精度包括尺寸精度、形状精度和位置精度。

(1) 尺寸精度。尺寸精度的高低,用尺寸公差表示。国家标准 GB 1800—79 规定,标准公差分 20 级,即 IT01、IT0、IT1 ~ IT18。IT 表示标准公差,后面的数值越大,精度越低。IT0 ~ IT13 用于配合尺寸,其余用于非配合尺寸。

(2) 形状精度。形状精度是零件表面与理想表面之间在形状上接近的程度。如圆度(○)、圆柱度(⌀)、平面度(▱)、直线度(—)等。

(3) 位置精度。位置精度是表面、轴线或对称平面之间的实际位置与理想位置的接近程度。如两圆柱面间的同轴度(◎)、两平面间的平行度(∥)和垂直度(⊥)等。

通常所说的加工精度,指的是加工经济精度,即指在正常加工条件下(采用符合质量标准的设备、工艺装备和标准技术等级的工人,不延长加工时间)所能保证的加工精度。

2. 表面质量

机械加工表面质量,即已加工表面质量。它包括两方面的内容:已加工表面的表面粗糙度;加工硬化。

表面粗糙度常用轮廓算术平均偏差 Ra 之值来表示,Ra 值越小,表面越光滑,Ra 值越大,表面就越粗糙。零件表面过于粗糙,会使表面间的接触刚度低、耐磨性差、疲劳强度及耐腐蚀性下降,使配合性质改变。Ra 值太小的相对运动零件表面,不易储存润滑油,会加快磨损。加工表面粗糙度 Ra 值的大小,取决于残留面积、积屑瘤以及切削过程中的变形等。

对于重要零件,除规定表面粗糙度 Ra 值外,还对表面层加工硬化的程度和深度,以及残留应力的大小和性质提出要求。

二、生产率及提高生产率的途径

1. 生产率

（1）生产率。切削加工的生产率，是在单位时间内生产合格零件的数量。生产率 R_o 可用下式表示

$$R_o = \frac{1}{T_p}\tag{7.2}$$

式中　T_p——生产一个零件所需的总时间，min。T_p 称为时间定额或工时定额。它是安排生产计划、进行成本核算的依据。如在设计新厂时，它是计算设备数量、布置车间、计算工人数量的依据。

由上式看出，要提高生产率，必须合理地减少工时定额。

（2）工时定额的组成。成批生产时的工时定额组成如下

$$T_p = \frac{T_a + T_s + T_r + T_b + T_e}{N}\ \text{min}$$

① 辅助时间 T_a。为保证切削工作顺利完成，必须进行的辅助动作所消耗的时间。如装卸工件、操作机床、测量和改变切削用量等。

② 工作地点服务时间 T_s。如调整和更换刀具、润滑机床、清理切屑和收拾工具等。

③ 休息与生理需要时间 T_r。

④ 准备与结束时间 T_e。每加工一批零件（如 N 件）之前工人要熟悉工艺文件、领取毛坯、领取和装调工艺装备和调整机床等，加工完毕拆装、归还工装，并送成品等。

⑤ 基本时间 T_b，又称机动时间，即加工时几次进给切削工作时间的总和。车外圆时的基本时间，可用下式计算（图 7.21）

$$T_b = \frac{L}{nf}\frac{h}{a_p} = \frac{L}{\dfrac{1\,000v_cf}{\pi D}}\frac{h}{a_p} = \frac{\pi DLh}{1\,000v_cfa_p}\ \text{min}\tag{7.3}$$

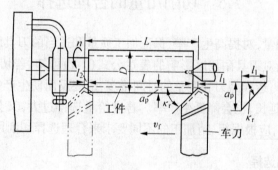

图 7.21　车外圆时，车刀行程长度的确定

式中　L—— 一次走刀车刀进给总长度(mm)；

L——切入长度 l_1 + 工件外圆车削长度 l + 切出长度 l_2，$l_1 = \dfrac{a_p}{\tan \kappa_r}$，$l_2 = 1 \sim 2$ mm；

h——单面(半径方向)加工余量(mm)；

n——工件转速(r/min)，$n = \dfrac{1\,000v_c}{\pi D}$，因 $v_c = \dfrac{\pi Dn}{1\,000}$(m/min)；

v_c——切削速度(m/min)；

f——进给量(mm/r)；

a_p——背吃刀量(mm)；

D——工件车削前的直径(mm)；

nf——每分钟的走刀长度(mm)；

$\dfrac{L}{nf}$——走一次刀所需的时间(mm)；

$\dfrac{h}{a_p}$——车去加工余量 h 所需的走刀次数(假定每次走刀的背吃刀量 a_p 相等)。

2. 提高生产率的途径

由式(7.2)中可知，要提高生产率，必须设法减少工时定额 T_p，也就是要设法减少构成工时定额的各种时间。

(1) 缩减基本时间的措施。由式(7.3)可以看出，提高切削用量三要素($v_c f a_p$)，可以有效地缩减基本时间(T_b)。为此，应选用新型的刀具材料和合理的刀具角度，改进刀具结构，提高刀具刃磨质量，采用优良的切削液，使用功率大、刚度好的机床以及采用先进的工艺方法等。对于台阶轴可采用多刀加工减小进给长度(L)。采用先进的毛坯制造方法减小加工余量(h)，也可以缩减基本时间(T_b)。

(2) 缩减辅助时间的措施。采用先进夹具，如气动或液压夹具、采用自动快速换刀装置、采用自动测量和数字显示装置等，都可缩短辅助时间。

(3) 缩减准备、结束时间的措施。减少工件在机床上的装夹找正时间，采用准备结束时间极少的先进设备。

7.5　切削用量的合理选择

合理选择切削用量，对提高生产率、保证加工质量和适当的刀具耐用度等都具有重要的意义。从切削用量对刀具耐用度影响的表达公式(7.1)可知，若切削速度选得过高，刀具耐用度将急剧下降，造成磨刀和调整的时间增多，最终反而使生产率降低。进给量选得太小，会使加工时间延长，也会降低生产率。若进给量选得过大，又会使加工的表面粗糙度 Ra 值增大。因此，应根据粗、精加工的不同要求来合理选择切削用量。

一、粗加工时的选择

粗加工时要尽可能达到较高的生产率，同时又要保证必要的刀具耐用度。由式(7.3)可知，提高切削速度 v_c、增大背吃刀量 a_p 和进给量 f 都能提高生产率。但由式(7.1)可知，对刀具耐用度影响最大的是切削速度 v_c，其次是进给量 f，背吃刀量 a_p 的影响最小。选择切削用量的思路是，在保证刀具耐用度不变的前提下，使($v_c a_p f$)的乘积尽可能大些。因此，应当优先采用大的背吃刀量 a_p，其次取较大的进给量 f，最后再根据刀具耐用度确定合适的切削速度 v_c。

确定背吃刀量 a_p 时,应尽可能一次进给就把留给粗加工的加工余量一次切除,以减少进给次数。若粗加工余量太大、无法一次切除时,可采用几次进给,通常第一次进给切除粗加工总余量的 80% 左右。一般来说,机床电动机功率大、机床和工件的刚性好时,a_p 可选大些,反之 a_p 应选小一些。

确定进给量 f 时,应考虑机床的有效功率、机床进给机构传动链的强度及工件的表面粗糙度。进给量对进给力 F_f 的影响较大。因此,进给力 F_f 应小于机床说明书上规定的最大允许值。

最后根据刀具耐用度要求,针对不同的刀具材料和工件材料,计算或参考手册选用合适的切削速度 v_c。

粗车中小工件时,一般情况下,切削用量的大致范围如下:

背吃刀量 $a_p \approx 2 \sim 4$ mm,进给量 $f \approx 0.15 \sim 0.4$ mm/r,用硬质合金车刀车削中碳钢(正火或退火)的切削速度 $v_c \approx 1.67$ m/s,这时的刀具耐用度 $T = 60 \sim 90$ min。

二、精加工时的选择

精加工时首先应保证获得要求的加工精度和表面粗糙度,同时也要考虑必要的刀具耐用度和生产率。

为了控制不产生积屑瘤,保证工件获得必要的表面粗糙度。使用硬质合金车刀时,一般多采用较高的切削速度。若使用高速钢刀具,则大多采用较低的切削速度。为了减小切削力所引起工艺系统的弹性变形,减小已加工表面的残留面积和残余应力,以提高工件的加工精度和表面质量,精加工时应采用较小的背吃刀量 a_p 和进给量 f。

一般情况下,精车时切削用量的大致范围如下:

在高速精车时,背吃刀量 a_p 约为 $0.3 \sim 0.5$ mm;低速精车时,背吃刀量 a_p 约为 $0.05 \sim 0.1$ mm。进给量 f 取 $0.05 \sim 0.2$ mm/r。用硬质合金车刀精车中碳钢时,切削速度 v_c 约为 $1.67 \sim 3.33$ m/s;车铸铁时,切削速度 v_c 约为 $1 \sim 1.67$ m/s;用高速钢宽刃精车刀精车中碳钢时,切削速度约 v_c 为 $0.05 \sim 0.083$ m/s。

7.6　超高速加工技术

一、超高速加工技术的概念

超高速加工技术是用比常规高 10 倍左右的切削速度对零件进行切削加工的一项先进制造技术。当切削速度提高 10 倍时,进给速度提高 20 倍,远远超越传统的切削"禁区"后,切削机理发生了根本的变化。结果使单位功率的金属切除率提高了 30% ~ 40%,切削力降低了 30%,刀具寿命提高了 70%,留在工件上的切削热大幅度降低,而切削振动几乎消失,这是集高效、优质、低耗于一体的先进制造技术,是切削加工新的里程碑,它是未来切削加工的方向。

超高速加工技术是指采用超硬材料刀具和磨具,利用高速、高精度、高自动化和高柔性的制造设备,以提高切削速度来达到提高材料切除率、加工精度和加工质量的先进加工技术。其显著标志是使被加工塑性金属材料在切除过程中的剪切滑移速度达到 或超过某一阈值,开始趋向最佳切除条件,使得切除被加工材料所消耗的能量、切削力、工件表面温度、刀具和磨具磨损、加工表面质量等明显优于传统切削速度下的指标,而加工效率则大大高于传统切削速度下的加工效率。

　　该项新技术始于 20 世纪 80 年代初期,美、德、法等国处于领先地垃,英、日、瑞士等国亦追踪而上,到了 80 年代后期,这些国家已形成了新兴的产业,年产值已达数十亿美元,并正在逐年上升。我国从德国引进的一汽大众捷达轿车和上海大众桑塔纳轿车自动生产线中,大量应用了超高速加工技术。

二、超高速加工的切削速度范围

　　由于加工工艺方法不同,加工材料不同,切削速度范围也不同,很难对超高速切削给定一个确切的速度范围。表 7.2 是不同加工工艺方法的大致切削速度范围,表 7.3 是不同加工材料的切削速度大致范围,可以看出不同工艺方法和不同的材料的切削速度有较大的差别。

表 7.2　不同加工工艺方法的切削速度范围

加工工艺方法	切削速度范围/(m·min⁻¹)
车削	700 ~ 7 000
铣削	300 ~ 6 000
钻削	200 ~ 1 100
拉削	30 ~ 75
铰削	20 ~ 500
锯削	50 ~ 500
磨削	5 000 ~ 10 000

表 7.3　各种材料的切削速度范围

加工材料	切削速度范围/(m·min⁻¹)
铝合金	2 000 ~ 7 500
铜合金	900 ~ 5 000
钢	600 ~ 3 000
铸铁	800 ~ 3 000
耐热合金	> 500
钛合金	150 ~ 1 000
纤维增强塑料	2 000 ~ 9 000

三、超高速加工的优越性

超高速切削加工的加工效率高,比常规切削加工的切削速度提高 5～10 倍,零件加工工时可缩减到原来的 1/3 左右;切削力与常规相比至少可降低 30%;热变形小,95% 以上的切削热来不及传给工件,被切屑带走,工件不会由于温升而导致弯翘或膨胀变形;加工精度高,加工质量好,工件已加工表面残余应力小;加工过程稳定;有良好的技术经济效益。

四、超高速加工的几项关键技术

(1) 高速主轴。高速主轴是超高速加工的首要条件,对不同工件材料,目前切削速度可达 5～1 000 m/s,主轴转速可达 100 000 r/min。高速主轴所用的轴承有:滚珠轴承;液体静压轴承;空气静压轴承;磁浮轴承等。

(2) 适应超高速加工的机床结构。

① 进给驱动系统高速化。采用大导程滚珠丝杠传动和增加伺服进给电动机的转速来实现,一般进给速度可达 60 m/min 左右。若采用直线电动机驱动系统,由于它无间隙、惯性小、刚度较大而无磨损,通过控制电路可实现高速度和高精度驱动。

② 运动部件轻量化和伺服进给控制精密化。

(3) 适应超高速加工的刀具。超高速加工时的一个主要问题是刀具的磨损。还必须考虑强度、刚度和精度,以及刀具的平衡状态和安全性。

① 刀具材料。超硬刀具是超高速加工最主要的刀具材料。如涂层刀具、金属陶瓷刀具、陶瓷刀具、聚晶金刚石(PCD)和聚晶立方氮化硼(PCBN)等。

② 刀具角度。为了使刀具有足够的使用寿命和较小的切削力,刀具必须有合理的角度。表 7.4 是超高速加工的前角和后角的推荐值。

表 7.4　工件材料与刀具角度的关系

工件材料	前角/(°)	后角/(°)
铝合金	12～15	13～15
钢材	0～5	12～16
铸铁	0	12
铜合金	0	16
纤维强化复合材料	20	15～20

五、超高速加工的应用

超高速切削加工技术最早在飞机制造业受到重视,如长的铝合金零件、薄层腹板等,直接采用毛坯加工,不采用铆接,以降低飞机质量。飞机上大部分重要零件是整块铝合金铣削而成,既减小接缝,又可提高零件的强度和抗震性。美国、德国、法国、英国的许多飞机及发动机制造厂已采用超高速切削加工来制造航空零部件。

目前,工业发达国家的航空、汽车、动力机械、模具、轴承、机床等行业首先受惠于该项新技术,使上述行业的产品质量明显提高,成本大幅度降低,获得了市场竞争优势。

7.7　工件材料的切削加工性

一、切削加工性的概念

切削加工性是指某种材料进行切削加工的难易程度。切削加工性的概念是相对的，某种材料切削加工性的好坏，是相对于另一种材料而言，一般是以 45 钢为基准。刀具材料的性能与切削加工性的关系最密切，不能脱离刀具材料的性能去孤立地讨论工件的切削加工性。

二、衡量切削加工性的指标

最常用的衡量指标是一定刀具耐用度下的切削速度 v_T 和相对加工性 K_r。如刀具耐用度 $T = 60\ \text{min}$，则 v_T 可写为 v_{60}。一般以切削正火 45 钢的 v_{60} 作为基准，写作 $(v_{60})_j$，而把其他材料的 v_{60} 和它比较，这个比值称为相对加工性 K_r，即

$$K_r = v_{60} / (v_{60})_j$$

常用材料的相对加工性 K_r 分为八级，见表 7.5。凡 $K_r > 1$ 的材料，其加工性比 45 钢好，$K_r < 1$ 的材料，其加工性比 45 钢差。

表 7.5　相对加工性分级

加工性等级	名　称　及　种　类		相对加工性 K_r	代　表　性　材　料
1	较易切削的材料	一般有色金属①	> 3.0	5 – 5 – 5 铜铅合金、9 – 4 铝铜合金、铝镁合金
2	容易切削的材料	易切削钢	2.5 ~ 3.0	15Cr 退火 $\sigma_b = 380 \sim 450\ \text{MPa}$ 自动机钢 $\sigma_b = 400 \sim 500\ \text{MPa}$
3		较易切削钢	1.6 ~ 2.5	30 钢正火 $\sigma_b = 450 \sim 560\ \text{MPa}$
4	普通材料	一般钢及铸铁	1.0 ~ 1.6	45 钢、灰铸铁
5		稍难切削的材料	0.65 ~ 1.0	2Cr13 调质 $\sigma_b = 850\ \text{MPa}$ 85 钢 $\sigma_b = 900\ \text{MPa}$
6	难切削的材料	较难切削的材料	0.5 ~ 0.65	45Cr 调质 $\sigma_b = 1\ 050\ \text{MPa}$ 65Mn 调质 $\sigma_b = 950 \sim 1\ 000\ \text{MPa}$
7		难切削的材料	0.15 ~ 0.5	50CrV 调质、1Cr18Ni9Ti、某些钛合金
8		很难切削的材料	< 0.15	某些钛合金、铸造镍基高温合金

此外，有时还用切削力、切削温度、加工表面质量以及切屑控制或断屑的难易程度来衡量切削加工性。

---

①　在元素周期表中，除铁等少数金属外，其余绝大多数金属为有色金属。常用的有色金属有铝、铜、锌、镍、锡、钛。

三、改善切削加工性的途径

1. 采用热处理来改善切削加工性

如高碳钢和工具钢的硬度偏高,且有较多的网状、片状的渗碳体组织,较难加工。但经过球化退火,可以降低它的硬度,并得到球状的渗碳体,改善切削加工性。热轧中碳钢,组织不均匀,有时表面有硬皮。但经过正火可使其组织与硬度均匀,改善切削加工性。有时中碳钢也可在退火后加工。低碳钢的塑性太大,经过正火适当降低塑性,提高硬度,可提高精加工的表面质量。马氏体不锈钢通常要进行调质处理,降低塑性,使其变得较易加工。铸铁工件,一般在切削加工前要进行退火,以降低表层硬度,消除内应力,以改善其切削加工性。

2. 通过调整材料的化学成分来改善其切削加工性

在钢中适当加入硫、铅等元素,叫"易切钢",可提高刀具耐用度,减小切削力,使断屑容易,而且使加工表面质量好。

7.8 几个名词术语及六点定位原理

一、几个名词术语

1. 加工余量

为了加工出合格的零件,必须从加工工件上切去的那层金属,称为加工余量。一般对于回转表面系指双面(直径)余量,若是单面余量是指半径方向的加工余量,对于平面系指单面余量。毛坯尺寸与零件图的设计尺寸之差,称为加工总余量(毛坯余量)。相邻两工序尺寸之差,称为工序余量。留出加工余量的目的,是为了切除上一工序所留下来的加工误差和表面缺陷(如铸件表面的硬质层、夹砂层、气孔,锻件及热处理件表面的氧化皮、脱碳层、表面裂纹,切削加工后还粗糙的表面层和残余应力层等),以进一步提高加工精度和减小 Ra 值。加工余量的大小,在单件小批生产中,往往由技术人员根据经验估计(估计法),也可查阅工艺手册中的有关表格确定(查表法);在大批大量生产中,用计算法更精确。

2. 工序

一个零件的机械加工工艺过程,由若干工序组成。工序是指一个(或一组)工人、在一台机床(或工作地点)上、对一个(或几个)工件进行连续加工所完成的那一部分工作。

3. 定位、夹紧、装夹和安装

定位是确定工件在机床上或夹具中具有正确位置的过程。

夹紧是工件定位后将其固定,使其在加工过程中保持定位位置不变的操作。

装夹是将工件在机床上或夹具中定位及夹紧的过程。

安装是工件(或装配单元)经一次装夹后所完成的那一部分工序。

4. 夹具

夹具是用以装夹工件(和引导刀具)的装置。

5. 基准、设计基准和定位基准

基准就是依据,在零件图样上依据一些点、线、面来确定另一些点、线、面的位置,这些作为依据的点、线、面,称为基准。设计图样上所采用的基准,称为设计基准。在加工中用作定位的基准,称为定位基准。

二、工件的六点定位原理

不受任何约束的物体,在三维坐标系中均有六个自由度,即沿三个坐标轴的移动(用 $\vec{x}$、$\vec{y}$、$\vec{z}$ 表示)和绕三个坐标轴的转动(用 $\hat{x}$、$\hat{y}$、$\hat{z}$ 表示)。因此,要使工件在机床或夹具中占有确定的位置,必须限制这六个自由度。如图 7.22 所示,用六个定位(支承)点来限制工件的六个自由度,称为工件的六点定位原理。在 xOy 平面上有三个定位点限制了 $\hat{x}$、$\hat{y}$、$\vec{z}$ 三个自由度(定位符号为—◇—3);在 xOz 平面上有两个定位点限制了 $\vec{y}$、$\hat{z}$ 两个自由度(定位符号为 ∨ 2);位于 yOz 平面上的一个定位点限制了 $\vec{x}$ 一个自由度(定位符号为 ∨)。

如图 7.23 所示,铣不通到头的槽,为了使加工完上一个工件后,在每次更换工件装夹时,都能保证 H、L、B、W 几个加工尺寸,就必须限制六个自由度,这称为完全定位。

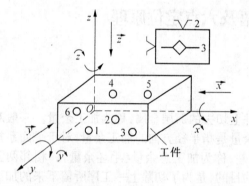

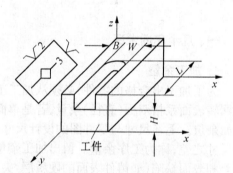

图 7.22　六点定位原理(图右上方是定位符号示意图)

图 7.23　完全定位(图左边是定位符号示意图)

当能保证工件加工尺寸,并不需要完全限制六个自由度时,称为不完全定位。如前例中该槽是一直通到头时(图 7.24(a)),$\vec{y}$ 自由度就可不限制。又如图 7.24(b)磨平面,为保证一个加工尺寸 H,仅需限制 $\hat{x}$、$\hat{y}$、$\vec{z}$ 三个自由度。

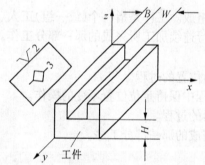

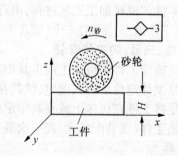

(a)铣直通槽（图左边是定位符号示意图）　　　　(b)磨平面（图右上方是定位符号示意图）

图 7.24　不完全定位

有时为了增加工件加工时的刚性,可能在同一个自由度方向上,有两个或更多的定位支承点,如图7.25所示,用前、后顶尖及三爪自定心卡盘(仅用较短的一小段卡爪)定位,前后顶尖限制了$\vec{x}$、$\vec{y}$、$\vec{z}$、$\hat{y}$、$\hat{z}$五个自由度,而三爪自定心卡盘又限制了$\hat{y}$、$\hat{z}$两个自由度,这样在$\hat{y}$、$\hat{z}$两个自由度的方向上,定位点均多于一个,这称为超定位或过定位。这样当三爪自定心卡盘夹紧工件时,会使顶尖变形,使工件前中心孔的中心偏离主轴旋转中心而产生定位误差。但这样装夹提高了工件的装夹刚度,故在粗加工时,常采用。

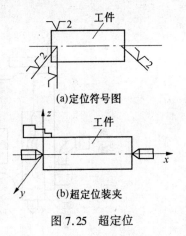

(a)定位符号图

(b)超定位装夹

图7.25 超定位

7.9 C6136型卧式车床传动系统分析

C6136型卧式车床含主运动和进给运动两个传动系统,如图7.26所示。

一、主运动传动系统

主运动传动系统是指由电动机至车床主轴的传动。

1. 主运动传动路线表达式

$$4.5\ \text{kW}\ \text{电动机} \atop 1\ 440\ \text{r/min} \quad —\frac{\phi100}{\phi180}—\text{I}— \begin{cases} \text{M}_1\ \text{压向左} \begin{cases} \dfrac{32}{59} & (0.542) \\ & (\text{正转}) \\ \dfrac{55}{36} & (1.528) \end{cases} \\ \\ \text{M}_1\ \text{压向右}\dfrac{39}{22}\cdot\dfrac{22}{26}(\text{反转}) \end{cases} —\text{II}— \begin{cases} \dfrac{33}{58} & (0.569) \\ \dfrac{40}{51} & (0.784) \\ & —\text{III}— \\ \dfrac{26}{65} & (0.4) \end{cases} \begin{cases} \dfrac{60}{35} & (1.714) \\ \dfrac{17}{78} & (0.218) \end{cases} —\text{IV}(\text{主轴})$$

（皮带减速） （主轴变向） （主轴变速）

上面的主运动传动路线表达式清楚明确地表达了由电动机至主轴的具体传动关系。

2. 主运动传动重点分析

(1) 双向片式摩擦离合器M_1。当M_1压向左侧时,轴I的旋转运动经M_1传给空套在轴I上的55和32齿的齿轮。当M_1压向右侧时,轴I的旋转运动经M_1传给空套在轴I上的39齿的齿轮,经轴V上的22齿的齿轮再传给固定在轴II上的26齿的齿轮,往后传到主轴后带动主轴反转。当M_1处于中间位置时,电动机虽带动轴I转动,因M_1上左右侧的摩擦片均未被压紧,所以主轴停止转动。

(2) 滑动齿轮的变速作用。轴I有一种转速,正转时59和36齿的滑动齿轮滑移至左边(32/59)或右边(55/36)位置,可使轴II改变两种转速。当轴II有一种转速时,轴II上的三联滑动齿轮滑移至左边(33/58)、中间(40/51)或右边(26/65)位置,可使轴III改变三种转速。当轴III有一种转速时,轴III上的双联滑动齿轮滑移至左边(60/35)或右边(17/78)位置,可使轴IV(主轴)改变两种转速,因此主轴正转时,共计可以获得12种转速,而主轴反转时只能获得6种转速。

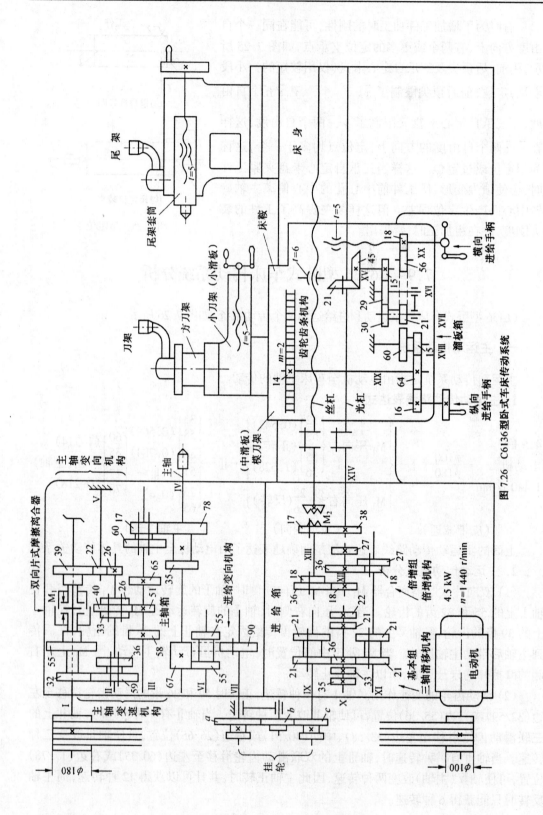

图 7.26 C6136型卧式车床传动系统

3. 主轴转速计算

当三组滑动齿轮都处于图中所示位置时,主轴正转转速计算为

$$1\,440 \times \frac{100}{180} \times 0.98 \times \frac{32}{59} \times \frac{40}{51} \times \frac{17}{78} = 72.69 \text{ r/min}$$

二、进给运动传动系统

进给运动传动系统是指从主轴到刀架的传动,改变挂轮及进给箱中的滑动齿轮,可以车削米制、英制和模数螺纹。

1. 进给运动传动路线表达式

$$主轴 \text{IV} - \begin{Bmatrix} \dfrac{67}{90} \\ \dfrac{67}{55} \cdot \dfrac{55}{90} \end{Bmatrix} \begin{matrix} (0.744) \\ (0.744) \end{matrix} - \text{VII} - \dfrac{a}{b} \cdot \dfrac{b}{c} - \text{IX} \begin{Bmatrix} \dfrac{21}{35}\,(0.6) \\ \dfrac{21}{33}\,(0.636) \\ (0.583) \\ \dfrac{21}{36} \\ \dfrac{21}{21} \\ \dfrac{21}{22}\,(0.955) \end{Bmatrix} - \text{X} - \begin{Bmatrix} \dfrac{35}{21}\,(1.667) \\ \dfrac{33}{21}\,(1.571) \\ (1.714) \\ \dfrac{36}{21} \\ \dfrac{21}{21} \\ \dfrac{22}{21}\,(1.048) \end{Bmatrix} - \text{XI} -$$

（进给变向机构） （挂轮） （三轴滑移变速机构）

$$- \begin{Bmatrix} \dfrac{18}{36} \\ \dfrac{27}{27} \end{Bmatrix} \begin{matrix} (0.5) \end{matrix} - \text{XII} - \begin{Bmatrix} \dfrac{18}{36} \\ \dfrac{36}{18} \end{Bmatrix} \begin{matrix} \\ (2) \end{matrix} - \text{XIII} - \begin{bmatrix} \text{M}_2 \text{右移—丝杠}(t = 6 \text{ mm}) \\ \dfrac{17}{38} - \text{XIV} - \dfrac{21}{45} - \text{XV} - \dfrac{15}{29} - \text{XVI} - \dfrac{29}{30} - \text{XVII} - \end{bmatrix}$$

（倍增机构）

$$- \begin{bmatrix} \dfrac{21\ 齿齿轮}{往右摆} - \dfrac{21}{56} - \text{XX} - \dfrac{56}{18} - \dfrac{横向进}{给丝杠}(t = 5 \text{ mm}) \\ \dfrac{21\ 齿齿轮}{往左摆} - \dfrac{21}{60} - \text{XVIII} - \dfrac{15}{64} - \text{XIX} - \dfrac{纵向进给}{齿轮齿条} \\ m = 2, z = 14 \end{bmatrix}$$

2. 进给运动传动重点分析

（1）进给变向。轴 VII 上 90 齿的齿轮在图示位置与主轴 IV 上 67 齿的齿轮啮合时,刀架向主轴方向进给,当轴 VII 上 90 齿的齿轮右移并与轴 VI 上 55 齿的齿轮啮合时,则刀架向尾座方向进给。

（2）挂轮。挂轮又称交换齿轮,更换不同齿轮的挂轮 a 和 c 便可车削各种标准的米制、模数、英制、径节螺纹及进行正常的进给。车米制螺纹及正常进给时,$a = 45$,$c = 67$,车模数螺纹时,$a = 96$,$c = 91$。

（3）三轴滑移变速机构。为了用尽可能少的齿轮,获得尽可能多的变速种数,在进给箱中采用了三轴滑移变速机构,该变速机构有三根平行轴 IX、X、XI,轴 IX 为主动轴,轴 XI 为被动轴,在轴 X 上固定着 5 个齿轮,轴 IX 上两个 21 齿的双联滑移齿轮的模数、齿数及形

状与轴Ⅺ上的两个 21 齿的双联滑移齿轮相同。轴Ⅹ左端 35、33、36 齿齿轮的模数与两个双联滑移齿轮左端这两个 21 齿的齿轮相同(模数均为 2),轴Ⅹ上右端 21、22 齿的齿轮的模数与两个双联滑移齿轮右端这两个 21 齿的齿轮相同(模数均为 2.5)。当轴Ⅸ有一种转速时,轴Ⅺ可以改变 25 种转速,变速时各对齿轮的啮合情况可从传动路线表达式中清楚地看出。采用三轴滑移变速机构作为基本组,使进给箱体积减小,传动链缩短,有利于提高传动精度。

(4) 倍增机构。基本组满足不了螺距数列的要求,所以在轴Ⅺ和轴ⅩⅢ之间用两对双联滑移齿轮组成倍增机构,将基本组(三轴滑移变速机构)变换所车螺纹的螺距范围扩大。倍增组的传动比为 1/4、1/2、1、2 四种。

(5) 齿轮齿条机构。刀架的纵向进给运动,是由轴ⅩⅨ上的模数为 $m = 2$、齿数为 $z = 14$ 的小齿轮在固定于床身上的齿条上滚动来实现的。此小齿轮每转一转时,带动刀架在纵向移动的距离为 $L = \pi m z = \pi \times 2 \times 14 = 87.96$ mm。

3. 进给量的计算

下面列出各齿轮在图 7.26 中所示位置时的进给量 f 值的计算式($a = 45, c = 67, b = 100$)

$$f = \frac{67}{90} \times \frac{45}{100} \times \frac{100}{67} \times \frac{21}{36} \times \frac{36}{21} \times \frac{18}{36} \times \frac{18}{36} \times \frac{17}{38} \times \frac{21}{45} \times \frac{15}{29} \times \frac{29}{30} \times$$

$$\frac{21}{60} \times \frac{15}{64} \times \pi \times 2 \times 14 = 0.094 \text{ mm/r}$$

下面列出各齿轮在图 7.26 所示位置时,所车出单线米制螺纹螺距的计算式

$$P_{\text{工}} = \frac{67}{90} \times \frac{45}{100} \times \frac{100}{67} \times \frac{21}{36} \times \frac{36}{21} \times \frac{18}{36} \times \frac{18}{36} \times 6 = 0.75 \text{ mm}$$

第八章　外圆、内孔、平面加工

8.1　外圆表面加工

外圆表面是轴类、盘套类零件的主要表面或辅助表面,常用的加工方法有车削和磨削,若加工精度要求更高和表面粗糙度 R_a 值要求更小时,则可采用精密加工方法。

一、外圆车削

1. 工件的装夹特点

在车床上车外圆可采用三爪自定心卡盘、四爪单动卡盘、顶尖、心轴、中心架、跟刀架、花盘和弯板等装夹。

轴类零件的外圆表面之间常有同轴度要求,端面与轴线有垂直度要求,如果用三爪自定心卡盘一次装夹不能同时精加工有位置精度要求的各表面,可采用顶尖装夹。在前、后顶尖上装夹轴类零件(图 8.1)时,两端是用中心孔的锥面作定位基准面,定位精度较高,经过多次调头装夹,工件的旋转轴线不变,仍是两端 60°锥孔中心的连线。因此,可保证在多次调头装夹中所加工的各个外圆表面获得较高的位置精度。

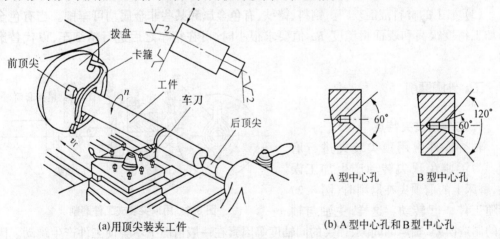

(a)用顶尖装夹工件　　　　　　　　(b) A 型中心孔和 B 型中心孔

图 8.1　用顶尖装夹工件车外圆

当盘套类零件的外圆表面与孔的轴线有同轴度要求、端面与孔的轴线有垂直度要求时,如果用三爪自定心卡盘在一次装夹中不能同时精加工有位置精度要求的各表面,可采用心轴装夹。

2. 外圆车削方法

车刀的几何角度、刃磨质量以及采用的切削用量不同,车削的精度和表面粗糙度 Ra

值也就不同,外圆车削可分为粗车、半精车和精车。

粗车的主要目的是切除工件上的大部分加工余量,对工件的加工精度和表面质量要求不高。为了提高生产率,一般采用大的背吃刀量 a_p、较大的进给量 f 以及中等或较低的切削速度 v_c。车刀应选取较小的前角 γ_o、后角 α_o 和负的刃倾角 λ_s,以增强切削部分的强度($\gamma_o = 0° \sim 10°$, $\alpha_o = 6° \sim 8°$, $\lambda_s = -3° \sim -5°$)。粗车尺寸公差等级为 IT13 ~ IT11,表面粗糙度 Ra 值为 25 ~ 12.5 μm。

半精车在粗车之后进行,可进一步提高工件的精度和减小表面粗糙度 Ra 值,常作为高精度外圆表面在磨削或精车前的预加工,它可作为中等精度外圆表面的终加工。半精车尺寸公差等级为 IT10 ~ IT9,表面粗糙度 Ra 值为 6.3 ~ 3.2 μm。

精车在半精车之后进行,可作为精度较高外圆表面的终加工,也可作为精密加工前的预加工。采用很小的背吃刀量 a_p 和进给量 f,低速或高速车削。低速精车一般采用高速钢车刀,高速精车采用硬质合金车刀。车刀应选取较大的前角 γ_o、后角 α_o 和正的刃倾角 λ_s($\gamma_o = 12° \sim 15°$, $\alpha_o = 8° \sim 12°$, $\lambda_s = +3° \sim +5°$),刀尖要磨出圆弧过渡刃,前刀面和主后面需用油石磨光,使表面粗糙度 Ra 值达 0.1 μm 左右,可有效地减小工件的表面粗糙度 Ra 值。精车尺寸公差等级为 IT8 ~ IT6,表面粗糙度 Ra 值为 1.6 ~ 0.8 μm。

3. 外圆车削的工艺特点

(1) 生产率较高。由于外圆车刀结构简单、刚性好,制造、刃磨、安装方便,且车削过程是连续的,比较平稳,故可进行高速切削或强力切削。

(2) 应用广泛。不仅轴和盘套类零件上的外圆可进行车削,而且其他能在车床上装夹的零件,其外圆也可进行车削。

(3) 加工的材料范围较广。钢料、铸铁、有色金属和某些非金属均可车削。当有色金属加工精度很高和表面粗糙度 Ra 值要求很小时,可在精车之后进行精细车,以代替磨削。

二、外圆磨削

1. 工件的装夹特点

轴类零件常用顶尖装夹进行磨削。为了避免顶尖转动产生加工误差,磨床上的前顶尖在磨削时(图 8.2)不随工件一起转动。这样,主轴与轴

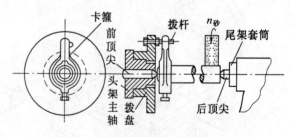

图 8.2　用顶尖装夹工件磨削

承的制造误差、轴承的间隙、顶尖的同轴度等因素在一般情况下不会使工件产生跳动。因此,可减小工件外圆表面的圆度误差和各段外圆表面的同轴度误差,可以提高加工精度,这时靠拨盘上的拨杆拨动卡箍带动工件旋转。磨削时工件以两端中心孔的锥面为定位基准面,中心孔在粗加工中可能已有较大磨损及变形,此外,经过热处理的工件,中心孔常发生变形,表层可能有氧化皮,所以在磨削之前,应对中心孔进行修整,以提高其几何形状精度和减小表面粗糙度 Ra 值。

当精加工盘套类零件时,若其外圆与内孔的同轴度和端面与内孔的垂直度要求很高,

利用三爪自定心卡盘在一次装夹中无法保证全部加工表面的位置精度,可利用已加工过的孔,把工件装在心轴上,再把心轴装夹在前、后顶尖之间来加工。

心轴可分为锥度心轴、圆柱心轴和可胀心轴等。

(1) 锥度心轴。锥度心轴如图 8.3 所示,心轴的锥度一般为 $1:2\,000 \sim 1:5\,000$。心轴压入工件内孔后,靠摩擦力紧固。这种心轴的特点是制造简单、工件的加工精度高、装卸方便。缺点是承受的切削力小,不宜加工直径较大的外圆。锥度心轴定位,限制五个自由度。

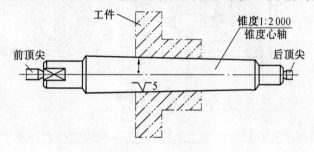

图 8.3　锥度心轴

(2) 圆柱心轴。圆柱心轴如图 8.4 所示,它的圆柱部分与工件内孔的配合有很小的间隙,工件靠螺母来压紧。圆柱心轴的优点是夹紧力大,可一次装夹多个盘形工件。缺点是对工件两个端面与内孔的垂直度要求比较高,这种心轴的定心精度比锥度心轴差。

(3) 可胀心轴。可胀心轴如图 8.5 所示,是用一个外表面为圆柱形、内表面为锥形,并开有若干条槽的胀套,套在一个锥形心轴上组成的。当拧紧螺母,使垫圈压紧

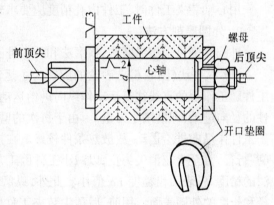

图 8.4　圆柱心轴

套在锥形心轴上的胀套张开,可胀心轴便可以从内向外夹紧工件。若拧松螺母,再转动环形螺母,便可卸下工件,可胀心轴是靠胀套的弹性变形产生向外的胀力来紧固工件,它的特点是既定心又夹紧,夹紧力比锥度心轴大,但定位精度比锥度心轴低。

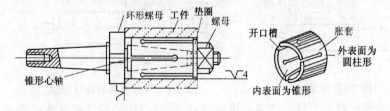

图 8.5　可胀心轴

(4) 液塑心轴。液塑心轴是一种高精度的定心心轴。如图 8.6 所示。在心轴体上有环形槽,径向钻一通孔,轴向装有夹紧螺钉,外圆以过渡配合装一薄壁胀套,其间灌有液性塑料。工件基准孔套入心轴后,拧动夹紧螺钉,使液性塑料在密闭环形槽中受压,从而把

薄壁套挤胀变形胀紧工件。它的定心精度高,一般可保证被加工面与定位基准面间的同轴度在 0.01 mm 以内,最高可达 0.003 ~ 0.005 mm。故适用于精车或磨削高精度成批工件。操作简便省力,可以长期使用。

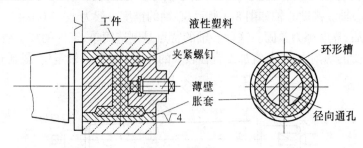

图 8.6　液塑心轴

对工件的定位基准孔有较高的加工精度要求,一般当定位直径小于 $\phi40$,可采用 H7/g6 配合,大于 $\phi40$ 时,可采用 H8/f8 配合。

用心轴装夹工件时,工件内孔精度应要求较高,一般为 IT7 ~ IT6。

2. 外圆磨削方法

外圆磨削可采用纵磨法、横磨法和无心外圆磨。

(1) 纵磨法(图 8.6)。砂轮的旋转为主运动($n_{砂}$),工件旋转($n_{工}$)为圆周进给运动,工件随工作台的直线往复运动作纵向进给运动,每单行程或往复行程终了时,砂轮作周期性的径向进给(即磨削吃刀量)。由于每次的磨削吃刀量小,因而磨削力小,磨削热少;由于工件作纵向进给运动,故散热条件较好。在接近最后尺寸时可作几次无径向进给的"光磨"行程,直至火花消失为止,以减小工件因工艺系统弹性变形所引起的误差。因此,纵磨法的精度高,表面粗糙度 Ra 值小。此外,纵磨法的适应性好,一个砂轮可以磨削不同直径和长度的外圆表面。用前、后顶尖装夹工件磨削轴、套和轴肩端面(图 8.7),还可保证端面和外圆表面间的垂直度。但纵磨法生产率低,因而广泛适用于单件小批生产及精磨,特别适用于细长轴的磨削。

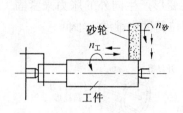

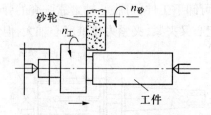

图 8.6　纵磨法　　　　　图 8.7　纵磨法磨削轴肩端面

(2) 横磨法(图 8.8)。工件不作纵向进给运动,砂轮以缓慢的速度连续或断续地向工件作径向进给运动,直至磨去全部余量为止。横磨法的生产率高,但工件与砂轮的接触面积大,发热量大,散热条件差,工件容易产生热变形和烧伤现象,且因径向力大,工件易产生弯曲变形。由于无纵向进给运动,砂轮的修整精度直接影响工件的尺寸精度和形状精度,因此,有时在横磨的最后阶段作微量的纵向进给。横磨法一般用于大批大量生产中磨削直径大、长度较短、刚性较好的外圆以及两端都有台阶的轴颈(图 8.9)。若将砂轮修整成为成形砂轮,可利用横磨法磨削成形面。

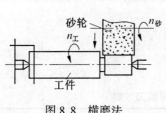

图 8.8　横磨法

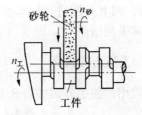

图 8.9　横磨法磨削曲轴轴颈

(3) 无心外圆磨(图 8.10)。工件放在砂轮与导轮之间,下方由一托板托住工件。砂轮起切削作用,导轮是磨粒极细并用橡胶结合剂制造的砂轮,无切削能力,用来带动工件运动(转动和轴向移动),其轴线与砂轮轴线倾斜 α 角。导轮速度 $v_{导}$ 可分解成 $v_{工}$ 与 $v_{通}$,

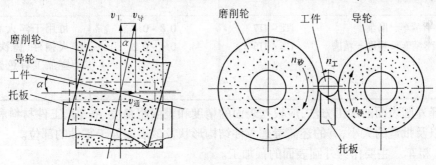

图 8.10　无心外圆磨示意图

$v_{工}$ 用以带动工件旋转,即工件的圆周进给速度, $v_{通}$ 用以带动工件作轴向移动,即工件的轴向进给速度。为使工件与导轮有足够的摩擦力矩,导轮与工件应呈直线接触,因此,导轮周面的母线为双曲线。无心外圆磨生产率很高,适用于大批大量生产,主要用于磨削细长光轴及小套等零件的外圆,但若轴上有较长的轴向沟槽,则容易产生较大的圆度误差。

对于带台肩而又较短的销轴外圆面,可采用图 8.11 所示的磨削方法,工件不作轴向进给运动,依靠导轮径向进给控制所需的尺寸。

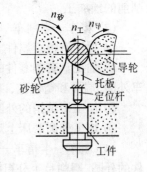

图 8.11　无心磨床横磨法

3. 外圆磨削的工艺特点

(1) 容易获得较高的精度和较小的表面粗糙度 Ra 值。磨床精度高,磨削时砂轮上的磨粒对工件进行细微切削,并伴以摩擦抛光作用,使磨痕极为细浅,同时可采用“光磨”行程,减小工件因工艺系统的弹性变形而引起的加工误差。

(2) 磨削的材料范围较广。砂轮磨粒的硬度大,不仅可磨削铸铁件、未淬火钢件,而且还可磨削淬火钢件及高硬度的难加工材料。但磨削有色金属时,磨屑易堵塞砂轮表面,一般采用精车和精细车代替磨削。

(3) 磨削温度高,工件表面易产生烧伤现象。磨削时要合理选择砂轮和磨削用量,并充分地浇注切削液。

(4) 外圆磨床主要用来磨削中小型轴类和盘套类零件的外圆,而车床可利用多种附件装夹各类零件,对其外圆进行精车。由于受磨床工作台及其行程长度的限制,大型和重型轴的外圆亦常采用精车。

三、外圆加工方法的选择

外圆表面常用的加工方案如表 8.1 所示。

表 8.1　外圆表面加工方案

加 工 方 案	尺寸公差等级	表面粗糙度 $Ra/\mu m$	适 用 范 围
粗车 粗车—半精车 粗车—半精车—精车	IT13 ~ IT11 IT10 ~ IT9 IT8 ~ IT6	25 ~ 12.5 6.3 ~ 3.2 1.6 ~ 0.8	除淬火钢件外的各种金属和部分非金属材料的工件
粗车—半精车—磨削 粗车—半精车—粗磨—精磨	IT8 ~ IT7 IT6 ~ IT5	0.8 ~ 0.4 0.4 ~ 0.2	可用于淬火和不淬火钢件、铸铁件,不宜加工有色金属件

选择外圆表面的加工方法,应根据表面的精度和表面粗糙度 Ra 值、工件材料和热处理要求以及批量的大小,有的还需考虑零件结构形状及该表面处于零件的部位。

(1) 粗车。主要作为外圆表面的预加工。

(2) 粗车—半精车。用于各类零件上不重要的配合表面或非配合表面,也可作为磨削前的预加工。

(3) 粗车—半精车—精车。主要用于以下情况:

① 加工有色金属件。

② 加工盘套类零件的外圆。单件小批生产盘套类零件,往往在车床上一次装夹中精车外圆、端面和精镗孔,以保证它们之间的位置精度。

③ 加工短轴销的外圆。

④ 加工外圆磨床上难以装夹和磨削零件的外圆。

(4) 粗车—半精车—磨削。主要用于加工精度较高以及需要淬火的轴类和盘套类零件的外圆,磨削是否分粗磨和精磨,则取决于精度和表面粗糙度的要求。

8.2　内圆表面加工

内圆表面(即孔)是盘套、支架和箱体等类零件的重要表面之一。孔的加工方法很多,常用的加工方法有钻孔、扩孔、铰孔、镗孔、拉孔、磨孔以及精密加工的研磨孔和珩磨孔等。

一、钻孔

钻孔是用钻头在实体材料上加工孔。钻孔属粗加工,可达到的尺寸公差等级为IT13 ~ IT11,表面粗糙度 Ra 值为 25 ~ 12.5 μm。

1. 麻花钻

钻孔常用的刀具是麻花钻,如图 8.12 所示,麻花钻的工作部分包括切削部分和导向部分。两个对称的螺旋槽用来形成切削刃和前角,并起着排屑和输送切削液的作用。沿螺旋槽边缘的两条棱边用以减小钻头与孔壁的摩擦面积。用麻花钻孔时,吃刀量 $a_p = 0.5D$(图 8.15(b))。切削部分有两个前刀面、两个主后刀面,两个副后刀面(棱边)两个主切削刃、两个副切削刃、两个刀尖和一个横刃,如图 8.13 所示。麻花钻横刃处有很大的负前角 $-\gamma_{o\psi}$,主切削刃上各点的前角、后角是变化的,钻心处前角 γ_o 接近 0°,甚至是负值,对切削加工十分不利。

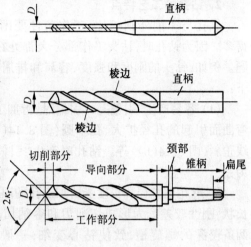

图 8.12　麻花钻

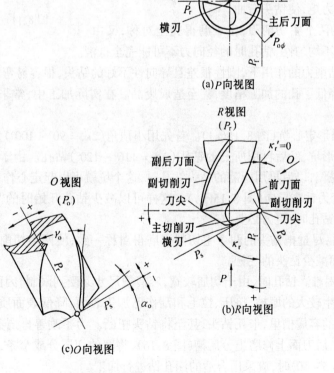

(a)P 向视图

(b)R 向视图

(c)O 向视图

图 8.13　麻花钻的切削刃和角度(参照 GB/T 12204—90)

2. 钻孔的工艺特点

钻孔与车削外圆相比,工作条件要困难得多。因为钻孔时,钻头工作部分大都处在已加工表面的包围中,因而引起一些特殊问题。例如,钻头的刚度和强度、容屑和排屑、导向和冷却润滑等。因此,其特点可概括如下:

(1) 容易产生"引偏"。"引偏"是指加工时由于钻头弯曲而引起的孔径扩大、孔不圆(图 8.14(a))或孔的轴线歪斜(图 8.14(b))等。钻孔时产生"引偏",主要是因为:

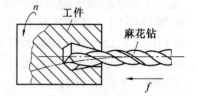

(a)在车床上钻孔使孔径扩大

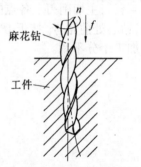

(b)在钻床上钻孔使孔轴线歪斜

图 8.14　钻孔"引偏"

① 麻花钻直径和长度受所加工孔的限制,一般呈细长状,刚性较差。为形成切削刃和容纳切屑,必须作出两条较深的螺旋槽,致使钻心变细,一般钻心直径 = $0.15D$(钻头直径),进一步削弱了钻头的刚性。

② 为减少导向部分与已加工孔壁的摩擦,钻头仅有两条很窄的棱边与孔壁接触,接触刚度和导向作用也很差。

③ 钻头横刃处的前角 $-r_{o\psi}$ 具有很大的负值($-54°$ ~ $-60°$),切削条件极差,实际上不是在切削,而是挤刮金属,加上由钻头横刃产生的轴向力很大,稍有偏斜,将产生较大的附加力矩,使钻头弯曲。

④ 钻头的两个主切削刃,很难磨得完全对称,又由于工件材料的不均匀性,钻孔时的径向力不可能完全抵消。

因此,在钻削力的作用下,刚性很差且导向性不好的钻头,很容易弯曲,致使钻出的孔产生"引偏",降低了孔的加工精度,甚至造成废品。在实际加工中,常采用如下措施来减少引偏:

① 预钻锥形定心坑(图 8.15(a))。首先用小顶角($2\kappa_r = 90°$ ~ $100°$)大直径短麻花钻,预先钻一个锥形坑,然后再用所需的钻头($2\kappa_r = 116°$ ~ $120°$)钻孔。由于预钻时钻头刚性好,锥形坑不易偏,以后再用所需的钻头钻孔时,这个坑就可以起定心作用。

② 用钻套为钻头导向(图 8.15(b))。这样可以减少钻孔开始时的"引偏",特别是在斜面或曲面上钻孔时,更为必要。

③ 刃磨时,尽量把钻头的两个主切削刃磨得对称一致,使两主切削刃的径向切削力互相抵消,从而减少钻头的"引偏"。

(2) 排屑困难。钻孔时,由于切屑较宽,容屑槽尺寸又受到限制,因而在排屑过程中,往往与孔壁发生较大的摩擦,挤压、拉毛和刮伤已加工表面,降低表面质量。有时切屑可能阻塞在钻头的容屑槽里,卡死钻头,甚至将钻头扭断。为了改善排屑条件,钻钢料工件时,在钻头的主后刀面上修磨出分屑槽(图 8.16),将宽的切屑分成窄条,以利于排屑。当钻深孔($L/D > 5$ ~ 10)时,应采用合适的深孔钻进行加工。

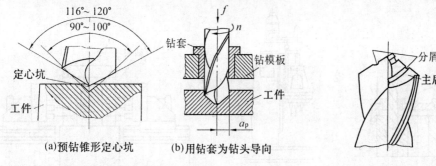

(a)预钻锥形定心坑　　　(b)用钻套为钻头导向

图 8.15　减少引偏的措施

图 8.16　分屑槽

（3）切削热不易传散。由于钻削是一种半封闭式的切削，钻削时所产生的热量，虽然也由切屑、工件、刀具和周围介质传出，但它们之间的比例却和车削大不相同。如用标准麻花钻，不加切削液钻钢料时，工件吸收的热量约占 52.5%，钻头约占 14.5%，切屑约占28%，而介质仅占 5%左右。

钻削时，大量高温切屑不能及时排出，切削液难以注入到切削区，切屑、刀具与工件之间的摩擦很大。因此，切削温度较高，致使刀具磨损加剧，这就限制了钻削用量和生产率的提高。

3. 群钻简介

为了改善麻花钻的切削性能，目前已广泛应用群钻（图8.17）。群钻对麻花钻作了三方面的改进：

（1）在麻花钻主切削刃上磨出凹形圆弧刃，从而加大钻心附近的前角，使切削较为轻快；圆弧刃在孔底切出凸起的圆环，可稳定钻头方向，改善定心性能。

（2）将横刃磨短到原有长度的 1/5 ~ 1/7，并加大横刃前角，减小横刃的不利影响。

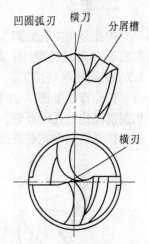

（3）对直径大于 15 mm 的钻削钢件用的钻头，在一个刀刃上磨出分屑槽，使切屑分成窄条，便于排屑。分屑槽的槽数和宽度与钻头直径有关。

图 8.17　加工钢件的基本型群钻

群钻显著地提高了切削性能和刀具耐用度，钻削后的孔形、孔径和孔壁质量均有所提高。

钻孔虽然属于粗加工，但生产中应用还是很广泛的。对于一些内螺纹，在攻螺纹前，需要先进行钻孔，精度和表面粗糙度要求较高的孔，也要先进行钻孔。

4. 钻孔机床的选择

单件小批生产中，中小型工件上的小孔（一般 $D < 13$ mm），常用台式钻床加工；中小型工件上直径较大的孔（一般 $D < 50$ mm），常用立式钻床加工；大中型工件上的孔，则应采用摇臂钻床加工。回转体工件上的孔，多在车床上加工。

在成批和大量生产中，为了保证加工精度、提高生产效率和降低加工成本，广泛使用钻模（图 8.18）、多轴钻（图 8.19）或组合机床（图 8.20）进行孔的加工。

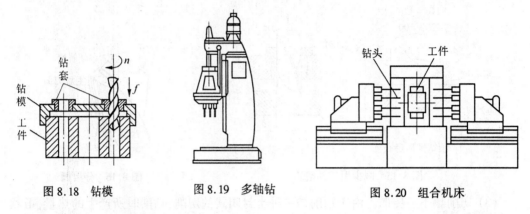

图 8.18　钻模　　　　图 8.19　多轴钻　　　　图 8.20　组合机床

精度高、表面粗糙度 Ra 值小的中小直径孔($D < 50$ mm),在钻削之后,常常需要采用扩孔和铰孔来进行半精加工和精加工。

二、扩孔

扩孔是用扩孔钻对工件上已有(铸出、锻出或钻出)的孔进行扩大加工,提高孔的精度和减小表面粗糙度 Ra 值。扩孔的公差等级为 IT10 ~ IT9,表面粗糙度 Ra 值为 6.3 ~ 3.2 μm,属于半精加工。

扩孔方法如图 8.21 所示。扩孔时,加工余量比钻孔时小得多,因此扩孔钻的结构和切削情况比钻孔时要好。

扩孔钻与麻花钻在结构上相比有以下特点(图 8.22):

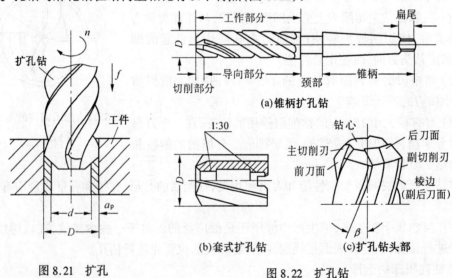

图 8.21　扩孔　　　　　　　图 8.22　扩孔钻

1. 刚性较好

由于扩孔的吃刀量 a_p 小,切屑少,容屑槽可做得浅而窄,使钻心比较粗大,增加了工作部分的刚性。

2. 导向性较好

由于容屑槽浅而窄,可在刀体上做出 3~4 个刀齿,这样一方面可提高生产率,同时也增加了刀齿的棱边数,从而增强了扩孔时刀具的导向及修光作用,切削比较平稳。

3. 切削条件较好

扩孔钻的切削刃不必自外缘延续到中心,避免了横刃和由横刃引起的不良影响。轴向力较小,可采用较大的进给量,生产率较高。此外,切屑少,排屑顺利,不易刮伤已加工表面。

由于上述原因,扩孔比钻孔的精度高,表面粗糙度 Ra 值小,且在一定程度上可校正原孔轴线的偏斜。扩孔常作为铰孔前的预加工,对于质量要求不太高的孔,扩孔也可作终加工。

三、铰孔

铰孔是在扩孔或半精镗的基础上进行的,是应用较普遍的孔的精加工方法之一。铰孔的公差等级为 IT8 ~ IT6,表面粗糙度 Ra 值为 $1.6 \sim 0.4~\mu m$。

铰孔所用的刀具是铰刀,铰刀可分为手铰刀和机铰刀。手铰刀(图 8.23(a))用于手工铰孔,柄部为直柄;机铰刀(图 8.23(b))多为锥柄,装在钻床上或车床上进行铰孔。

铰刀由工作部分、颈部、柄部组成。工作部分包括切削部分和修光部分。切削部分为锥形,担负主要切削工作。修光部分有窄的棱边和倒锥,以减小与孔壁的摩擦和减小孔径扩

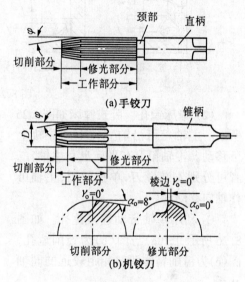

图 8.23 铰刀

张,同时校正孔径、修光孔壁和导向。手用铰刀修光部分较长,以增强导向作用。

铰刀铰孔有以下工艺特点:

(1) 铰刀为定径的精加工刀具,铰孔容易保证尺寸精度和形状精度,生产率也较高,但铰孔的适应性不如精镗孔,一种规格的铰刀只能加工一种尺寸和精度的孔,且不能铰削非标准孔、台阶孔和盲孔。

(2) 机铰刀在机床上常用浮动连接,这样可防止铰刀轴线与机床主轴轴线偏斜,造成孔的形状误差、轴线偏斜或孔径扩大等缺陷。但铰孔不能校正原孔轴线的偏斜,孔与其他表面的位置精度需由前工序保证。

(3) 铰孔的精度和表面粗糙度不取决于机床的精度,而取决于铰刀的精度和安装方式以及加工余量、切削用量和切削液等条件。

(4) 铰削速度较低,这样可避免产生积屑瘤和引起振动。

(5) 钻—扩—铰是生产中典型的孔加工方案,但位置精度要求严格的箱体上的孔系则应采用镗削加工。

四、镗孔

镗孔是用镗刀对已经钻出、铸出或锻出的孔作进一步加工,可在车床、镗床或铣床上

进行。镗孔可分粗镗、半精镗和精镗。粗镗的尺寸公差等级为 IT13 ~ IT11,表面粗糙度 Ra 值为 25 ~ 12.5 μm;半精镗为 IT10 ~ IT9,表面粗糙度 Ra 值为 6.3 ~ 3.2 μm;精镗为 IT8 ~ IT7,表面粗糙度 Ra 值为 1.6 ~ 0.8 μm。

1. 镗孔方法

(1) 车床镗孔。车床镗孔如图 8.24 所示。车床镗孔多用于盘套和轴件中间部位的孔以及小型支架的支承孔。

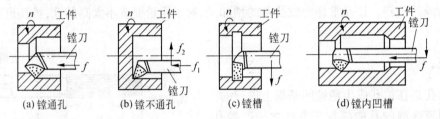

(a) 镗通孔   (b) 镗不通孔   (c) 镗槽   (d) 镗内凹槽

图 8.24 车床镗孔

(2) 镗床镗孔。卧式镗床如图8.25 所示。主轴箱可沿前立柱上的导轨上下移动。主轴箱上有平旋盘和主轴,二者可分别安装镗刀,单独使用,主轴可作轴向移动。

① 利用主轴带动镗刀镗孔。如图 8.26 所示,图(a)与图(b)为镗削短孔,图(c)为镗削箱体两壁相距较远的同轴孔系。

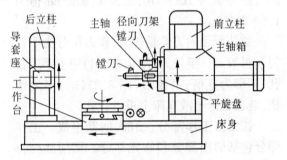

图 8.25 卧式镗床示意图

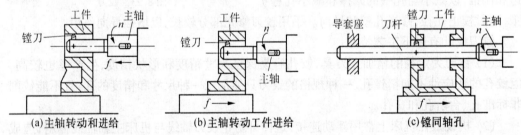

(a) 主轴转动和进给   (b) 主轴转动工件进给   (c) 镗同轴孔

图 8.26 卧式镗床主轴旋转进行镗孔

② 利用平旋盘带动镗刀镗孔。如图 8.27 所示,当利用径向刀架使镗刀处于偏心位置时,可镗削大孔和大孔的内环槽。

③ 孔系镗削。箱体类零件上的孔系除有同轴度的要求外,还常有孔距精度的要求以及轴线间的平行度和垂直度要求。

在单件小批生产中,工件的孔距精度一般利用镗床主轴箱和工作台的坐标尺分别调整主轴箱上下位置和工作台前后位置来保证。当孔距精度要求更高时,可利用百分表和量块来调整主轴箱和工作台的位置。孔系轴线的平行度靠各排孔在工件一次装夹中进行镗削来保证。对于孔系轴线的垂直度,当要求不高时,可利用定位挡块将工作台扳转 90° 予以保证;当要求较高时,可利用图 8.28 所示的方法予以保证。在镗削第 Ⅰ 排孔之前,如

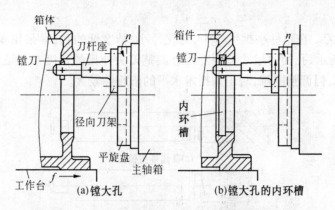

图 8.27　利用平旋盘镗削大孔和内槽

图 8.28(a)所示，用千分表将工作台 A 面调整到与主轴轴线垂直的位置，在第 I 排孔加工之后，如图 8.28(b)所示，将工作台扳转 90°，再用千分表找正，使该 A 面与主轴轴线平行，再镗削第 II 排孔。如果箱体上需要加工大端面，可先加工大端面或事先在工作台上装夹一个平直的垫铁，以代替工作台的 A 面用千分表进行找正。

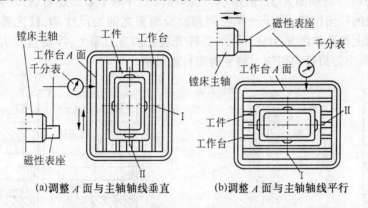

(a)调整 A 面与主轴轴线垂直　　　　(b)调整 A 面与主轴轴线平行

图 8.28　用千分表找正保证垂直孔系的垂直度

在大批大量生产中，孔系的孔距精度以及轴线间的平行度和垂直度均靠镗模予以保证。用镗模镗削箱体的平行孔系如图 8.29 所示，此镗模用两块模板，镗刀杆与镗床主轴浮动连接，靠导向套支承，依次镗削各排孔。

在多轴组合镗床上，用镗模可对多排孔同时进行镗削。镗削箱体上垂直孔系的镗模，其结构与图 8.29 所示的类似，只是需要用四块模板。

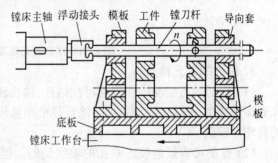

图 8.29　用镗模镗削平行孔系

（3）铣床镗孔。在卧式铣床或立式铣床的主轴锥孔中安装刀杆和镗刀，即可对支架或底座等零件进行镗孔。卧式铣床镗孔的方法和切削运动与图 8.26(b)所示的方式相同。

2. 镗刀

(1) 单刃镗刀。在单件小批生产中,对孔径小、精度低的孔,常采用单刃镗刀进行镗孔。如图 8.30 所示,孔径的尺寸和公差通过调整刀头伸出的长度来保证,一把镗刀可加工直径不同的孔,但调整困难,对工人技术水平的依赖性较大。

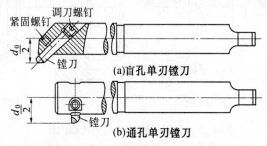

图 8.30　单刃镗刀

(2) 浮动镗刀。在成批或大量生产中,对孔径大、孔深长、精度高的孔,可用浮动镗刀进行精加工。

可调浮动镗刀块如图 8.31(a)所示。调节时,松开两个紧固螺钉,拧动调节螺钉,以调整活动刀块的径向位置,用千分尺控制和检验两刃之间的尺寸 D,使之符合要求。浮动镗刀在车床上镗孔如图 8.31(b)所示,刀杆安装在四方刀架上,浮动镗刀块插入刀杆的长方孔中,靠两个刀刃径向切削力的平衡而自动对中。

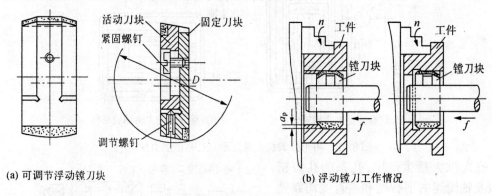

图 8.31　浮动镗刀块及其工作情况

3. 镗削的工艺特点

(1) 镗削的适应性广。镗削可在钻孔、铸孔和锻孔的基础上进行,可达尺寸精度等级和表面粗糙度 Ra 值的范围较广,除直径很小且较深的孔以外,各种直径及各种结构类型的孔均可镗削。

(2) 镗削可有效地校正原孔的轴线偏斜。但由于镗刀杆直径受孔径的限制,一般刚性较差,易弯曲变形和振动,故镗削质量的控制(特别是细长孔)不如铰削方便。

(3) 镗削的生产率低。为减小镗杆的弯曲变形,需采用较小的吃刀量和进给量进行多次走刀。镗床和铣床镗孔,需调整镗刀头在刀杆上的径向位置,操作复杂、费时。

(4) 镗削广泛用于单件小批生产中各类零件的孔加工。大批量生产中镗削支架、箱体的支承孔,需要使用镗模。

五、拉孔

拉孔是用拉刀对已钻或粗镗后的孔进行精加工。一般拉削圆孔可达的尺寸公差等级为 IT8～IT7,表面粗糙度 Ra 值为 $1.6～0.4\ \mu m$。

1. 拉刀

如图 8.32(a)所示为圆孔拉刀,其各部分作用如下:

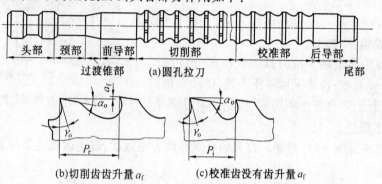

(a)圆孔拉刀

(b)切削齿齿升量 a_f (c)校准齿没有齿升量 a_f

图 8.32　圆孔拉刀刀齿的各要素和几何形状

头部:拉床刀夹夹持拉刀的部位。

颈部:直径略小,当拉削力过大时,一般在此处断裂,便于焊接修复。

过渡锥部:引导拉刀进入被加工的孔中。

前导部:保证工件平稳地过渡到切削部分,直径略小于孔的拉前直径,以免第一刀齿负载过大而被损坏。

切削部:包括粗切齿和精切齿,承担主要的切削工作。

校准部:校正孔径,修光孔壁。当切削齿刃磨后直径减小时,前几个校准齿即依次磨成切削齿。

后导部:在拉刀刀齿切离工件时,防止工件下垂而刮伤已加工表面和损坏刀齿。

尾部:用于承托又长又重的拉刀,防止拉刀下垂,一般拉刀无此部分。

2. 拉削方法

卧式拉床如图 8.33 所示,床身内装有液压驱动油缸,活塞拉杆的右端装有随动支架

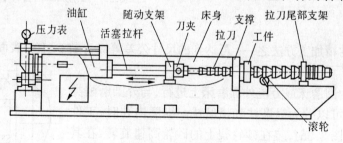

图 8.33　卧式拉床

和刀夹,用以支承和夹持拉刀。工作前,拉刀支持在滚轮和拉刀尾部支架上,工件由拉刀左端穿入。当刀夹夹持拉刀向左作直线移动时,工件贴靠在"支撑"上,拉刀即可完成切削加工。如图 8.34 所示为拉削圆孔,拉削的孔径一般为 $\phi 8～\phi 125$,孔的深径比一般不超过

5。拉削前不需要精确的预加工,钻削或粗镗后即可拉削。若工件端面与孔的轴线不垂直,将端面贴靠在拉床的球面垫圈上,在拉削力的作用下,工件连同球面垫圈一起略为转动,使孔的轴线自动调节到与拉刀轴线方向一致,可避免拉刀折断。

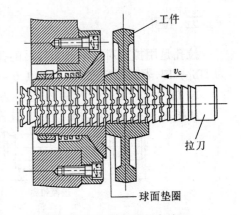

图 8.34　拉削圆孔的方法

3. 拉孔的工艺特点

(1) 生产率高。拉刀是多齿刀具,一次行程中能够完成粗、精加工。

(2) 加工质量高。拉刀具有校准部分,可校准孔径、修光孔壁;拉床采用液压系统,传动平稳;拉削速度很低,不会产生积屑瘤,因此拉削可获得较高的加工质量。

(3) 拉床简单,操作方便。拉刀的直线移动为主运动,进给运动是靠拉刀每齿升量 a_f 来实现的。

(4) 拉刀寿命长。拉削时切削速度较低,刀具磨损慢,刃磨一次,可以加工数以千计的工件,一把拉刀又可以重磨多次,故拉刀的寿命长。

但拉刀结构复杂、制造困难、成本高,一把拉刀只适用于加工一种规格尺寸的孔,因此拉孔主要用于大批大量生产中。

(5) 拉孔不能加工台阶孔和盲孔。由于拉床工作的特点,某些复杂形状零件的孔也不宜进行拉削,例如箱体上的孔。

拉削加工除了拉圆孔之外,还可以拉其他形状的通孔等,如图 8.35 所示。所以,拉削加工应用范围较广。

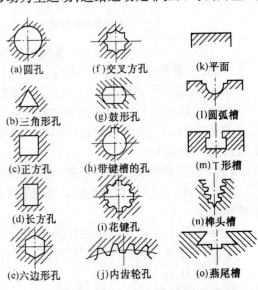

(a)圆孔　(f)交叉方孔　(k)平面
(b)三角形孔　(g)鼓形孔　(l)圆弧槽
(c)正方孔　(h)带键槽的孔　(m)T形槽
(d)长方孔　(i)花键孔　(n)榫头槽
(e)六边形孔　(j)内齿轮孔　(o)燕尾槽

图 8.35　拉削加工的各种表面举例

六、磨孔

磨孔是孔的精加工方法之一, 可达到的尺寸公差等级为 IT8 ~ IT6,表面粗糙度 Ra 值为 $1.6 \sim 0.4 \ \mu m$。

磨孔可在内圆磨床或万能外圆磨床上进行,与外圆磨削类似,内孔磨削也可以分为纵磨法和横磨法。纵磨内孔时,工件装夹在卡盘上(图 8.36),装在砂轮架上的砂轮高速旋转,在其旋转的同时,沿轴向作往复直线运动。并在往复行程终了时,作周期性的横向进给。

由于砂轮轴的刚性很差,横磨法仅适用于磨削短孔及内成形面,磨削内孔多数情况下是采用纵磨法。

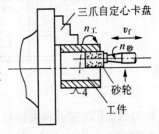

图 8.36　磨圆柱孔

磨孔与磨外圆比较,有以下工艺特点:

(1) 表面粗糙度 Ra 值较大。由于磨孔时砂轮直径受工件孔径限制,一般较小,磨头转速又不可能太高(一般低于 20 000 r/min),故磨削速度较磨外圆时低。

(2) 磨削精度的控制不如外圆磨削方便。因为砂轮与工件的接触面积大、发热多,冷却条件差,工件容易产生热变形。特别是砂轮轴细长,刚性差,容易产生弯曲变形而造成内圆锥形误差。因此,需要减小磨削吃刀量,增加光磨行程次数。

(3) 生产率较低。因为磨孔时砂轮轴刚性差,不宜采用较大的磨削吃刀量和进给量,而且砂轮直径小,磨损快,切削液不容易冲走屑末,砂轮容易堵塞,需要经常修整或更换,使辅助时间增加,因此磨孔生产率较低。

由于以上原因,磨孔主要用于不宜或无法进行镗削、铰削或拉削的高精度的孔以及淬硬孔的精加工。

七、孔加工方法的选择

孔加工方法的选择除根据工件材料、生产批量、孔的精度、表面粗糙度以及热处理要求外,还应根据孔径大小和长径比来选择孔的加工方案。孔的加工方案见表 8.2。

表 8.2　孔加工方案

孔加工方法	加工方案	尺寸公差等级	表面粗糙度 $Ra/\mu m$	适应范围	
钻削类	钻	IT13 ~ IT11	25 ~ 12.5	用于任何批量生产中工件实体部位的孔加工	
铰削类	钻—铰	IT8 ~ IT7	3.2 ~ 1.6	ϕ10 以下	用于成批生产以及单件小批生产中的小孔和细长孔。可加工不淬火的钢件、铸铁件和有色金属件
	钻—扩—铰	IT8 ~ IT7	1.6 ~ 0.8	ϕ10 ~ ϕ100	
	钻—扩—粗铰—精铰	IT7 ~ IT6	0.8 ~ 0.4		
	粗镗—半精镗—铰	IT8 ~ IT7	1.6 ~ 0.8	用于中批生产 ϕ30 ~ ϕ100 铸、锻孔的加工	
拉削类	钻—拉或粗镗—拉	IT8 ~ IT7	1.6 ~ 0.4	用于大批大量生产,工件材料同铰削类	
镗类	(钻)[①]—粗镗—半精镗	IT10 ~ IT9	6.3 ~ 3.2	多用于单件小批生产中加工除淬火钢外的各种钢件、铸铁件和有色金属件。大批大量生产,需利用镗模	
	(钻)—粗镗—半精镗—精镗	IT8 ~ IT7	1.6 ~ 0.8		
	粗镗—半精镗—浮动镗	IT8 ~ IT7	1.6 ~ 0.8	用于中批、大批生产	
磨削类	(钻)—粗镗—半精镗—磨	IT8 ~ IT7	1.6 ~ 0.8	用于淬火钢、不淬火钢及铸铁件的孔加工,但不宜加工韧性大、硬度低的有色金属件	
	(钻)—粗镗—半精镗—粗磨—精磨	IT7 ~ IT6	0.8 ~ 0.4		

① (钻)表示毛坯上若无孔,则需先钻孔;毛坯上若已铸出或锻出孔,则可直接粗镗。

　　钢件如需调质处理,对钻、铰方案调质应安排在钻削之后;对镗削或镗、磨方案调质应安排在钻削或粗镗之后。淬火只能安排在磨削之前。

8.3　平面加工

　　平面是箱体、机座、机床床身和工作台以及盘形、板形零件的主要表面。根据平面所起的作用不同,可将平面分为以下几类:

　　(1) 非结合面。这种平面不与任何零件表面相配合,一般无加工精度要求,只有当表面为了防腐和美观时才进行加工,属低精度平面。

　　(2) 结合面和重要结合面。这种平面多数用于零部件的固定连接面,如车床主轴箱、进给箱与床身的连接平面,属中等精度平面。

　　(3) 导向平面。如机床的导轨面等,这种平面的精度和表面质量要求高。

　　(4) 精密测量工具的工作面等。

　　平面的加工方法主要有车削、铣削、刨削、磨削、研磨和刮削等。

一、平面车削

　　平面车削一般用于加工盘套、轴和其他需要加工孔或外圆的零件的端面,单件小批生产的中小型零件在卧式车床上进行,重型零件可在立式车床上进行。平面车削的表面粗糙度 Ra 值为 $12.5 \sim 1.6\ \mu m$,精车的平面度误差在直径为 $\phi 100$ 的端面上,最小可达 $0.005 \sim 0.008$。

　　车削平面的方法如图 8.37 所示。图(a)是在卧式车床的三爪自定心卡盘上车削盘套类零件的端面;图(b)是在四爪单动卡盘上车削方形截面零件的平面;图(c)是在花盘上车削小型底座的平面;图(d)是在立式车床上车削重型零件的平面。

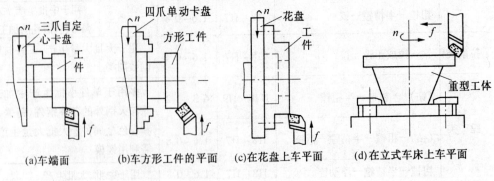

(a)车端面　　　(b)车方形工件的平面　　　(c)在花盘上车平面　　　(d)在立式车床上车平面

图 8.37　车削平面

二、平面铣削

　　铣削是平面的主要加工方法之一。铣削中小型零件上的平面通常在卧式铣床或立式铣床上进行,大型零件上的平面可在龙门铣床上加工。铣削加工公差等级可达 IT13 ~ IT7,表面粗糙度 Ra 值可达 25 ~ 1.6 μm。

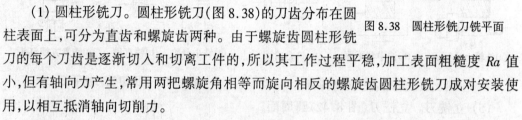

图 8.38 圆柱形铣刀铣平面

1. 铣刀

铣平面用的铣刀主要有圆柱形铣刀、镶齿面铣刀、套式面铣刀、三面刃铣刀和立铣刀。

(1) 圆柱形铣刀。圆柱形铣刀(图 8.38)的刀齿分布在圆柱表面上,可分为直齿和螺旋齿两种。由于螺旋齿圆柱形铣刀的每个刀齿是逐渐切入和切离工件的,所以其工作过程平稳,加工表面粗糙度 Ra 值小,但有轴向力产生,常用两把螺旋角相等而旋向相反的螺旋齿圆柱形铣刀成对安装使用,以相互抵消轴向切削力。

圆柱形铣刀一般用高速钢制成,用于在卧式铣床上铣削中小型平面。切削速度 v_c 不宜过高,一般为 0.5 ~ 0.667 m/s,生产率较低。

(2) 镶齿面铣刀。镶齿面铣刀(图 8.39)的刀齿分布在刀体端面上,镶有硬质合金刀片。镶齿面铣刀可安装在立式铣床或卧式铣床上,分别铣削水平面或垂直面,刀盘直径一般为 ϕ75 ~ ϕ300,主要铣削大平面,可进行高速切削,切削速度 v_c 可达 1.667 ~ 2.5 m/s,生产率较高,应用广泛。

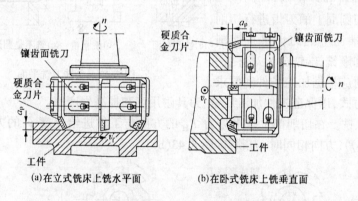

(a)在立式铣床上铣水平面   (b)在卧式铣床上铣垂直面

图 8.39 镶齿面铣刀铣平面

(3) 套式面铣刀。如图 8.40 所示,呈套式圆柱体,直径一般为 ϕ63 ~ ϕ100,圆周面和端面上均有刀齿,可在立式铣床和卧式铣床上使用。图(a)为铣削轴上的小平面;图(b)为铣削板块状零件的中型平面;图(c)为在卧式铣床上铣削台阶面。

(4) 三面刃铣刀。三面刃铣刀(图 8.41)的切削刃分布在圆周面和两端面上,可铣削小型台阶面、直槽和四方或六方螺钉头等。

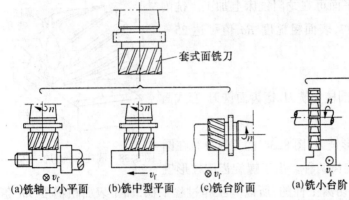

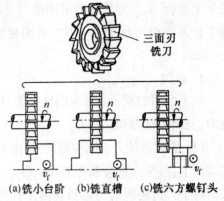

(a)铣轴上小平面　(b)铣中型平面　(c)铣台阶面

图 8.40　套式面铣刀铣削平面

(a)铣小台阶　(b)铣直槽　(c)铣六方螺钉头

图 8.41　三面刃铣刀铣平面

(5) 立铣刀。立铣刀(图 8.42)圆周面和端面上均有刀齿。直柄立铣刀直径为 $\phi3\sim\phi20$,锥柄立铣刀直径为 $\phi14\sim\phi50$ 。图(a)为立铣刀铣削箱体上的凸台面;图(b)为铣直槽;图(c)为铣削轴端不是圆形的内凹面。

2. 铣削方式

平面铣削有周铣和端铣两种方式。周铣是用圆柱形铣刀圆周上的刀齿进行切削,端铣是用面铣刀端面上的刀齿进行切削。周铣又分为逆铣和顺铣,端铣分为对称铣和不对称铣。铣削时应根据加工条件和要求,

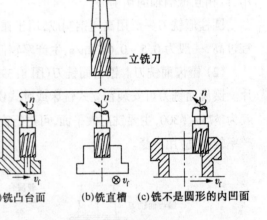

(a)铣凸台面　(b)铣直槽　(c)铣不是圆形的内凹面

图 8.42　立铣刀铣平面

选择适当的铣削方式,以保证工件加工质量、刀具耐用度和提高生产率。

(1) 逆铣和顺铣。在切削部位水平分力 F_H 的方向与工件进给速度 v_f 的方向相反,为逆铣(图 8.43(a));方向相同时,为顺铣(图 8.43(b))。

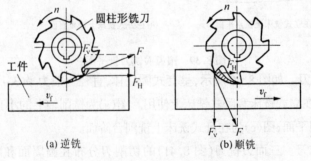

(a) 逆铣　　　(b) 顺铣

图 8.43　逆铣和顺铣

逆铣时,每个刀齿接触工件的初期,不能切入工件,要在工件表面上挤压、滑行,使刀齿与工件之间产生较大的摩擦力,这样会加速刀具磨损,同时也增大工件的表面粗糙度 Ra 值,并增加已加工表面的硬化程度。顺铣时,每个刀齿从最大的切削厚度附近开始切

入,避免了上述逆铣时的缺点。

逆铣时,铣刀作用在工件上的垂直分力 F_v 上抬工件,容易引起振动,对铣削薄而长的工件不利;而顺铣时,垂直分力 F_v 将工件压向工作台,减少了工件振动的可能性。但顺铣时水平分力 F_H 与工件的进给速度 v_f 方向相同,工作台进给丝杠与相配的固定螺母之间一般都存在间隙(图 8.44),这时间隙在进给方向的前方。由于水平分力 F_H 的大小不断变化,当增大到一定程度时,会使工件连同工作台和丝杠一起向前窜动,造成进给量突然增大,甚至引起打刀、扎刀现象。而逆铣时,水平分力 F_H 与进给速度 v_f 方向相反,逆铣过程中丝杠始终压向螺母,不致因为间隙的存在而引起窜动,使工作台运动比较平稳。

综上所述,顺铣有利于提高刀具耐用度和工件夹持的稳定性,可以提高工件的加工质量,对于不易夹牢和薄而长的工件或工作台丝杠和螺母的间隙能够调整时(图 8.44(d)),可采用顺铣;一般情况,特别是有硬皮的铸件或锻件毛坯,应采用逆铣。

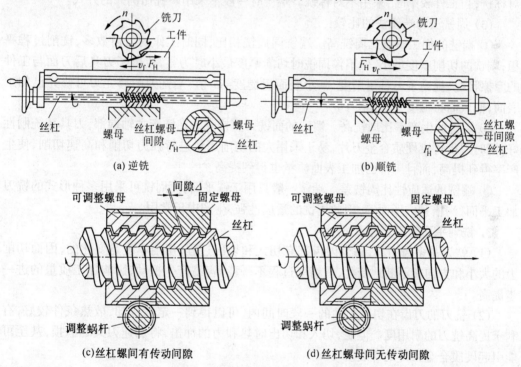

(a) 逆铣　　　　　　　　　　　　　　(b) 顺铣

(c) 丝杠螺间有传动间隙　　　　　　(d) 丝杠螺母间无传动间隙

图 8.44　逆铣和顺铣时丝杠螺母间隙

图 8.44(c)、(d)为用双螺母机构调整丝杠螺母间隙的示意图。可调整螺母是活动的,其外表面铣有齿(相当于蜗轮),与下面的调整蜗杆啮合。图 8.44(c)两个螺母与丝杠的间隙 Δ 都在丝杠螺纹的右侧,将蜗杆转动,可调整螺母被带动旋转,使两个螺母的端面紧靠,直到固定螺母螺纹靠紧丝杠螺纹的左侧面,可调整螺母螺纹靠紧丝杠螺纹的右侧面,这就消除了丝杠和螺母的传动间隙。

(2) 对称铣和不对称铣。工件相对铣刀回转中心处于对称位置时称为对称铣(图 8.45(a))。工件偏于铣刀回转中心一侧时称为不对称铣(图 8.45(b)、(c))。

铣削时可通过调整铣刀和工件的相对位置,调节刀齿切入和切出时的切削厚度,以提

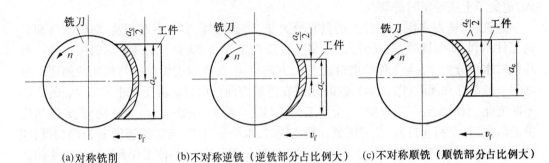

　　(a)对称铣削　　　　　(b)不对称逆铣（逆铣部分占比例大）　　(c)不对称顺铣（顺铣部分占比例大）

图 8.45　端铣的方式

高刀具耐用度,达到改善铣削过程的目的。一般情况,当工件宽度接近铣刀直径时,采用对称铣;当工件较窄时,采用不对称铣。端铣时一般不采用顺铣比例大的方式。

　　(3) 周铣法与端铣法的比较:

　　① 端铣的加工质量比周铣高。端铣同周铣相比,同时工作的刀齿数多,铣削过程平稳;端铣的切削厚度虽小,但不像周铣时切削厚度最小时为零,改善了刀具后刀面与工件的摩擦状况,提高了刀具耐用度,减小表面粗糙度 Ra 值;端铣刀的修光刃可修光已加工表面,使表面粗糙度 Ra 值较小。

　　② 端铣的生产率比周铣高。端铣的面铣刀直接安装在铣床主轴端部,刀具系统刚性好,同时刀齿可镶硬质合金刀片,易于采用大的切削用量进行强力切削和高速切削,使生产率得到提高,而且工件已加工表面质量也得到提高。

　　③ 端铣的适应性比周铣差。端铣一般只用于铣平面,而周铣可采用多种形式的铣刀加工平面、沟槽和成形面等,因此周铣的适应性强,生产中仍常用。

　　3. 铣削平面的工艺特点

　　(1) 铣刀是多齿刀具,每个刀齿都有切入和切出过程,切削厚度是变化的,因而切削力的大小和方向在不断地变化,使切削过程不平稳,容易产生振动,影响加工质量的进一步提高。

　　(2) 铣刀的刀齿在切离工件的一段时间内,可以得到一定的冷却,散热条件较好,有利于提高铣刀的耐用度。但是,切入和切出时热和力的冲击,将加速刀具的磨损,甚至可能引起硬质合金刀片的碎裂。

　　(3) 铣削加工不仅可以加工箱体、支架、机座以及板块状零件的大平面、凸台面、内凹面、台阶面、V 形槽、T 形槽、燕尾槽,还可以加工轴和盘套类零件的小平面、小沟槽以及分度工件,因此,铣削加工的应用范围广泛。

　　(4) 铣削平面时有几个刀齿同时参加工作,采用端铣法还可进行强力铣削和高速铣削,所以铣平面比刨平面的生产率高。

　　三、平面刨削

　　1. 刨削方法

　　刨削是平面加工的方法之一。刨削可在牛头刨床或龙门刨床上进行。牛头刨床主要用于中小型零件的加工,刨削时刨刀的往复直线运动是主运动,工作台带动工件作间歇的进给运动。龙门刨床主要用于大型零件的加工,也可同时进行多个中型零件的加工。

刨削加工的尺寸公差等级一般为 IT13～IT7,表面粗糙度 Ra 值为 25～1.6 μm。用宽刀进行精刨,表面粗糙度 Ra 值为 1.6～0.8 μm。

刨削加工的应用如图 8.46 所示。

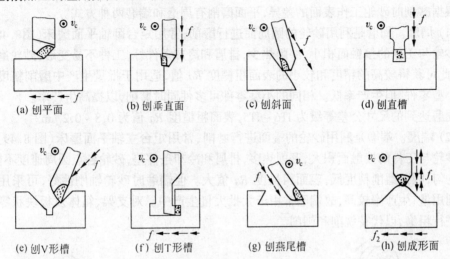

(a) 刨平面　　(b) 刨垂直面　　(c) 刨斜面　　(d) 刨直槽

(e) 刨V形槽　　(f) 刨T形槽　　(g) 刨燕尾槽　　(h) 刨成形面

图 8.46　刨削的主要应用

2. 刨削的工艺特点

(1) 加工精度低。刨削主运动为往复直线运动,冲击力较大,只能采用中低速切削,当用中等切削速度刨削钢件时易产生积屑瘤,增大表面粗糙度 Ra 值。

(2) 生产率低。因刨削的往复过程中有空行程,冲击现象又限制了刨削速度,不同于铣削是多齿刀具的连续切削,硬质合金面铣刀还可采用高速切削,因此一般情况下刨削的生产率比铣削低。但对于窄长平面的加工,刨削的生产率则高于铣削,因为铣削进给的长度与工件的长度有关,而刨削进给的长度与工件的宽度有关,工件较窄可减少进给次数。窄长平面(如机床导轨面)多采用刨削。

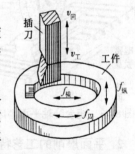

图 8.47　插键槽

(3) 加工成本低。由于刨床和刨刀的结构简单,刨床的调整和刨刀的刃磨比较方便,因此刨削加工成本低,广泛用于单件小批生产及修配工作中。在中型和重型机械的生产中龙门刨床使用较多。

3. 插削

插削在插床上进行,插床相当于立式刨床,图 8.47 是插键槽。插削加工主运动是插刀在垂直方向上的往复直线运动,进给运动靠工作台带动工件实现纵向、横向和圆周进给。工件可用三爪自定心卡盘、四爪单动卡盘或压板螺栓装夹。

插削主要用于单件小批生产中加工零件的内表面,如方孔、多边形孔、孔内键槽和花键孔等,也可加工某些不便于铣削和刨削的平面。

插削加工尺寸公差等级和表面粗糙度 Ra 值与刨削加工相同。

四、平面磨削

平面磨削可作为车、铣、刨削平面之后的精加工，也可代替铣削和刨削。

1. 平面磨削方法

根据磨削时砂轮工作表面的差异，平面磨削有周磨和端磨两种方式。

（1）周磨。周磨是利用砂轮的圆周面进行磨削，常用矩台卧轴平面磨床（图8.48）。磨削时砂轮与工件的接触面积小，磨削热少，排屑和冷却条件好，工件不易变形，砂轮磨损均匀，因此可获得较高的精度和较小的表面粗糙度 Ra 值，适用于批量生产中磨削精度较高的中小型零件，但生产率低。相同的小型零件可多件同时磨削，以提高生产率。

周磨达到的尺寸公差等级为 IT6 ~ IT5，表面粗糙度 Ra 值为 $0.8 ~ 0.2 \mu m$。

（2）端磨。端磨是利用砂轮的端面进行磨削，常用矩台立轴平面磨床（图 8.49）。磨削时砂轮与工件的接触面积大，磨削热多，排屑和冷却条件差，砂轮各点圆周速度不同，磨损不均匀，因此磨削精度低，表面粗糙度 Ra 值大。但端磨时砂轮轴刚性好，可采用较大的磨削用量，生产率较高，故端磨常用于大批大量生产中。对支架、箱体及板块状零件的平面进行粗磨，以代替铣削和刨削。

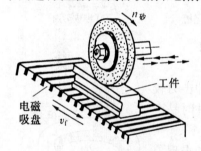

图 8.48　矩台卧轴平面磨床周面磨削

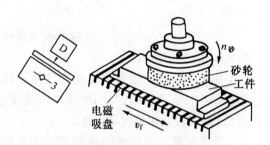

图 8.49　矩台立轴平面磨床端面磨削

2. 平面磨削的工艺特点

（1）平面磨床的结构简单，机床、砂轮和工件系统刚性较好，故加工质量和生产率比内、外圆磨削高。

（2）平面磨削利用电磁吸盘装夹工件，有利于保证工件的平行度。此外电磁吸盘装卸工件方便迅速，可同时装夹多个工件，生产率高。但电磁吸盘只能适用于装夹钢、铸铁等铁磁性材料制成的零件，对于铜、铜合金、铝等非铁磁性材料制成的零件应在电磁吸盘上安放一台精密虎钳或简易夹具来装夹。

（3）大批大量生产中，可用磨削来代替铣、刨削加工精确毛坯表面上的硬皮，既可提高生产率，又可有效地保证加工质量。

五、平面加工方法的选择

平面加工方法的选择，见表 8.3。

表 8.3　平面加工方案

加 工 方 案	直线度/ (mm·m⁻¹)	尺寸公差 等级	表面粗糙 度 Ra/μm	适 用 范 围
粗车—精车	0.04 ~ 0.08	—	3.2 ~ 1.6	一般用于车削工件的端面
粗铣(或粗刨)	—	IT13 ~ IT11	25 ~ 12.5	不淬火钢、铸铁和有色金属件的平面。刨削多用于单件小批生产,拉削用于大批大量生产
粗铣—精铣	0.08 ~ 0.12	IT10 ~ IT7	6.3 ~ 1.6	
粗刨—精刨	0.04 ~ 0.12	IT10 ~ IT7	6.3 ~ 1.6	
粗铣(刨)→拉	0.04 ~ 0.1	IT9 ~ IT7	3.2 ~ 0.4	
粗铣(刨)→精铣(刨)→磨	0.01 ~ 0.02	IT6 ~ IT5	0.8 ~ 0.2	淬火及不淬火钢、铸铁的中小型零件的平面

平面加工方法的选择,应根据平面的精度、表面粗糙度要求以及零件的结构和尺寸、材料性能、热处理要求、生产批量等。

(1) 非结合面,一般粗铣、粗刨或粗车。

(2) 结合面和重要结合面,粗铣—精铣或粗刨—精刨即可,精度要求较高的,需磨削或刮削。盘类零件的结合面,如各种法兰盘的端面,一般采用粗车—半精车—精车。

(3) 精度较高的板块状零件,如定位用的平行垫铁等,常用粗铣(刨)—半精铣(刨)—磨削的方案。量块等高精度的零件尚需研磨。

(4) 韧性较大的有色金属件,一般用粗铣—半精铣—精铣或粗刨—半精刨—精刨方案。

第九章　螺纹和齿形加工

9.1　螺　纹　加　工

根据螺纹的种类和精度要求,常用的螺纹加工方法有攻螺纹、套螺纹、车螺纹、铣螺纹和磨螺纹等。此外也可采用滚压方法加工螺纹。

一、常用加工方法

1. 攻螺纹和套螺纹

攻螺纹是用丝锥加工尺寸较小的内螺纹。单件小批生产中,可以用手用丝锥手工攻螺纹;当批量较大时,则在车床、钻床或攻丝机上用机用丝锥攻螺纹。套螺纹是用板牙加工尺寸较小的外螺纹,螺纹直径一般不超过 16 mm,它既可以手工操作,也可在机床上进行。

攻螺纹和套螺纹的加工精度较低,主要用于精度要求不高的普通螺纹。

2. 车螺纹

车螺纹是用螺纹车刀加工出工件上的螺纹,可用来加工各种形状、尺寸及精度的内、外螺纹,特别适于加工尺寸较大的螺纹。用螺纹车刀车螺纹,刀具简单,适用性广,可以使用通用设备,且能获得较高精度的螺纹。但生产率低,加工质量取决于工人的技术水平以及机床、刀具本身的精度,所以主要用于单件小批生产。

当生产批量较大时,为了提高生产率,常采用螺纹梳刀(图 9.1)车螺纹。螺纹梳刀实质上是多把螺纹车刀的组合,一般一次走刀就能切出全部螺纹,因而生产率很高。但螺纹梳刀只能加工低精度螺纹,且螺纹梳刀制造困难。当加工不同螺距、头数、牙形角的螺纹时,必须更换相应的螺纹梳刀,故只适用于成批生产。此外,对螺纹附近有轴肩的工件,也不能用螺纹梳刀加工螺纹。

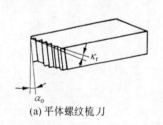
(a) 平体螺纹梳刀

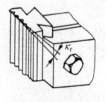
(b) 棱体螺纹梳刀

(c) 圆体螺纹梳刀

图 9.1　螺纹梳刀

3. 铣螺纹

铣螺纹是用螺纹铣刀切出工件上的螺纹,多用于加工尺寸较大的传动螺纹,一般在专门的螺纹铣床上进行,生产率较高,常在大批大量生产中作为螺纹的粗加工或半精加工。

根据所用铣刀的结构不同,铣螺纹可以分为如下三种方法:

(1) 盘形螺纹铣刀铣螺纹。在普通万能铣床上用盘形螺纹铣刀铣削梯形螺纹如图 9.2 所示。工件装夹在分度头与尾座顶尖上,用万能铣头使刀轴处于接近水平位置,并与工件轴线呈螺旋升角 ψ。铣刀高速旋转,工件在沿轴向移动一个导程 L 的同时需转动一周。这一运动关系是通过纵向工作台丝杠与分度头之间的挂轮予以保证。若铣多线螺纹,可利用分度头分线、依次铣削各条螺旋槽。

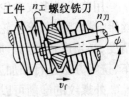

图 9.2　盘形螺纹铣刀铣螺纹

在专用螺纹铣床上铣削,方法类似,只是当工件旋转一周过程中,刀轴应沿工件轴向移动一个工件螺纹导程 L。其加工精度比普通铣床铣削精度略高。

(2) 梳形螺纹铣刀铣螺纹。梳形螺纹铣刀铣螺纹(图 9.3)是在专用螺纹铣床上加工螺纹部分短而螺距小的三角形内、外螺纹,梳形螺纹铣刀实质上是若干把盘形螺纹铣刀的组合。铣螺纹时,工件只需转 $1\frac{1}{3} \sim 1\frac{1}{2}$ 转,就可以切出全部螺纹,故生产率很高,但加工精度较

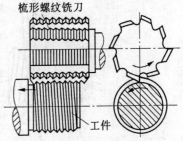

图 9.3　梳形螺纹铣刀铣螺纹

低。用这种方法可以加工靠近轴肩或盲孔底部的螺纹,且不需要退刀槽。

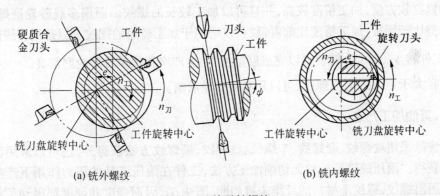

图 9.4　旋风铣螺纹

(3) 旋风铣螺纹。旋风铣螺纹(图 9.4)是用旋风铣头在改装的车床、改装的螺纹加工机床和专用机床上切出工件上的内、外螺纹,旋风铣头为一个装有 1～4 个硬质合金刀头的高速旋转刀盘,其轴线与工件轴线倾斜螺纹升角 ψ,铣刀盘中心与工件中心有一个偏心距 e。铣削时,铣刀盘高速旋转,并沿工件轴线移动,工件则慢速旋转。工件每转一转时,铣刀盘沿工件轴线方向移动一个工件的螺纹导程 L。由于铣刀盘中心与工件中心不重合,故刀刃只在其圆弧轨迹的 $\frac{1}{6} \sim \frac{1}{3}$ 圆弧上与工件接触,进行间断切削。

旋风铣螺纹时,由于每把刀只有很短的时间在切削金属,大部分时间在空气中冷却,因此可采用很高的切削速度,生产率比盘形铣刀铣削高 3～8 倍。但旋风铣螺纹的加工精

度不高,旋风头调整也比较费时,故常用于成批和大量生产螺杆或精密丝杠的预加工。

4. 磨螺纹

用单线或多线砂轮来磨削工件的螺纹,称为磨螺纹,常用于淬硬螺纹的精加工,例如丝锥、螺纹量规、滚丝轮及精密传动螺杆上的螺纹,为了修正热处理引起的变形,提高加工精度,必须进行磨削。磨螺纹一般在专门的螺纹磨床上进行。螺纹在磨削之前,可以用车、铣等方法进行预加工,对于小尺寸的精密螺纹,也可以不经预加工而直接磨出。

外螺纹的磨削可以用单线砂轮或多线砂轮进行磨削(图 9.5)。用单线砂轮磨螺纹,

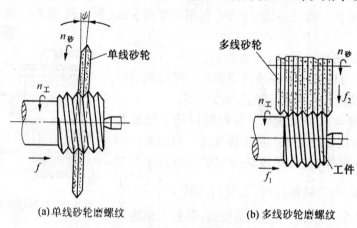

(a)单线砂轮磨螺纹　　　　　　　(b)多线砂轮磨螺纹

图 9.5　砂轮磨螺纹

砂轮的修整较方便,加工精度较高,并且可以加工较长的螺纹。而用多线砂轮磨螺纹,砂轮的修整比较困难,加工精度比前者低,且仅适用于加工较短的螺纹。但是用多线砂轮磨削时,工件转 $1\frac{1}{3} \sim 1\frac{1}{2}$ 转就可以完成磨削加工,生产率比用单线砂轮磨削高。

直径大于 30 mm 的内螺纹,可以用单线砂轮磨削。

二、其他加工方法

螺纹除采用攻螺纹、套螺纹、车螺纹、铣螺纹、磨螺纹方法获得外,还可以采用滚压螺纹方法获得。滚压螺纹是一种无切削加工方法,工件在滚压工具的压力作用下产生塑性变形而压出螺纹,螺纹上材料的纤维未被切断(图 9.6),因而强度和硬度都得到了相应的提高。滚压螺纹生产率高,适用于大批大量生产。螺纹滚压方法有用搓丝板和滚丝轮两种。

1. 搓丝板滚压螺纹

如图 9.7(a)所示,搓丝板滚压螺纹时工件放在固定搓丝板与活动搓丝板之间。两搓丝板的平面内有斜槽,其截面形状与待搓螺纹牙型相等。当活动搓丝板移动时,即在工件表面上挤压出螺纹。

(a)切削的螺纹　　　　　(b)滚压的螺纹

图 9.6　切削和滚压的螺纹断面纤维状态

2. 滚丝轮滚压螺纹

如图 9.7(b)所示,滚丝轮滚压螺纹时工件放在两个表面具有螺纹的滚丝轮之间。两

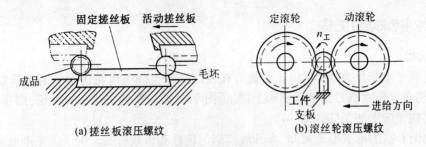

图 9.7 滚压螺纹

轮转速相等,转向相同,工件被滚丝轮带动旋转,由动滚轮作径向进给,从而逐渐挤压出螺纹。

滚丝轮滚压螺纹的生产率较搓丝板滚压螺纹低,可用来滚制螺钉、丝锥等。利用三个或两个滚轮,并使工件作轴向移动,可滚制丝杠。

三、螺纹加工方法的选择

螺纹加工方法的选择,主要取决于螺纹种类、公差等级、生产批量及螺纹件的结构特点等,见表 9.1。

表 9.1 螺纹加工方法

加工方法		公差等级①	表面粗糙度 $Ra/\mu m$	适用范围
车削螺纹		9~4	3.2~0.8	适用于单件小批生产中,加工轴、盘、套类零件与轴线同心的内外螺纹以及传动丝杠和蜗杆等
攻螺纹		8~6	6.3~1.6	适用于各种批量生产中,加工各类零件上的螺孔,直径小于 M16 的常用手动,大于 M16 或大批量生产用机动
铣削螺纹		9~6	6.3~3.2	适用于大批大量生产中,传动丝杠和蜗杆的粗加工和半精加工,亦可加工普通螺纹
滚压螺纹	搓丝板	7~5	1.6~0.8	适用于大批大量生产中,滚压塑性材料的外螺纹。亦可滚压传动丝杠
	滚丝轮	5~3	0.8~0.2	
磨削螺纹		4~3	0.8~0.1	适用于各种批量的高精度、淬硬或不淬硬的外螺纹及直径大于 30 mm 的内螺纹

① 系指普通螺纹中径的公差等级(GB 197—81)。

9.2 齿形加工

齿轮的种类很多,最常用的是直齿和螺旋齿圆柱齿轮,而常用的齿形曲线是渐开线,渐开线齿轮的加工分为成形法和展成法(又称范成法或包络法)两大类。成形法是用与被切齿轮的齿槽法向截面形状相符的成形刀具切出齿形的方法。展成法是利用齿轮刀具与被切齿轮保持啮合运动关系而切出齿形的方法。

一、常用齿形加工方法

1. 铣齿

铣齿属于成形法加工,利用成形铣刀在万能铣床上加工齿轮齿形。通常模数 $m < 8$ 的齿轮,用盘状模数铣刀在卧式铣床上加工(图9.8(a));模数 $m \geq 8$ 的齿轮,用指状模数铣刀在立式铣床上加工(图9.8(b))。

根据渐开线的形成原理可知,渐开线齿形与模数和齿数有关。为了铣出准确的齿形,每种模数、齿数的齿轮,就必须采用相应的铣刀来加工,这样既不经济也不便于刀具的管理,所以在实际生产中将同一模数的齿轮,按其齿数划分为8组或15组,每组采用同一把铣刀加工,该铣刀齿形按所加工齿数组内的最小齿数齿轮的齿槽轮廓制作,以保证加工出的齿轮在啮合时不会产生干涉(卡住)。

铣齿的特点是:

(1) 成本低。铣齿可以在一般的铣床上进行,刀具也比其他齿轮刀具简单,因而加工成本低。

(2) 加工精度低。由于铣刀分成若干组,齿形误差较大,且铣齿时采用通用附件分度头进行分度,分度精度不高,会产生分度误差,再加上铣齿时产生的冲击和振动,造成铣齿的加工精度较低。

(3) 生产率低。铣齿时,每铣一个齿槽都要重复进行切入、切出、退刀和分度等工作,消耗的辅助时间长,故生产率低。

因此铣齿仅适用于单件小批生产或维修工作中加工精度不高的低速齿轮,有时也用于齿形的粗加工。但铣齿不仅可以加工直齿、斜齿和人字齿圆柱齿轮,而且还可以加工齿条和锥齿轮等。

2. 插齿

插齿属于展成法加工,用插齿刀在插齿机上加工齿轮的齿形,它是按一对圆柱齿轮相啮合的原理进行加工的。如图9.9所示,相啮合的一对圆柱齿轮,若其中一个是工件,另一个用高速钢制成,并于淬火后在轮齿上磨出前角和后角,形成切削刃,再具有必要的切削运动,即可在工件上切出齿形来,后者就是加工齿轮用的插齿刀。

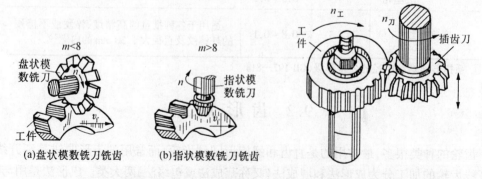

(a)盘状模数铣刀铣齿　　(b)指状模数铣刀铣齿

图9.8　盘状和指状模数铣刀铣齿轮　　　　图9.9　插齿的加工原理

插直齿圆柱齿轮时,用直齿插齿刀。插齿(图9.10(a))时的运动有:

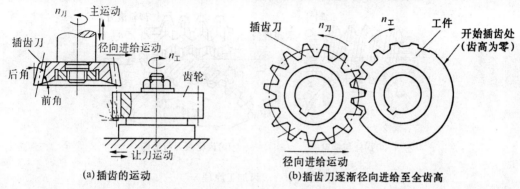

图9.10　插齿加工

(1) 主运动。主运动即插齿刀的上下往复直线运动,以每分钟往复行程次数来表示(str/min)。

(2) 分齿运动(展成运动)。分齿运动即插齿刀和工件之间强制地按速比保持一对齿轮啮合关系的运动,即

$$\frac{n_工}{n_刀} = \frac{Z_刀}{Z_工}$$

式中　$n_工$、$n_刀$——工件和插齿刀的转速(r/min);

　　　　$Z_工$、$Z_刀$——工件和插齿刀的齿数。

(3) 圆周进给运动。圆周进给运动即分齿运动过程中插齿刀每往复一次其分度圆周所转过的弧长(mm/str)。它反映插齿刀和齿轮坯转动的快慢,决定每切一刀的金属切除量和包络渐开线齿形的切线数目,从而影响齿面的表面粗糙度 Ra 值。

(4) 径向进给运动(图9.10(b))。开始插齿时,插齿刀与工件外圆开始接触,分齿运动 $n_工$ 和 $n_刀$ 按两齿轮的啮合关系旋转,插齿刀要逐渐切至全齿深,插齿刀每往复一次径向移动的距离,称为径向进给量。当切至全齿深时,径向进给运动停止,分齿运动仍继续进行,直至加工完成。

(5) 让刀运动。为了避免插齿刀在返回行程中,刀齿的后刀面与工件的齿面发生摩擦,在插齿刀返回时,工件必须让开一段距离;当切削行程开始前,工件又恢复原位,这种运动称为让刀运动。

插齿主要用于加工直齿圆柱齿轮、内齿轮。由于插齿退刀槽的尺寸小,还可用于加工双联或多联齿轮。

3. 滚齿

滚齿也属于展成法加工,用齿轮滚刀在滚齿机上加工齿轮的轮齿,它是按蜗杆和蜗轮相啮合的原理进行加工的,如图9.11(a)所示。相啮合的蜗杆和蜗齿轮,若这个蜗杆用高速钢等刀具材料制成,并在其螺纹的垂直方向开出若干个容屑槽,形成刀齿及切削刃,它就变成了齿轮滚刀(图9.11(b))。齿轮滚刀转动时,刀齿与被加工工件的关系,相当于假想齿条与工件齿轮的啮合关系。

安装齿轮滚刀时,应使齿轮滚刀的轴线倾斜角度等于齿轮滚刀的螺旋升角,使齿轮滚

刀切削齿螺旋线的切线方向与被切齿槽的方向一致。

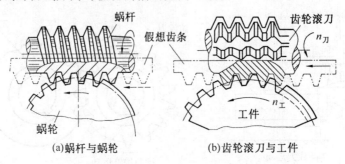

(a)蜗杆与蜗轮　　　　　(b)齿轮滚刀与工件

图 9.11　滚齿加工原理

滚齿(图 9.12)时的运动有：

(1) 主运动。主运动是指滚刀的高速旋转,转速以 $n_刀$(r/min)表示。

(2) 分齿运动(展成运动)。分齿运动是指滚刀与被切齿轮之间强制地按速比保持一对螺旋齿轮啮合关系的运动,即

$$\frac{n_工}{n_刀} = \frac{k}{Z_工}$$

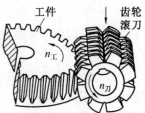

图 9.12　滚齿加工

式中　$n_工$、$n_刀$——工件和齿轮滚刀的转速(r/min);

　　　k——齿轮滚刀的头数;

　　　$Z_工$——工件的齿数。

(3) 垂直进给运动。为了在齿轮的全齿宽上切出齿形,齿轮滚刀需要沿工件的轴向作进给运动。工件每转一转齿轮滚刀移动的距离,称为垂直进给量。当全部轮齿沿齿宽方向都滚切完毕后,垂直进给停止,加工完成。

加工螺旋齿轮时,由于其齿槽是螺旋线,故除上述三个运动外,在滚切的过程中,工件还需要有一个附加的转动,齿槽的螺旋导程为 L,用右旋齿轮滚刀加工;当加工右旋齿轮时,齿轮滚刀在工件轴向移动量等于工件齿槽螺旋导程 L 的过程中,工件应多转一转;当加工左旋齿轮时,齿轮滚刀在工件轴向移动量等于工件齿槽螺旋导程 L 的过程中,工件应少转一转。这个附加的转动,可以通过调整滚齿机有关挂轮而得到。

在滚齿机上用蜗轮滚刀还可滚切蜗轮。

4. 插齿、滚齿与铣齿的比较

(1) 插齿和滚齿的精度基本相同,且都比铣齿高。插齿刀的制造、刃磨及检验均比滚刀方便,容易制造得较精确,但插齿机的分齿传动链比滚齿机复杂,增加了传动误差。综合两方面,插齿和滚齿的精度基本相同。

由于插齿机和滚齿机的结构与传动机构都是按加工齿轮的要求而专门设计和制造的,分齿运动的精度高于万能分度头的分齿精度。插齿刀和齿轮滚刀的精度也比齿轮铣刀的精度高,不存在像齿轮铣刀那样因分组而带来的齿形误差。因此,插齿和滚齿的精度都比铣齿高。

一般情况下,插齿和滚齿可获得 8~7 级精度的齿轮,若采用精密插齿或滚齿,可以得

到 6 级精度的齿轮,而铣齿仅能达到 9 级精度。

(2) 插齿齿面的表面粗糙度 Ra 值较小。插齿时,插齿刀沿齿宽连续地切下切屑,而在滚齿和铣齿时,轮齿齿宽是由刀具多次断续切削切成,并且在插齿过程中,包络齿形的切线数量比较多,所以插齿的齿面表面粗糙度 Ra 值较小。

(3) 插齿的生产率低于滚齿而高于铣齿。插齿的主运动为往复直线运动,插齿刀有空行程,所以插齿的生产率低于滚齿。此外,插齿和滚齿的分齿运动是在切削过程中连续进行的,省去了铣齿时的单独分度时间,所以插齿和滚齿的生产率都比铣齿高。

(4) 插齿刀和齿轮滚刀加工齿轮齿数范围较大。插齿和滚齿都是按展成原理进行加工的,同一模数的插齿刀或齿轮滚刀,可以加工模数相同而齿数不同的齿轮,不像铣齿那样,每个刀号的铣刀适于加工的齿轮齿数范围较小。

在齿轮齿形的加工中,滚齿应用最为广泛,它不但能加工直齿圆柱齿轮,还可以加工螺旋齿轮、蜗轮等,但一般不能加工内齿轮和相距很近的多联齿轮。插齿的应用也比较广,它可以加工直齿和螺旋齿圆柱齿轮,但生产率没有滚齿高,多用于加工用滚刀难以加工的内齿轮、相距较近的多联齿轮或带有台肩的齿轮等。

尽管滚齿和插齿所使用的刀具及机床比铣齿复杂、成本高,但由于加工质量好,生产率高,在成批和大量生产中仍可收到很好的经济效果。有时在单件小批生产中,为了保证加工质量,也常常采用插齿或滚齿加工。

二、齿形精加工方法

铣齿、插齿、滚齿只能对齿形达到半精加工,对于 7 级精度以上或经淬火的齿轮,在插齿、滚齿之后,还需要进行精加工。齿形精加工的方法有剃齿、珩齿、磨齿和研齿等。

1. 剃齿

剃齿是用剃齿刀在剃齿机上进行的,主要用于加工插齿或滚齿后未经淬火的直齿和螺旋齿圆柱齿轮,精度可达 7~6 级,表面粗糙度 Ra 值为 0.8~0.4 μm。

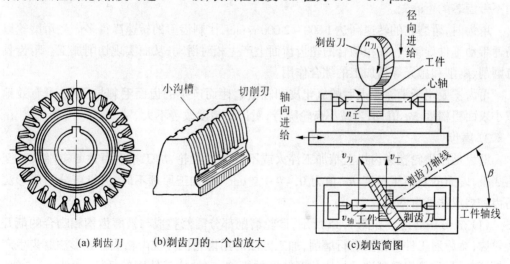

(a) 剃齿刀　　(b) 剃齿刀的一个齿放大　　(c) 剃齿简图

图 9.13　剃齿刀与剃齿

　　剃齿(图 9.13)属展成法加工,剃齿刀(图 9.13(a))的外形很像一个斜齿圆柱齿轮,精度很高,并在齿面上开出许多小沟槽(图 9.13(b)),以形成切削刃。剃齿时,工件与剃齿刀啮合并直接由剃齿刀带动旋转,剃齿刀转速一般小于 250 r/min,最高 400 r/min 左右,是一种"自由啮合"的展成法加工。剃齿刀齿面上众多的切削刃从工件齿面上剃下细丝状的切屑。

　　当剃直齿圆柱齿轮时,剃齿刀与工件之间的位置关系及运动情况如图 9.13(c)所示。为了保证剃齿刀与工件正确地啮合,剃齿刀轴线必须与工件轴线倾斜一个剃齿刀的螺旋角 β,这样,剃齿刀在点 C 的圆周切线速度 $v_{刀}$ 可分解为沿工件圆周切线的分速度 $v_{工}$ 和沿工件轴线的分速度 $v_{轴}$。$v_{工}$ 使工件旋转,$v_{轴}$ 为剃齿刀与工件齿面间的相对滑动速度,即剃削时的切削速度。为了能沿轮齿齿宽进行剃削,工件由工作台带动作往复直线运动。在工作台的每一往复行程终了时,剃齿刀需作径向进给,以便剃去全部余量。剃齿过程中,剃齿刀时而正转,时而反转,正转时剃削轮齿的一个侧面,反转时剃削轮齿的另一个侧面。

　　剃齿主要是提高齿形精度和齿向精度,减小齿面的表面粗糙度 Ra 值。由于剃齿是"自由啮合"的展成法加工,因此不能修正分齿误差,剃齿精度只能在插齿或滚齿的基础上提高一级。

　　由于剃齿机的结构简单,而且生产率高,所以多用于大批大量生产的齿形精加工。

2. 珩齿

　　珩齿是用珩磨轮在珩齿机上进行的一种齿形光整加工方法,其原理及珩齿时工件和珩磨轮的运动形式与剃齿类同,只是珩磨轮代替了剃齿刀,主要用于加工经过淬火的齿轮。

　　珩齿所用的珩磨轮(图 9.14)是用磨料与环氧树脂等浇铸或热压而成,是具有很高齿形精度的螺旋齿轮。当模数 $m > 4$ 时,采用带金属齿芯的珩磨轮;当模数 $m < 4$ 时,则采用不带齿芯的珩磨轮。

　　珩齿时,珩磨轮的转速高达 1 000 ~ 2 000 r/min,比剃齿刀的转速高得多。当珩磨轮以高速带动工件旋转时,在相啮合的轮齿齿面上产生相对滑动,从而实现切削加工。珩齿具有磨削、剃削和抛光等精加工的综合作用。

　　珩齿主要用于消除淬火后的氧化皮和轻微磕碰而产生的齿面毛刺与压痕,可有效地减小表面粗糙度 Ra 值,适当减小齿轮噪音,对齿形精度改善不大。

3. 磨齿

　　磨齿是用砂轮在磨齿机上精加工淬火或不淬火的齿轮,加工精度可达 6 ~ 4 级,甚至达 3 级,齿面的表面粗糙度 Ra 值为 0.4 ~ 0.2 μm。按加工原理不同,磨齿可分为成形法磨齿和展成法磨齿两类。

　　(1)成形法磨齿。如图 9.15 所示,砂轮磨削部分需修整成与被磨齿槽相吻合的渐开线轮廓,然后对工件的齿槽进行磨削,加工方法与用齿轮铣刀铣齿相似。成形法磨齿生产率较高,但受砂轮修整精度及机床分度精度的影响,它的加工精度较低,一般为 6 ~ 5 级,所以实际生产中成形法磨齿应用较少,而展成法磨齿应用较多。

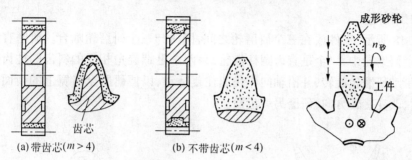

(a) 带齿芯($m > 4$)　　　　(b) 不带齿芯($m < 4$)

图 9.14　珩磨轮　　　　　　　图 9.15　成形法磨齿

（2）展成法磨齿。根据所用砂轮和机床不同，展成法磨齿可分锥形砂轮磨齿和双碟形砂轮磨齿。

锥形（双斜边）砂轮磨齿如图 9.16 所示，砂轮磨削部分的剖面修整成与被磨齿轮相啮

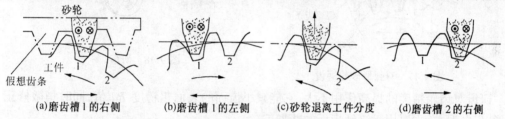

(a)磨齿槽1的右侧　(b)磨齿槽1的左侧　(c)砂轮退离工件分度　(d)磨齿槽2的右侧

图 9.16　锥形砂轮磨齿

合的假想齿条上一个齿的齿形。磨削时强制砂轮与被磨齿轮保持齿条与齿轮的啮合运动关系，砂轮作高速旋转的同时沿工件轴向作往复运动，以便磨出全齿宽，工件则边转动边移动。当工件逆时针旋转并向右移动时，砂轮的右侧面磨削齿槽 1 的右齿面；当齿槽 1 的右齿面由齿根到齿顶磨削完毕后，机床使工件得到与上述完全相反的运动，利用砂轮的左侧面磨削齿槽 1 的左齿面。当齿槽 1 的左齿面磨削完毕后，砂轮自动退离工件，工件自动进行分度。分度后，砂轮进入下一齿槽 2，重新开始磨削，如此自动循环，直到全部齿槽磨削完毕。

双碟形砂轮磨齿如图 9.17 所示，将两个碟形砂轮倾斜一定角度，构成假想齿条两个齿的外侧面，同时对两个齿槽的侧面 1 和 2 进行磨削。其加工原理与锥形砂轮磨齿相同。为了磨出全齿宽，工件沿轴向作往复进给运动。

磨削螺旋齿轮相当于斜齿条与螺旋齿轮的啮合运动关系，除上述运动外，工件还需有一个附加旋转运动，以保证齿轮的螺旋角 β。

以上两种展成法磨齿加工精度较高，可达 6~4 级。但齿槽是由齿根到齿顶逐渐磨出，而不像成形法磨齿一次成形，因而生产率低于成形法磨齿。

磨齿主要用于磨削高精度的直齿和螺旋齿圆柱齿轮。在内齿轮磨床上利用成形法可磨削内齿轮。

4．研齿

研齿是用研磨轮在研齿机上对齿轮进行光整加工的方法，加工原理是使工件与轻微制动的研磨轮作无间隙的自由啮合，并在啮合的齿面间加入研磨剂，利用齿面的相对滑动，从被研齿轮的齿面上切除一层极薄的金属，达到减小表面粗糙度 Ra 值但研齿不能校

正齿轮的加工误差。

如图 9.18 所示,工件放在三个研磨轮之间,同时与三个研磨轮啮合。研磨直齿圆柱齿轮时,三个研磨轮中,一个是直齿圆柱齿轮,另两个是螺旋角相反的斜齿圆柱齿轮。研齿时,工件带动研磨轮旋转,并沿轴向作快速往复运动,以便研磨全齿宽上的齿面。研磨一定时间后,改变旋转方向,研磨另一齿面。

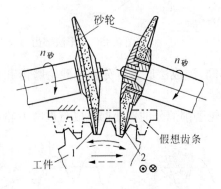

图 9.17 双碟形砂轮磨齿

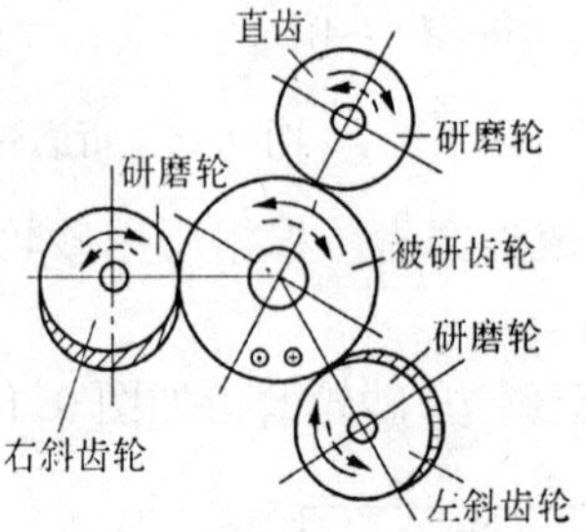

图 9.18 研齿

研齿对齿轮精度的提高作用不大,它能减小齿面的表面粗糙度 Ra 值,同时稍微修正齿形、齿向误差,主要用于淬硬齿面的精加工。

三、齿形加工方法选择

齿形加工方法的选择应考虑齿轮精度等级、结构、形状、热处理和生产批量等因素。常用的圆柱齿轮齿形加工方案见表 9.2。

表 9.2 齿形加工方案

加工方案		精度等级	齿面的表面粗糙度 $Ra/\mu m$	适 用 范 围
成形法铣齿		9 级以下	6.3~3.2	单件小批生产中加工直齿和螺旋齿轮及齿条
展成法	滚齿	8~7	3.2~1.6	各种批量生产中加工直齿、斜齿外啮合圆柱齿轮和蜗轮
	插齿	8~7	1.6	各种批量生产中加工内外圆柱齿轮、双联齿轮、扇形齿轮、短齿条等。但插削斜齿轮只适用于大批量生产
	剃齿	7~6	0.8~0.4	大批量生产中滚齿或插齿后未经淬火的齿轮精加工
	珩齿	7~6	1.6~0.4	大批量生产中高频淬火后齿形的精加工
	磨齿	6~3	0.8~0.2	单件小批生产中淬硬或不淬硬齿形的精加工
	研齿		0.4~0.2	淬硬齿轮的齿形精加工,可有效地减小齿面的 Ra 值

四、齿轮数控加工

传统齿轮加工机床的传动链复杂,调整费时,加工精度不够高,生产率低。

1. 齿轮数控加工的特点

(1) 机床结构产生了革命性的变化。由于数控齿轮加工机床的传动链大大缩短,既简化结构,又增强了刚性,因此可增大切削用量,用数控技术能方便地调整进给速度,加快回程速度,可使机动时间减少30%。

(2) 提高了齿轮的加工精度。由于计算准确,脉冲当量进一步减小,传动链缩短,刀具磨损能自动补偿,使加工精度得到很大提高。

(3) 提高了齿轮加工的效率。取消了各种交换齿轮和行程挡块的调整,可在一次装夹中,不经任何调整就能加工多联齿轮。工件程序可以存储供下次调用。一般调整机床时间仅为非数控机床的10%~30%。

(4) 能高精度快速加工非圆齿轮和修形齿轮。数控技术便于调整和控制各轴间的运动关系,便于加工椭圆齿轮和各种非圆齿轮,以及各种修形齿轮,且加工精度远高于传统加工方法。

(5) 高度自动化和柔性化。可实现任意工作循环,便于实现小批量多品种加工。由于机床的柔性增加,易于组成柔性生产线。

2. 基于软件插补齿轮加工机床数控系统的结构原理

目前国产数控齿轮加工机床所配置的数控系统,大多为国外知名的通用数控系统,都是采用图 9.19 所示的基于软件插补的齿轮机床数控系统,刀具主轴一般采用变频装置控制,工件主轴通过数控指令经伺服电动机直接驱动。

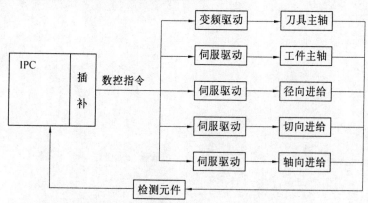

图 9.19　基于软件插补的齿轮机床数控系统结构

3. 非圆齿轮数控加工原理

在滚齿机上加工非圆齿轮时,可以近似地看成是一个工具齿条与非圆齿轮相拟合。工具齿条的节线与非圆齿轮的节曲线作纯滚动(图 9.20),齿条的齿廓就包络出非圆齿轮的齿廓。数控滚齿时用的刀具多采用齿轮滚刀,在它的法切面内相当于一个齿条。加工直齿非圆齿轮时,滚刀轴线和工件端面之间应转动齿轮滚刀的螺旋升角,使切削刀齿中径螺旋线的切线方向与工件齿槽的方向一致。

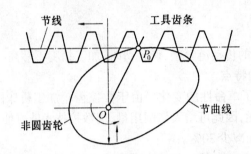

图 9.20　工具齿条节线与非圆齿轮节曲线作纯滚动

　　数控齿轮加工机床有数控滚齿机、数控插齿机、数控剃齿机、数控磨齿轮、数控铣齿机及数控齿轮倒角机等。

第十章 精密加工

精密加工是指在一定发展时期中,加工精度和表面质量相对于一般加工能够达到较高程度的加工工艺,当前是指被加工零件的加工尺寸精度为 $1 \sim 0.1~\mu m$、Ra 为 $0.2 \sim 0.01~\mu m$ 的加工技术;超精密加工是指加工精度和表面质量达到最高程度的精密加工工艺,当前是指被加工零件的尺寸精度高于 $0.1~\mu m$、$Ra \leqslant 0.025~\mu m$ 的加工技术。因此,一般加工、精密加工和超精密加工会随着科学技术的不断发展而向更精密的方向发展。

随着电子技术、计算机技术以及航天技术的飞速发展,对加工质量的要求越来越高,故而使精密和超精密加工占有十分重要的地位。

10.1 磨料精密加工

常用的磨料精密加工方法有:研磨、珩磨、超精加工等,这些加工方法习惯上统称为光整加工。

一、研磨

研磨可达亚微米级精度(尺寸精度可达 $0.025~\mu m$、圆柱体圆柱度可达 $0.1~\mu m$),一般尺寸公差可达 IT5 ~ IT3,Ra 值可达 $0.1 \sim 0.008~\mu m$,圆度误差可达 $0.001~mm$。

1. 研磨原理

研磨是用游离的磨粒通过研具对工件进行微量切削的过程。在加工过程中,工件表面会发生复杂的物理和化学变化,工件表面上一层极微薄的材料将被切除。

由于研具材料比被研的工件材料软,研磨剂中的磨粒在研具上半固定或浮动,构成多刃刀具,当研具与工件作相对的研磨运动时,在一定压力下对工件进行微量切削。当采用氧化铬、硬脂酸或其他研磨剂时,在工件表面会形成一层极薄的氧化膜,它很易被磨掉而不损伤基体,在研磨过程中氧化膜不断地迅速形成和被磨掉,加快了研磨过程。钝化了的磨粒对工件表面进行挤压产生塑性变形,使工件表面的峰谷在塑性变形中变平,或在反复变形中产生加工硬化,最后断裂而形成细微切屑。

研磨时的运动轨迹应能保证工件加工表面上各点均有相同(或近似)的被去除条件,同时还要保证研具表面上各点有相同(或近似)的磨削条件。

研磨时置于研具与工件之间的研磨剂,系由磨料、研磨液和辅助填料等混合而成。分液态、膏状和固态三种,以适应不同的加工需要。磨料主要起机械切削作用,常用的有氧化铝、碳化硅、金刚石等,一般只用粒度为 W14 ~ W5 的微粉,普通产品粗研有时选用粒度为 $100^{\#} \sim 240^{\#}$ 的磨料。研磨液主要起润滑与冷却作用,湿研时它是研磨粉的载体,稀释研磨剂,使微粉均匀地分布在研具表面上,通常用煤油、汽油、机油等。辅助填料是一种混合脂,它可以使被研金属表面产生极薄的、较软的化合物薄膜,以便工件表面凸峰容易被磨粒切除,以提高研磨效率和表面质量,最常用的是硬脂酸、油酸等化学活性物质。

研具材料应比工件材料软,它是研磨剂的载体,用以涂敷和镶嵌磨料,使游离磨粒嵌入研具发挥切削作用,一般用铸铁、软钢、紫铜、塑料或硬木制造。铸铁适于加工各种材料,它研磨质量好、生产率高、成本低,因此最常用。

2. 研磨方法

研磨方法分手工研磨和机械研磨两种。

手工研磨是人手持研具或工件进行研磨,如研磨外圆时(图 10.1(a)),工件装夹在车床卡盘或顶尖上,由主轴带动作低速回转,开口研磨环套在工件上,用手推动作往复运动。

机械研磨是在研磨机上进行研磨。图 10.1(b)是在研磨机上研磨滚柱形工件的外圆。研具是两块同轴由铸铁制成的上、下研磨盘,它们可同向或反向旋转。分隔盘由偏心轴带动与下研磨盘反向旋转。工件置于分隔盘的空格中,上研磨盘通过加压杆对工件适当加压。研磨时下研磨盘旋转,偏心轴带动分隔盘旋转,使工件得到既转动又滑动的复杂而又不重复的运动轨迹。分隔盘(图 10.1(c))空格槽的方向与半径成 $\gamma = 5° \sim 6°$ 的夹角,以增加工件轴向的滑动速度,从而获得较高的精度和较小的 Ra 值。

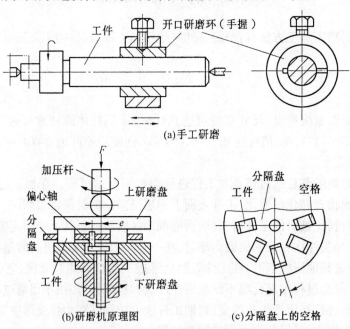

(a)手工研磨

(b)研磨机原理图　　　　(c)分隔盘上的空格

图 10.1　手工研磨和机械研磨

3. 研磨的特点及应用

研磨能获得高的尺寸精度(IT6 ~ IT4)、小的 Ra 值(Ra 为 0.1 ~ 0.008 μm),可提高形状精度(圆度为 0.003 ~ 0.001 mm),但不能提高位置精度。研磨还可以提高零件的耐磨性、抗蚀性、疲劳强度和使用寿命。研磨所用的设备和研具简单,成本低。但研磨的生产率低,所以研磨余量不应超过 0.01 ~ 0.03 mm。

可以使用研磨加工的表面较多,如平面、圆柱面、圆锥面、螺纹表面、齿轮表面以及球面等。研磨可以加工钢、淬火钢、铜、铝、硬质合金、陶瓷、玻璃、水晶、半导体以及某些塑料制品。精密配合偶件,如柱塞泵的柱塞与泵体、阀芯与阀套等,往往要经过两个配合件的对研,才能达到要求。

在现代工业中,常用作精密零件的最终加工。如在机械制造业中,用研磨精加工精密块规、量规、齿轮、钢球,喷油嘴等精密零件;在光学仪器制造业中,用研磨精加工镜头、棱镜、光学平镜等仪器零件;在电子工业中,用研磨精加工石英晶体、半导体晶体、陶瓷元件等。

二、珩磨

珩磨是用珩磨头上的油石条对孔进行光整加工的一种方法。需在精镗、精磨或精铰的基础上进行。珩磨能有效地减小 Ra 值、提高尺寸精度和形状精度,但不能提高孔与其他表面的位置精度。珩磨后的 Ra 值可达 $0.2 \sim 0.025 \ \mu m$,尺寸公差等级可达 IT6 ~ IT4,$\phi 50 \sim \phi 200$ 孔的圆度误差可达 $0.005 \ mm$,深 $300 \sim 400$ 孔的圆柱度误差可达 $0.01 \ mm$。

1. 珩磨方法及珩磨头特点

珩磨通孔的珩磨头如图 10.2(a)所示,工件可装夹在工作台上或夹具中,珩磨头由机

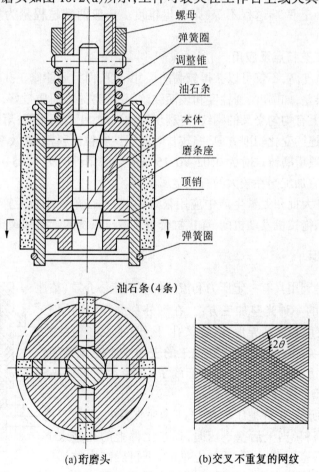

螺母
弹簧圈
调整锥
油石条
本体
磨条座
顶销
弹簧圈

油石条(4条)

(a)珩磨头　　　　　(b)交叉不重复的网纹

图 10.2　珩磨头及珩磨方法

床主轴带动旋转并作轴向往复运动。油石条以适当的压力与孔壁作用,以切除一层极薄的金属。珩磨头在每一往复行程内的转数为一非整数,这样可使每一行程的起始位置与上次错开一个角度,从而使磨痕形成均匀交叉而不重复的网纹(图 10.2(b))。珩磨头与主轴一般都采用浮动连接。珩磨头由孔壁导向,以减小机床主轴回转中心与被珩磨孔中心存在的同轴度误差对珩磨质量的影响。故珩磨可获得很高的精度和很小的 Ra 值。

为了便于调整珩磨头的工作尺寸及油石条对孔壁的工作压力,珩磨头上设计了相应的机构。当向下旋转螺母时,迫使两个调整锥下移,它推动 8 个顶销沿径向向外移动,使粘在磨条座上的各油石条的作用直径加大。若把螺母向上旋转,弹簧圈的压力使调整锥上移而使各油石条的作用直径减小。珩磨头上的油石条一般为 4~6 条,油石长是孔长的 1/3~1/2。

珩磨时要浇注充足的切削液,以便散热、润滑和冲去切屑及脱落的磨粒。珩磨钢和铸铁件时,可用煤油加少量机油或锭子油,粗珩时要加少量防腐、防锈剂作切削液,其冷却和冲洗性较好。

珩磨头油石超出孔两端的越程量若太长,孔端多珩成喇叭孔;若过短,则孔中段珩得过大,出现鼓形;若两端越程不等,则产生锥度。一般两端越程量为所珩孔长的 1/5~1/3。

2. 珩磨的工艺特点及应用

珩磨加工精度高,不仅可以获得较高的尺寸精度,而且还能修正孔在珩磨前加工中出现的轻微形状误差,如圆度、圆柱度和表面波纹等;珩磨的表面质量好,可获得的 Ra 值很小,且珩磨表面上有均匀交叉的网纹,有利于储油润滑,使表面耐磨;珩磨时有多个磨条同时工作,并经常连续变化切削方向,能较长时间保持磨粒锋利,珩磨效率较高,珩磨余量也比研磨稍大,一般珩磨铸铁时为 0.02~0.15 mm,珩磨钢件时为 0.05~0.08 mm。为了避免磨条堵塞,不宜加工塑性较大的有色金属零件。

珩磨不仅在大批和大量生产中应用很普遍,而且在单件小批生产中应用也较广泛。例如飞机、汽车、拖拉机发动机的汽缸、缸套以及液压系统的缸筒和阀孔、炮筒等。

三、挤压珩磨

挤压珩磨是利用具有一定压力和流速的磨料流体介质(粘性磨料)进行珩磨的一种光整加工方法,在国外称磨料流动加工(AFM)。它主要用来提高异形孔、交叉孔、仄键、曲面和模腔的表面质量,减小 Ra 值,去除电火花加工的表面变质层、隐蔽部位的毛刺,对棱边倒圆等。挤压珩磨后的 Ra 值可达 0.025 μm。

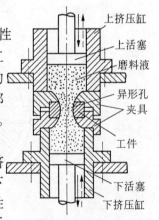

图 10.3　挤压珩磨原理

1. 挤压珩磨的原理

如图 10.3 所示,工件被压紧在上、下两块夹具中。上、下挤压缸中的粘性磨料,当上活塞下压时,通过工件上的孔进入下挤压缸推动下活塞下移;当下活塞上推时,下挤压缸中的粘性磨料又经过工件的孔进入上挤压缸,推动上活塞上移。如此反复进行,磨料在一定压力作用下反复在工件孔表面上滑移通过,就像用手把砂布均匀地压在工件上移动那样,从而达到对孔表面抛光或去毛刺的目的。

粘性磨料是由一种半固体、半流动性的高分子聚合物和磨料颗粒均匀混合而成。高分子聚合物是磨料的载体,能与磨粒均匀粘结,而不粘工件。它主要用于传递压力,携带磨粒流动以及起润滑作用。磨料一般使用氧化铝、碳化硼、碳化硅,当珩磨硬质合金等坚硬材料时,可以使用金刚石粉。磨料粒度为 $8^{\#} \sim 600^{\#}$,含量范围为 10% ~ 60%。

2. 挤压珩磨的工艺特点及应用

对工件材料适应性广,可以珩磨淬火或不淬火的各种碳钢和合金钢,还能珩磨铸铁、有色金属、陶瓷、硬塑料等;适合珩磨多种形状的工件,如各种模具的模腔、异形孔、交叉孔、小于 0.5 mm 的孔、齿轮的齿面、三维叶片等;易于实现自动化,提高加工效率,如某压铸模型腔用手工抛光约需 30 h 左右,采用挤压珩磨只需 15 ~ 20 min 就使 Ra 值由 3.2 μm 减小到0.2 μm。加工后工件中的磨料可用手工、压缩空气或超声波等方法清除。

挤压珩磨既可用于大批大量生产,也可用于单件小批生产。

四、超精加工

1. 加工原理

超精加工是利用装在振动头上的细磨粒油石在一定压力下对工件进行微量切削的一种光整加工方法。图 10.4(a)是超精加工外圆示意图。加工时,装有油石条的振动头,以恒定的压力轻压于旋转的工件表面上,振动头在工件轴向进给的同时作轴向低频($f =$ 1 000 ~ 1 400 str/min)、小振幅($A = 1 \sim 6$ mm)振动,从而对工件进行加工。压力 p 一般为 0.05 ~ 0.3 MPa,工件速度常用 1.667 ~ 3.333 m/s,甚至可高达 11.667 m/s,纵向进给量为 0.1 ~ 0.15 mm/r。在油石条与工件之间要注入切削液(一般为煤油加锭子油),以形成油膜(图 10.4(b))。切削液还可以起清除切屑和冷却润滑的作用。开始加工后,工件表面的微观凸峰很快被切去。随着凸峰高度的减小,油石与工件的接触面积逐步增大。当单位面积的压力小于油膜表面张力时,油石与工件被油膜隔开(图 10.4(c)),切削作用自行停止。

2. 工艺特点及应用

设备简单,也可用通用机床改装,自动化程度高,操作简便;加工余量极小(2 ~ 10 μm);加工过程由切削作用过渡到抛光,所得 Ra 值很小($Ra < 0.012$ μm),表面具有复杂的交叉网纹,有利于储存润滑油,耐磨性好;加工时间一般仅 30 ~ 60 s,故生产率高;不能提高尺寸和形位精度。

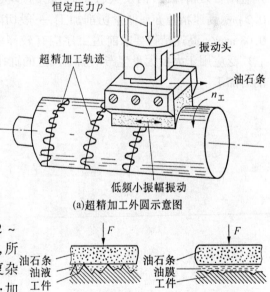

(a)超精加工外圆示意图

(b)未成油膜　　(c)油膜形成

图 10.4　超精加工外圆

应用较广,如汽车零件、内燃机零件、轴承、精密量具等常用作精加工。它不仅能加工外圆柱面,而且还能加工圆锥面、孔、平面和球面等。

10.2　刀具精密加工

一、高速精车

对于韧性大的有色金属及其合金,最适于采用高速精车,它的切削速度为 150 ~ 300 m/min,用金刚石车刀可达 1 500 m/min。公差等级可达 IT6 ~ IT5, Ra 值可达 0.8 ~ 0.1 μm。它是一种高速微量切削方法,切削深度只有 0.03 ~ 0.05 mm,进给量只有 0.02 ~ 0.08 mm/r。

高速精车需要采用精密车床,车床主轴回转精度要高于 1 μm,导轨直线度应在 1 μm/300 mm 以内,所用卡盘、顶尖、弹簧夹头和心轴等均需经过动平衡。车刀材料采用天然金刚石、聚晶人造金刚石、聚晶立方氮化硼等。需要磨出锋利的刀刃,切削刃钝圆半径一般应为 0.01 ~ 0.02 μm,前刀面应研磨到 Ra 为 0.008 μm,后刀面也应为 0.012 μm。刀具角度也应合理选择。

二、高速精镗

高速精镗是在金刚镗床上加工的。金刚镗床精度高,主轴圆跳动为 0.001 mm 左右,刚性好,工作比较平稳,主轴转速可高达 5 000 r/min。精密镗削的孔径精度可达 IT6,用硬质合金精镗铸铁和铸钢时,孔的形状误差可达 0.005 ~ 0.004 mm, Ra 可达 1.6 ~ 0.8 μm;用金刚石刀精镗铜、铝及其合金时,孔的形状误差可达 0.003 ~ 0.002 mm, Ra 为 1.6 ~ 0.2 μm。高速精镗亦属微量切削加工,一般切削深度为 0.05 ~ 0.2 mm,进给量为 0.02 ~ 0.08 mm/r。高速精镗要求前道工序应有较高的精度,其加工余量一般为 0.2 ~ 0.5 mm。它广泛应用于大批大量生产中加工汽缸的缸孔、连杆的孔、活塞销孔以及精密箱体支承孔的终加工。

第十一章 特 种 加 工

直接利用电能、电化学能、光能及声能等进行加工的方法,称为特种加工。

特种加工工具材料的硬度可以比工件材料的硬度低,加工时一般没有显著的切削力,但加工去除工件材料的速度比切削加工低。一般用于加工各种难切削加工的工件,以及各种细微和形状复杂的表面。

特种加工的种类很多,常用的方法有电火花加工、电火花线切割加工、电化学加工、激光加工、超声加工以及电子束和离子束加工等。

11.1 电火花加工

电火花加工又称放电加工(Electrical Discharge Maching,简称 EDM),是一种利用电、热能进行加工的方法。

一、电火花加工的原理

电火花加工是利用脉冲放电对导电材料的腐蚀作用去除材料,以获得一定形状和尺寸的一种加工方法。其原理如图 11.1 所示。脉冲电源发出一连串的脉冲电压,施加在浸于工作液(一般为煤油)中的工具电极和工件电极上。当两极间的距离很小(0.01~0.5 mm)时,由于电极间的微观表面凸凹不平,两极间离得最近的突出点或尖端处的电场强度一般为最大。其间的工作液被电离为电子和正离子,使介质被击穿而形成放电通道,在电场力作用下,通道内的电子高速奔向阳极,正离子奔向阴极,而产生火花放电。由于受到放电时磁场力和周围工作液的压缩,使得放电通道的横截面积很小,通道内电流密度很大,

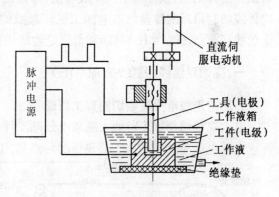

图 11.1 电火花加工原理示意图

可达 $10^4 \sim 10^7$ A/cm²。电子和正离子在电场力作用下高速运动,互相碰撞,并分别轰击阳极和阴极。这种动能转化为热能,产生巨大的热量,使整个通道形成一个瞬时热源,致使通道中心温度高达 10 000℃左右,使电极表面局部金属迅速熔化甚至汽化。由于一个脉冲放电时间极短(约 $10^{-6} \sim 10^{-8}$ s),熔化和汽化的速度极高,具有爆炸性质,爆炸力把熔化和汽化了的金属微粒迅速地抛离电极表面。每个脉冲放电后,就在工件表面形成一个极小的圆坑。放电过程不断重复进行,随着工具电极由直流伺服电动机(或液压进给系统,或步进电动机)进给调节系统带动不断进给,工件材料不断被蚀除,这样工具电极的轮

廓形状就可精确地复制在工件上,以达到加工的目的。

电火花加工过程中,不仅工件电极被蚀除,工具电极也同样遭到蚀除,但两极的蚀除量不一样。应将工件接在蚀除量大的一极。当脉冲电源为高频(即用脉冲宽度小的短脉冲作精加工)时,工件接正极,当脉冲电源输出频率低(即用脉冲宽度大的长脉冲作粗加工)时,工件应接负极。当用钢作工具电极时,工件一般接负极。

二、电火花加工的特点及应用

(1) 可以用硬度不高的紫铜或石墨作工具电极去加工任何硬、脆、韧、软和高熔点的导电材料。如淬过火的钢和硬质合金等。

(2) 可以加工特殊及复杂形状的工件,如加工形状复杂的注塑模、压铸模及锻模等。

(3) 没有机械加工时那样的切削力,因此适于加工薄壁、窄槽以及微细精密的零件。

(4) 脉冲电源的输出脉冲参数可以任意调节,能在同一台机床上连续进行粗加工、半精加工或精加工。精加工时表面粗糙度 Ra 值可达 0.04(最小值) ~ 10(平均值)μm,尺寸精度可达 0.003(最高) ~ 0.03(平均)mm。

11.2　电火花线切割加工

电火花线切割加工(Wire Cut EDM,简称 WEDM),是在电火花加工基础上发展起来的一种新的工艺形式,是用金属丝(钼丝或黄铜丝)作工具电极,靠丝和工件间产生火花放电对工件进行切割,故称为电火花线切割,通常也称线切割。目前已获得广泛应用,当今国内外线切割机床的数量已占电加工机床总数的 60% 以上。电火花线切割机床分为高速走丝线切割(WEDM – HS)机床和低速走丝线切割(WEDM – LS)机床两种。

一、高速走丝线切割(WEDM – HS)

1.高速走线电火花线切割加工原理

电火花线切割加工时的火花放电蚀除工件金属的原理(图 11.2)与电火花加工相同。高速走丝电火花线切割加工最显著的特点是,工具电极为一金属丝(通常用钼丝),所切割

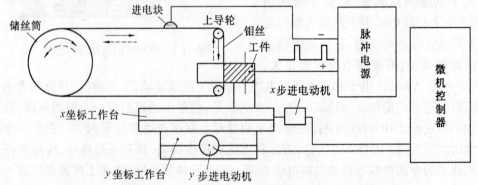

图 11.2　微机控制高速走丝电火花线切割机床工作原理简图

加工出的工件形状,是由数控系统(微机控制器)控制 x、y 坐标工作台作相应的移动而获得的。为了保证很细(一般丝的直径为 $\phi 0.1 \sim \phi 0.2$)的电极丝在火花放电时不致烧断,因此用储丝筒带动电极丝以 $8 \sim 10$ m/s 的速度不断地作往复运动,为了充分地冷却电极丝,并为切割加工创造良好的条件,需要用上、下喷嘴往加工区喷注工作液(线切割专用的乳化液或水基工作液)。为了保证切割时火花放电正常,钼丝和工件之间不应接触短路,必须保持适当的放电间隙(一般为 0.01 mm 左右),这是由变频进给系统把丝和工件之间的间隙电压取出,经适当处理,并经压频转换后得到进给脉冲,用进给脉冲去控制步进电动机来实现的。当丝和工件间的距离偏大时,自动使进给脉冲频率提高,使丝和工件靠近些;当丝和工件间的距离偏小时,自动减慢进给脉冲频率。若丝和工件短路时,停止发进给脉冲;若短路 3 s 仍不能自动消除短路时,微机控制器发出短路回退脉冲,使丝脱离与工件接触状态,以帮助消除短路。

2.高速走丝电火花线切割加工的特点及应用

(1) 可以切割各种高硬度的导电材料,如各种淬火模具钢和硬质合金模具、磁钢等。

(2) 由于切割工件图形的轨迹采用数控,因而可以切割出形状很复杂的模具,或直接切割出工件。加工工件形状和尺寸不相同时,只要另编程序即可,目前大都采用微机编程,使数控编程工作快速易行。

(3) 由于切割时几乎没有切削力,故可以用于切割极薄的工件,或用于切割切削加工时易于变形的工件。

(4) 由于电极丝直径很细,用它切断贵重金属可以节省材料,它还可用于加工窄缝、窄槽(0.07 ~ 0.09 mm)等。

由于它具有上述特点,电火花线切割加工在我国已被广泛用于切割加工各种冲模的凸模、凹模、固定板和卸料板;用于加工铝型材挤压模;用于加工电火花成型加工用的形状复杂的电极。在科研和生产开发试制中,还广泛用于直接切割加工机器零件或试件,如研制特种电动机时,直接用于切割转子定子的硅钢片以及磁钢等。在生产电器触头的工厂,还用电火花线切割加工把钨棒切割成触头片,与用砂轮片切割相比,可节省大量切口处浪费的钨棒,而且切割表面平整,还简化了后续工序。

电火花线切割加工的尺寸精度可达 0.02(平均)~ 0.003(最高)mm,表面粗糙度 Ra 值可达 1.6(平均)~ 0.2(最高)μm。

二、低速走丝线切割(WEDM – LS)

1.低速走丝电火花线切割机床的走丝原理(图 11.3)

绕于电极丝线架上 $\phi 0.15 \sim \phi 0.3$ 的黄铜电极丝,经滑轮 1、导向钩、滑轮 2、毡轮、张力控制器、断丝检查器、上部导向器、工件、下部导向器、滑轮 B、出丝导管、吸引部、电极丝送出滚轮、电极丝排出口,使用过的电极丝存于废电极丝箱中。

2.低速走丝线切割的特点

(1) 走丝速度慢,一般为 10 ~ 15 m/min。

(2) 电极丝材料为黄铜丝,走一次丝就废弃了。

(3) 电极丝在加工时的正确位置是由上、下导向器中的钻石接丝模来保持的。

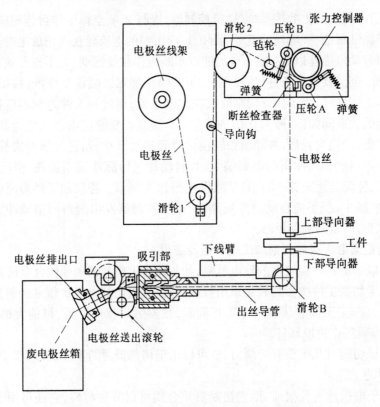

图 11.3　低速走丝线切割机床的走丝原理简图

（4）工作液是去离子水。

（5）可以进行自动穿丝。

（6）多次切割的加工尺寸精度可达 ±0.005 mm，加工工件表面粗糙度 $Ra < 0.6\ \mu m$，最大切割速度（生产率）$v_{wi} > 220\ mm^2/min$。

（7）切割加工表面已消除了影响模具寿命的"变质层"，"以割代磨"的发展越来越明显。

（8）凡是高速走丝线切割机床能加工的工件，它都能加工。

11.3　电　解　加　工

电解加工是电化学加工（简称 ECM）方法中的一种主要加工方法。它是以电化学阳极溶解的方式来实现对工件进行形状及尺寸加工的。

一、电解加工的原理

图 11.4(a)为电解加工示意图。加工时工件接直流电源的正极，工具接负极，电源电压不高，约 20 V 左右，但工作电流可高达 1 000～20 000 A。两极之间的间隙约为 0.1～1 mm，具有一定压力(0.5～2 MPa)的电解液从间隙当中通过，其流速高达 5～50 m/s，工件上与工具阴极相对应的部分产生阳极溶解，其产物被电解液冲走，这样阳极被不断地溶

解,同时工具阴极不断向阳极工件进给,使工件不断按阴极型面的形状溶解,电解产物不断被高速电解液带走,于是工具的形状就相对应地"复制"在工件上,从而达到对工件形状及尺寸加工的目的。

当用质量分数 10% ~ 20% 的氯化钠水溶液作电解液时,其主要化学反应如下:

水溶液中 $\qquad\qquad H_2O \Longleftrightarrow H^+ + OH^-$

阳极反应 $\qquad\qquad Fe - 2e \longrightarrow Fe^{2+}$

$$Fe^{2+} + 2OH^- \longrightarrow Fe(OH)_2 \downarrow$$

阴极反应 $\qquad\qquad 2H^+ + 2e \longrightarrow H_2 \uparrow$

在电解加工过程中,电源不断从阳极上取走电子,致使阳极的铁不断以 Fe^{2+} 的形式与水溶液中的负离子 OH^- 化合生成 $Fe(OH)_2$,沉淀为墨绿色絮状物,随着电解液的流动而被带走。$Fe(OH)_2$ 又逐渐被电解液中及空气中的氧氧化为 $Fe(OH)_3$,成为黄褐色沉淀(铁锈)。

$$4Fe(OH)_2 + 2H_2O + O_2 \longrightarrow 4Fe(OH)_3 \downarrow$$

水溶液中的 H^+ 不断被吸引到阴极表面,得到电子而游离出氢气。在电解加工过程中,工件阳极和水不断消耗,但工具阴极和氯化钠并不消耗。因此,在理想情况下,工具阴极可长期使用,NaCl 电解液只要过滤干净,并经常加入适量的水,也可长期使用。

二、电解加工的特点及应用

(1) 电解加工的加工范围不受金属材料本身硬度和强度的限制,可以加工淬火钢、不锈钢、耐热合金等高硬度、高强度及高韧性的导电材料,可以加工汽轮机叶片(图 11.4(b))、整体叶轮以及锻模等各种复杂型面。

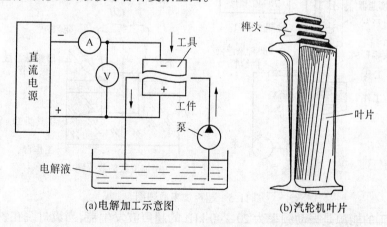

(a)电解加工示意图　　　　(b)汽轮机叶片

图 11.4　电解加工

(2) 电解加工的生产率较高,约为电火花加工的 5 ~ 10 倍,在某些情况下比切削加工生产率还高,且生产率不直接受加工精度和表面粗糙度的限制。

(3) 能以简单的直线进给运动一次加工出形状复杂的型腔或型面。加工中无机械切削力,所以不会产生切削力所引起的残余应力和变形,且没有飞边毛刺。

(4) 加工所得的表面粗糙度较好,Ra 值可达 0.16(最小) ~ 1.25 (平均)μm。加工精度不太高,达 0.01(最高) ~ 0.1 (平均)mm。

(5) 加工过程中阴极工具在理论上不会损耗,可长期使用。

电解加工不易达到较高的加工精度和加工稳定性,电解加工附属设备较多,占地面积大,要求有好的防腐性,造价较高,电解产物需要进行妥善处理,否则污染环境。

11.4　超 声 加 工

一、超声加工原理

超声加工(Ultrasonic machining)简称 USM,有时也称超声波加工。它不仅能加工硬质合金和淬火钢等硬脆金属材料,而且更适合于加工玻璃、陶瓷、半导体锗和硅片等不导电的非金属硬脆材料,同时还可以用于清洗、焊接和探伤等。

超声加工实际是一种变相的机械加工,其工作原理是工具作超声频振动,工具冲击磨粒,而使被加工工件的材料受到破坏。工具的超声振动是从超声换能器获得的,超声换能器的铁心(图 11.5(a))是由磁致伸缩材料制成的,具有磁致伸缩效应的材料有镍、铁镍合金、铁铝合金和铁氧体等。在电磁场作用下,铁心里的磁畴会沿磁力线方向展开,从而引起铁心横向和纵向尺寸变化,镍在磁场中缩短,铁和钴则在磁场中伸长,当磁场消失后又恢复原有尺寸。这种材料的棒杆在交变磁场中其长度将随磁场变化相同的频率伸缩,而使其端部作交变振动。

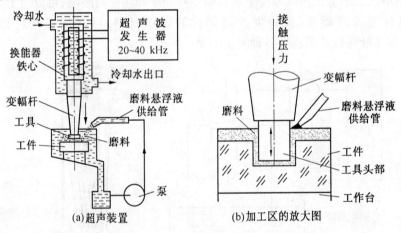

图 11.5　超声加工原理图

超声加工的能源是振动频率为 20 ~ 40 kHz 的超声波发生器,当流过绕在铁心上线圈中电流的振荡频率与铁心的固有振动频率相同时,就会出现共振,这时铁心端部的振幅可达 2 ~ 10 μm,这样的振幅太小,还不能直接用来对工件加工。为了扩大振幅,在铁心上安装着一根变截面的共振变幅杆(或称振幅扩大棒),这样就把振幅扩大到 10 ~ 100 μm 以上,加工工具固定在变幅杆上,由水和磨料混合而成的悬浮液由泵抽出,经供给管在压力作用下被送入加工区。超声加工所用的磨料有碳化硼、碳化硅、氧化铝和金刚石粉等。为了冷却铁心,冷却水进入冷却器之后再流出。图 11.5(b)是加工区的放大图。

液体中超声波所造成的空化现象,能强化磨粒在工具端面的运动,促进磨粒更换,从而加剧对被加工材料的破坏作用。

二、超声加工的应用

超声加工方法可以加工图 11.6 所示的圆柱孔、成形孔、型腔以及进行切割等。超声加工精度可达 0.005（最高）~ 0.03（平均）mm，表面粗糙度 Ra 值可达 0.16（最小）~ 0.63（平均）μm。但超声加工的生产率较低。

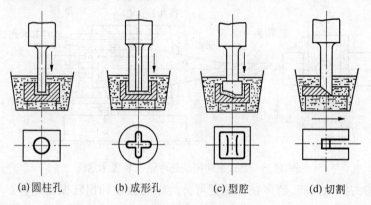

（a）圆柱孔　　（b）成形孔　　（c）型腔　　（d）切割

图 11.6　超声加工工件示例

1. 超声车削

超声车削是给刀具（或工件）在某一方向上施加一定频率和振幅的振动，以改善车削效能的车削方法。振动车削有两种：一种是以断屑为主要目的，这时多采用低频（最高几百赫兹）、大振幅（最大可达几毫米）在进刀方向振刀；另一种是以改善加工精度和表面粗糙度、提高车削效率、扩大车削加工适应范围为主要目的，则要用高频、小振幅（最大约 30 μm）振刀。经验表明，在车削速度方向振刀效果最好，车刀振动频率 f 在 18 kHz 以上，刀尖振幅仅有 16 μm。

超声车削装置有纵向振动、弯曲振动和扭转振动三种形式，图 11.7 所示为纵向振动超声车削装置。

超声车削可提高加工精度和表面质量，减少圆度误差，提高刀具耐用度，可切削难加工材料的超精密镜面、超精密微细切削，可作脆性材料的超精密切削。

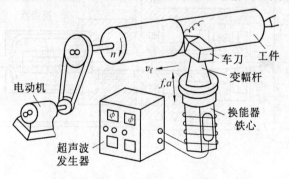

图 11.7　纵向振动超声车削装置示意图

2.超声钻孔

钻头的长度总是大于孔的直径,在切削力的作用下很容易产生变形,影响加工质量和加工效率。特别对于钻削难加工材料的深孔,会出现很多问题。例如,切削液很难进入切削区,切削温度高;刀刃磨损快,产生积屑瘤,排屑困难;切削力增大等。结果使加工效率和加工精度降低,表面粗糙度 Ra 值增加,工具寿命短。采用超声钻孔可以有效地解决这些问题。

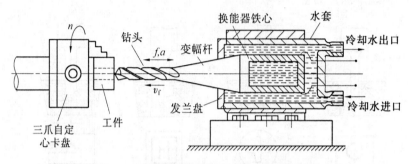

图 11.8　卧式纵向振动超声钻孔装置示意图

根据钻头的振动方向,超声钻孔装置可分为纵向振动和扭转振动两种。

图 11.8 所示是在车床上使用的纵向振动超声钻孔装置。纵向振动系统(包括换能器、变幅杆、钻头)通过变幅杆位移节点处的法兰盘固定在水套上。钻头进行纵向振动。工件装夹在三爪自定心卡盘上作回转运动。

纵向振动超声钻孔装置适用于加工铝、木材等硬度小的材料,不适用于加工碳素钢、不锈钢等硬度比较高的材料。

扭转振动超声钻孔装置不受工件材料的限制,可显著提高孔的加工精度,减小 Ra 值,并实现自动进给,成倍地提高加工效率。

3.超声磨削

根据砂轮的振动方向,超声磨削装置可分为纵向振动、弯曲振动和扭转振动超声磨削装置三种类型。

用于平面和外圆磨削的弯曲振动超声磨削装置如图 11.9 所示(振动频率 $f = 18 \sim$

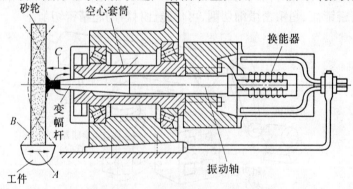

图 11.9　弯曲振动超声磨削装置示意图

A—砂轮外圆表面的振动方向;B—砂轮的弯曲振动波形;C—变幅杆的纵向振动方向

22 kHz,振幅 $a = 18$ μm)。指数形变幅杆的输入端与振动轴连接在一起。指数形变幅杆的输出端与砂轮座、砂轮连接在一起。

超声磨削的金属磨除量比普通磨削大,最大相差达 1 倍,加工的表面粗糙度 Ra 值减小,砂轮的耐用度也提高。超声磨削比较适合背吃刀量 a_p 小的精密磨削。

4.超声抛光

超声抛光可分为三种主要类型:① 手持式超声抛光;② 工件旋转式超声抛光(图 11.10);③ 工具旋转并振动式超声抛光(图 11.11)。振动频率 $f = 20 \sim 50$ kHz,振幅 5 ~ 25 μm。

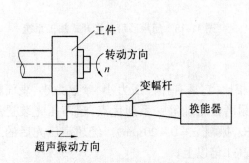

图 11.10 工件旋转式超声抛光示意图

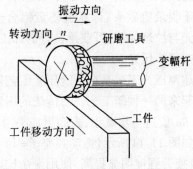

图 11.11 工具旋转并振动式超声抛光示意图

模具的抛光是模具制造的关键工序之一,是提高模具和产品质量的重要手段。因此,抛光技术一向为模具制造行业所重视,尤其是对超硬材料制造的模具进行超声抛光,显示出独特的优越性。

5.超声珩磨(图 11.12)

普通珩磨时,尤其是在铜、铝、钛合金等韧性金属管件珩磨时,油石极易堵塞而导致油石寿命过早结束,而且加工效率很低,零件已加工表面质量差。

超声珩磨具有珩磨力小、珩磨温度低、油石不易堵塞、珩磨加工效率高、加工质量好、珩磨零件滑动面耐磨性高等优点,完全能够解决普通珩磨存在的问题,尤其是铜、铝、钛合金等韧性材料管件以及陶瓷、淬火钢等硬脆材料管中的珩磨问题。

超声珩磨油石振动频率 $f = 20$ kHz,振幅 $a = 8$ μm,最大振动加速度 $a_{max} = 1.3 \times 10^4 g$($g$ 是重力加速度)。

6.超声砂带抛光

超声砂带抛光是很有发展前途的超精密加工方法,常用开式系统。图 11.13 为加工

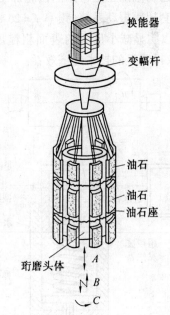

图 11.12 纵向振动超声珩磨装置示意图
A—油石振动方向;B、C—往复运动和回转运动方向

磁盘的开式加工系统。在系统中可对接触轮施加一径向振动,以便产生网状微切削痕纹,减小表面粗糙度 Ra 值,使砂带以极缓慢的速度进给;工件主轴转速为 40 ~ 50 r/min;接触轮振动频率 f = 5 ~ 20 kHz;振幅 a = 10 ~ 20 μm 左右,可用超声振动来实现接触轮的振动。

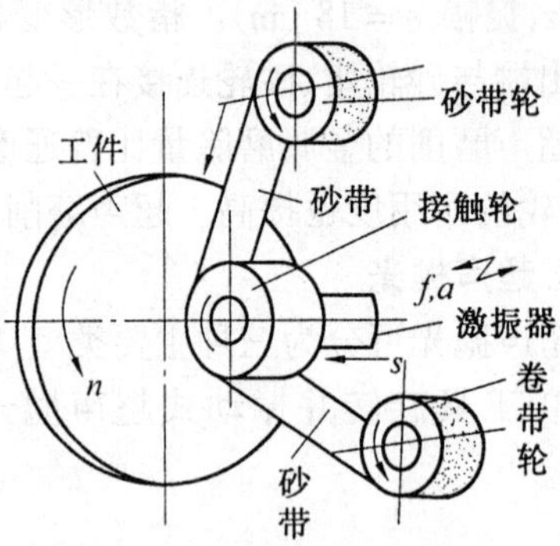

抛光轨迹成均匀的网状网纹,将砂带抛光用于收录机磁头、计算机硬盘铝合金基体的抛光与纹理加工,可获得良好的加工效果。

图 11.13　超声砂带抛光开式加工系统

7. 超声压光

超声压光工艺是在传统压光工艺基础上发展起来的一种新工艺。与传统的压光工艺相比,它具有弹性压力小、摩擦力小、表面粗糙度 Ra 值进一步减小、表面更加平滑、表面耐磨性增加等一系列优点,超声压光装置示意图如图 11.14 所示(振动频率 f = 18 ~ 22 kHz,振幅 a = 0 ~ 20 μm)。经超声压光后的工件,其疲劳强度明显提高,使用寿命比原来提高 1 倍以上。

超声压光可用于压光外圆、平面、内孔、锯齿形零件、齿轮工作表面、轴承内、外圈、圆弧过渡表面等。

8. 超声振动滚齿加工

滚齿切削加工是常用的齿轮加工方法,其切削传动链较复杂。在原有滚齿机基础上附加一套超声振动系统(频率 f = 26 kHz,振幅 a = 15 μm),实现超声振动滚齿加工(图 11.15),可以明显减小齿面的表面粗糙度 Ra 值,节省齿轮滚刀及电能消耗,使加工成本下降,可取得明显的技术经济效益。

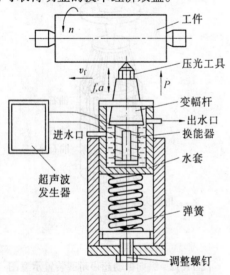

图 11.14　超声压光装置示意图

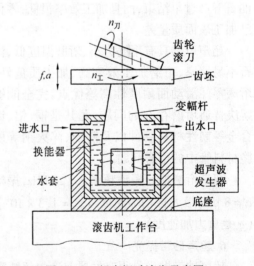

图 11.15　超声振动滚齿示意图

9. 超声清洗

超声清洗机的最基本结构如图 11.16 所示,它主要由三部分组成,即超声波发生器、超声换能器和清洗槽,一般超声频率是 20 ～ 40 kHz。

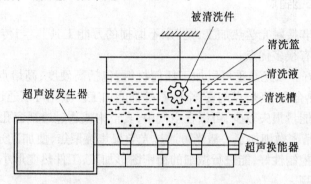

图 11.16 超声清洗设备组成示意图

当超声在清洗中传播时,会产生空化、辐射压、声流等物理效应,这些效应对污物有机械剥落作用,同时能促进清洗液与污物的化学反应,其中空化效应在超声清洗中起主要作用。

11.5 激光加工

激光加工(Laser Beam Machining,简称 LBM)是指利用能量密度非常高的激光束对工件进行加工的过程。激光几乎能加工所有的材料,例如,塑料、陶瓷、玻璃、金属、半导体材料、复合材料及生物、医用材料等。

一、激光加工原理

激光是一种受激辐射产生的加强光,它的亮度高、方向性强、相干性和单色性好,具有良好的空间控制性(射束的方向变化、旋转扫描等)和时间控制性。可以通过一系列的光学系统把激光光束聚集成一个极小的光斑(直径仅有几微米到几十微米),其发散角通常不超过 $0.1°$,获得 $10^8 ～ 10^{10}$ W/cm^2 的高能量密度,温度可高达上万度左右。

图 11.17 是激光加工原理图。当能量密度极高的激光照射到工件的被加工表面上时,光能被工件吸收并迅速转化为热能,照射斑点局部区域的材料在 10^{-3} s(甚至更短的时间)内急剧熔化和气化,熔化和气化的物质被爆炸性地高速(比声速还快)喷射出来。熔化和气化物质高速喷射所产生的反冲击力又在工件内部形成一个很强烈的冲击波。工件在高温熔融和冲击波的

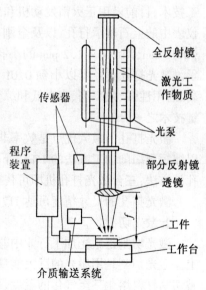

图 11.17 激光加工原理图

同时作用下被打出一个小孔。因此,激光加工的机理是热效应,从理论上说,可以用激光来加工任何种类的固体材料。

二、激光加工的特点

激光加工属非接触光学热加工,是"永不磨损的万能工具"。与传统加工技术相比 ,激光加工技术具有很多优点:

(1) 适应性好。激光几乎可以加工任何材料,包括高硬度、高熔点、高强度及脆性材料,如高硬度耐热合金、高熔点陶瓷、金刚石等都能加工。激光可以通过空气、惰性气体或光学透明介质而能量损失较少,可以在空气中,真空中或透过透视窗孔对零件进行加工。

(2) 可进行精密微细加工。激光可通过光学聚焦镜聚焦,使加工光斑非常小,它的空间控制性和时间控制性好,能进行微细的精密图形加工,工件热变形小、无机械变形,使得加工质量显著提高。

(3) 加工效率高。可实现高速切割和打孔,激光切割可比常规机械切割提高加工效率几十倍甚至上百倍。激光打孔特别是微孔可比常规机械打孔提高效率几十倍甚至上千倍;激光焊接比常规焊接提高效率几十倍,且精度亦显著提高。

(4) 工艺集成性好。无工具磨损,避免了模具或刀具更换,缩短了生产准备时间,效率高,且易于实现连续加工,减少装夹时间,工件可以进行任意形式的紧密排料或套裁,使原材料得到了充分利用,同一台机床可完成切割、打孔、焊接、表面处理等多种加工,既可分步加工,又可在几个工位上同时进行加工,也易于实现加工自动化和柔性化。

三、激光加工方法

1. 激光打孔

利用激光几乎可在任何材料上自动打微型孔,是一种最早达到实用化的激光材料加工技术,目前已用于火箭发动机和柴油机的燃料喷嘴加工、化学纤维喷丝板打孔、钟表和仪表中的宝石轴承打孔,以及金刚石拉丝模加工等。如加工钟表红宝石轴承上 $\phi 0.12 \sim \phi 0.18$ mm、深 $0.6 \sim 1.2$ mm 的小孔,采用自动传送,每分钟可以连续加工几十个宝石轴承。激光打孔直径可以小到 0.01 mm 以下,深径比可达 50∶1。激光打孔技术具有精度高、通用性强、效率高、成本低和综合技术经济效益显著等优点,已成为现代制造领域的关键技术之一。

激光打孔的最大优点是效率非常高,特别是对金刚石和宝石等特硬材料,打孔时间可以缩短到切削加工方法的 1% 以下。例如,宝石轴承加工是采用工件自动传递、用激光打孔的方法,三台激光打孔机即可代替 25 台钻床 50 名工人的工作量。

激光打孔的尺寸精度可达 IT7,表面粗糙度值 Ra 为 $0.16 \sim 0.08$ μm。

2. 激光切割

激光切割是激光加工行业中非常重要的一项应用技术,占整个激光加工业的 70% 以上。激光切割是用激光的巨大能量和功率密度直接聚集在切割零件的表面,产生足以使被切割材料熔化甚至气化的温度,再辅以喷射气体,从而达到分离材料的目的。为了提高工件材料的吸收系数,切割前对工件进行黑化处理,最简单的方法是涂墨汁。

激光切割大都采用重复频率较高的脉冲激光器。固体激光器(YGA)输出的脉冲式激光成功用于半导体硅片的切割,重复频率 5 ~ 20 Hz,划片速度为 10 ~ 30 mm/s,宽度0.6 mm,比金刚石划片优越得多,可将 1 cm² 的硅片切割出几十个集成电路块或几百个晶体管管芯。图 11.18 是激光切割的工件。

(a)在金属板上切割各种图形

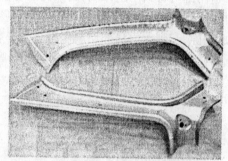

(b)三维切割的工件

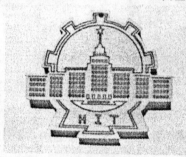

(c)在木板上切割和雕刻哈尔滨工业大学标志牌

图 11.18　激光切割的工件照片

3.激光打标记

激光打标记是利用高能量密度的激光对工件进行局部照射,使表层材料气化或发生颜色变化,从而留下永久性标记的一种技术。激光几乎可以在所有的材料上打标记。

激光打标记属于一种非接触的标刻方式,对零件表面没有损伤,标记的字符清晰,图形质量好,与传统的加工方式(如喷墨打印、电火花加工、机械刀刻等)相比,具有许多难以比拟的优点。激光打标记采用计算机控制技术,效率高、成本低、激光刻划精细,可以对各种材料的表面打各种字符、图案、数字以及条形码的标记,标记线宽可小于 0.01 mm,可深可浅,对很小的零件也可打标记,由计算机操作易于更换标记内容,也可以一个零件一个标记。激光打的标记为永久性,不像喷墨打印的字可擦掉,采用激光标刻的防伪效果很好。

由于有以上多种特点,所以应用越来越广泛,特别是多种电子器件、集成电路模块、精密仪器仪表、量具、刃具、五金件、计算机键盘及轴承等制品上形成刻度和标记。用激光打标记的方法还可以进行产品防伪和艺术品制作。在陶瓷、玻璃、大理石等非金属材料上及在坚硬的晶体上都可方便地进行激光打标记,也可以在竹和木头等材料上雕刻制作艺术品。近年来,随着平均功率 150 ~ 250 W YAG 激光系统的出现和汽车等工业加工的需要,所打标记的深度已增加,使得所打的标记在喷漆或涂上润滑油后仍能清楚辩认。

4.激光内腔加工(激光内雕)

激光内腔加工原理,是根据激光方向性好,能量在空间、时间上高度集中,可以透过透明物体进行加工的特点,把激光对透明材料的作用机理运用到内腔加工上,使激光在固体透明材料内部对材料产生作用,当激光的功率密度大于介质的破坏阈值时,在激光作用的很短时间间隔内,强激光的辐射将导致介质吸收大量的激光能量,产生使材料破坏的内爆轰,形成空隙,起到体内局部切割作用。由于切割过程相当迅速,聚焦点周围热传递造成的热损伤几乎为零。图11.19所示为激光内雕加工的工艺品。

水晶奖杯

(a)在水晶体内部雕出飞龙　　　　　(b)在水晶体内部雕出奖杯

图11.19　在水晶内部的激光内雕实物照片

激光内腔加工技术是非接触加工,克服了传统机床因受切削力的作用而引起的变形,整个加工过程无噪声和无化学污染,无需准备专用工装与设备,但要求被加工工件必须是透明材料。该技术的研究成功提高了整个机械制造工艺的水平和产品质量,开拓出制造技术的一个新领域。在光电通讯、航空航天、军工和医疗器械等领域,以及随着MEMS技术的日益发展,经常有一些高精度的内腔形体零件,这些零件口小型腔大,有的内腔形状还比较复杂。如果用传统的工艺方法将它一分为二分别进行加工,尽管能保证两体加工精度很高,但是装配过程中,都避免不了装配误差的存在,影响了产品的使用性能。借助激光技术和计算机技术以及数控技术相结合的激光内腔加工技术,使上述复杂的内腔加工问题迎刃而解。

11.6　快速原型制造技术

快速原型制造(Rapid Prototype Manufacturing, 简称RPM)技术是综合利用CAD技术、数控技术、材料科学、机械工程、电子技术及激光技术的技术集成,以实现从零件设计到三维实体原型制造一体化的系统技术。它是一种基于离散堆积成型思想的新型成型技术。

一、分层堆积的思路

以空心球的剖切和堆积为例。

图 11.20(a)所示的空心塑料球,若将其剖切 7 刀,就得到图 11.20(b)所示的 8 个圆环,若将该 8 个圆环按原来位置堆积,就得到剖切前的球,若剖切的刀数很多,就可以得到很多非常薄的圆环,将这些薄圆环依次堆积,也能得到剖切前的空心球。

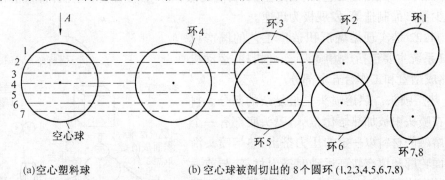

(a)空心塑料球   (b) 空心球被剖切出的 8 个圆环 (1,2,3,4,5,6,7,8)

图 11.20 空心球剖切成薄片圆环

二、快速原型制造方法

1.光固化成形(SLA)工艺

(1) 光固化成形。光固化成形是最早出现的快速成形工艺,在液槽(图 11.21)中装满液态光敏树脂,将激光聚焦到液态光敏树脂表面上,受该层圆环图形的数控程序控制,激光在液态光敏树脂表面由数控程序控制进行逐点扫描,使表层光敏树脂固化而得到一个光敏树脂被固化成的一层薄的圆环。

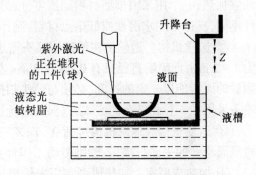

图 11.21 光敏树脂液相固化成形原理图

(2) 光固化成型(SLA)的主要过程。

① 用 CAD 设计球的三维实体。应用三维 CAD 软件(如 Pro/E、UG、Solid Works 等),设计出空心球的三维实体模型。

② 三维实体模型分层处理。把三维空心球实体模型 Z 向离散化,沿高度方向分成一系列薄片圆环,并提取每个薄片圆环的轮廓信息。

③ 处理薄片圆环的轮廓信息,生成数控代码。

④ 逐层堆积制造(图 11.21)。在计算机控制下,根据生成的数控代码,RP 系统的紫外激光头射出的激光在液态光敏树脂表层 $X - Y$ 平面内,按该层薄片圆环截面轮廓进行扫描,使被扫描的液态光敏树脂固化,从而堆积出当前的一个薄圆球层片,并将该层片与已加工(堆积)好的球体部分黏合。这时,升降工作台下降一个薄片层厚的高度(约 0.1 mm),如此反复进行逐层堆积,直到整个空心球堆积完成。

⑤ 后处理。对已堆积完成该球的原型进行处理,如深度固化、去除支撑、修磨、着色等,使之达到要求。

2.熔融沉积造型(FDM)工艺

(1) 熔融沉积造型工艺原理。熔融沉积造型工艺又称为熔化堆积法,它不用激光器件,因此使用和维护简单、成本低。用蜡成型的零件可以直接用于失蜡铸造。该技术已被广泛应用于汽车、机械、航空航天、家电、通信、电子、建筑、医学、玩具等产品的设计开发过程,如产品外观评估、方案选择、装配检查、功能测试、用户看样订货、塑料件开模前校验设计以及少量产品制造等,发展极为迅速。

图 11.22 是实现熔融沉积造型工艺的国产设备,FDM 系统主要包括热熔喷头、送丝机构、运动机构、加热成型室和工作台五个部分。

① 热熔喷头。热熔喷头是最复杂的部分。料丝材料在喷头中被加热熔化,热熔喷头底部有一个喷嘴供熔融的材料以一定的压力挤出,热熔喷头沿零件截面轮廓和填充轨迹运动时挤出材料,与前一层黏接并在大气中迅速固化。如此反复进行即可得到实体零件。它的工艺过程决定了它在制造悬臂件时需要添加支撑。支撑可以用同一种材料建造,只需要一个喷头。目前国外一般都采用双喷头

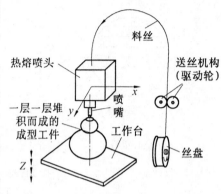

图 11.22　熔融沉积造型(FDM)工艺原理简图

独立加热,一个用来喷模型材料制造零件,另一个用来喷支撑材料做支撑。两种材料的特性不同,支撑采用水溶性或低熔点材料,制作完毕后去除支撑相当容易。

② 送丝机构。送丝机构给热熔喷头输送原料,进丝要求平稳可靠。原料丝一般直径为 1 ~ 2 mm,而喷嘴直径只有 0.2 ~ 0.3 mm 左右,这个差别保证了喷头内一定的压力和熔融后的原料能以一定的速度(必须与喷头扫描速度相匹配)被挤出成型。进丝机构和热熔喷头采用推 – 拉相结合的方式,以保证进丝稳定可靠,避免断丝或积瘤。

③ 运动机构。运动机构包括 X、Y、Z 三个轴的运动。X – Y 轴的联动完成热熔喷头对截面轮廓的平面扫描,Z 轴则带动工作台实现高度方向的进给。

④ 加热成型室。加热成型室用来给成型过程提供一个恒温环境。熔融状态的丝挤出成型后如果骤然冷却,容易造成翘曲和开裂,适当的环境温度可最大限度地减小这种缺陷,提高成型质量和精度。

⑤ 工作台。工作台主要由台面和泡沫垫板组成,每完成一层成型,工作台便下降一层高度。

(2) 熔融沉积造型工艺过程。以国产设备 MEM – 300 为例,简要介绍 FDM 工艺的成型过程。

① 三维模型设计及 STL 文件输出。

② 使用软件进行分层处理。

③ 原型制作。

④ 原型后处理。

(3) 熔融沉积造型的工艺特点。

① 由于该工艺无需激光系统,因此设备使用和维护简便、成本较低,其设备成本往往只是 SLA 设备成本的 1/5。

② FDM 设备系统可以在办公室环境下使用。

③ 用蜡成型的零件原型可以直接用于失蜡铸造。

④ 原材料在成型过程中无化学变化,制件翘曲变形小。

⑤ 当使用水溶性支撑材料时,支撑去除方便快捷,且效果较好。

不足之处在于成型精度比其他 RPM 工艺的低,成型时间较长。

快速原型制造技术(RPM)的工艺方法,除了光固化成型(SLA)工艺、熔融堆积造型(PDM)工艺之外,还有叠层实体制造(LOM)工艺和激光烧结(SLS)工艺等。

三、快速原型制造技术的特点

① 高度柔性化。

② 技术高度集成化。

③ 设计制造一体化。

④ 大幅度缩短新产品的开发成本和周期。

⑤ 制造自由成型化。它不受任何专用工具或模具的限制而自由成型。

⑥ 材料使用广泛。可以使用液态光敏树脂(SLA 工艺)、纸张及塑料薄膜(LOM 工艺)、塑料粉或腊粉或金属(SLS 工艺)、蜡或 ABS 塑料或尼龙(FDM 工艺)。

四、快速原型制造技术的应用

RPM 技术已在航空航天、汽车外形设计、玩具、电子仪表与家用电器的塑料件制造、人体器官制造、建筑美工设计、工艺装饰设计制造、模具设计制造等领域展现出良好的应用前景。图 11.23 是几种用快速原型制造的工件照片。

(a)光固化成型(SLA)工艺

(b)熔融堆积造型(FDM)工艺

(c)叠层实体制造(LOM)工艺

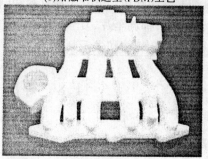
(d)激光烧结(SLS)工艺

图 11.23　几种用快速原型制造的工件照片

11.7　水射流切割

一、水射流切割原理

水射流切割(Water Jet Cutting,简称 WJC)是利用高压、高速液流对工件的冲击作用去除材料来实现对工件的切割。图 11.24 为水射流切割原理简图。形成液流的水或带有添加剂的水储存在水箱中,由水泵抽出,送至储液蓄能器中,使脉动的液流平稳。通过液压机构和增压器增压,高压液流经控制器和阀门,从孔径为 0.1～0.5 mm 的人造蓝宝石喷嘴喷出,直接压射到工件加工部位进行加工或切割,所产生的切屑与液流混合,从排水口流出。水流速度可达 500～900 m/s,束流的功率密度可达 10^6 W/mm^2。加工深度主要取决于液压喷射的速度、压力、压射距离以及喷射角度等因素。

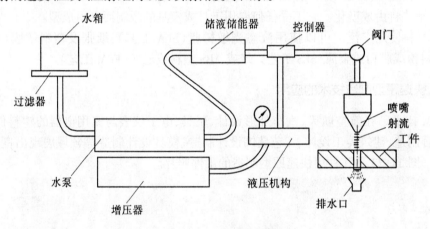

图 11.24　水射流切割原理简图

二、水射流切割的特点及应用

水射流切割时,切边质量较好且稳定,切窄缝可以节省材料;加工中切削温度低,不产生灰尘,有利于满足安全和环保要求。

水射流切割已用于切割七八十种材料和制品,可以加工金属和非金属材料,如铜、铝、塑料、橡胶、木材、石棉刹车片、复合材料板、皮革、纸、纤维制品及印制电路板等;除切割外,还可以用于切边、切槽和去毛刺等。

11.8　等离子体加工

一、等离子体加工原理

等离子体加工(Plasma Arc Machining,简称 PAM)是利用电弧放电使气体电离成过热的等离子气体束流,靠局部的熔化及气化去除材料来实现对工件的加工。等离子体是高温电离的气体,其中所含正负电荷数和正负离子数仍相等,从整体上仍呈电中性,故称为等离子体。

　　等离子体加工原理如图 11.25 所示。工件接直流电源阳极,钨丝接阴极。利用高频振荡或瞬间短路的方法引弧,使钨丝电极与工件之间形成电弧。在电弧高温作用下,使气体(氮、氩、氦、氢或这些气体的混合)电离成等离子体,形成等离子体电弧。等离子体电弧的温度很高,可达 11 000 ~ 28 000℃,并以极高的速度从喷嘴孔喷出,具有很大的动能和冲击力。作用于金属工件表面时释放出大量的热能,加热金属并使之熔化或气化,同时将熔化及气化了的金属材料吹走,完成对工件的切割或其他加工。

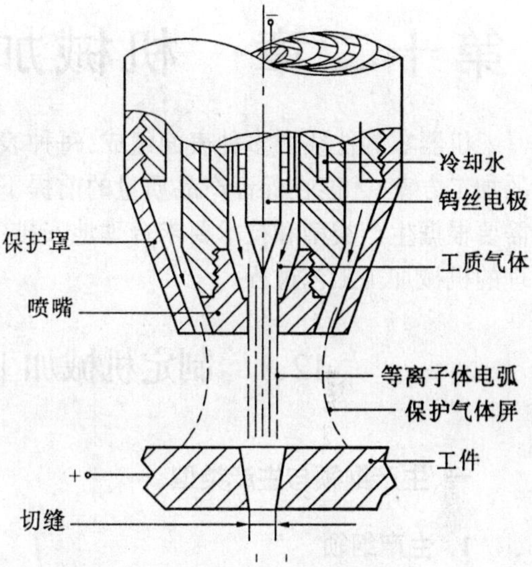

二、等离子体加工的特点及应用

图 11.25　等离子体加工原理

　　等离子体电弧温度高、能量密度大,而且焰流密度可以控制。可通过适当调节电源功率、气体类型及流量、火焰喷射角度和距离以及进给速度等,对加工过程进行控制。以适应不同厚度、不同材质工件的加工。加工过程会产生噪声、烟雾和强光,需进行防护。

　　等离子体加工已广泛应用于切割各种金属材料,如不锈钢、铜、铝、合金钢、钛、铸铁、钨等的切割。此外等离子体电弧焊接技术、等离子体表面处理技术也得到了广泛应用。

第十二章　机械加工工艺过程的制定

机器零件往往由多种表面组成,每种表面的加工又有多种加工方案。只有选择正确的加工方案,才能在保证产品质量的前提下,既提高生产率,又获得好的经济效益。这就需要根据生产类型和技术要求合理地安排各加工表面的加工方法和加工顺序,制定出合理的机械加工工艺过程。

12.1　制定机械加工工艺过程的基本知识

一、生产纲领与生产类型

1. 生产纲领

企业在计划期内应当生产的产品产量和进度计划,称为生产纲领。生产纲领用年产量表示。产品中某零件的生产纲领就是包括备品和废品在内的年产量,通常按下式计算

$$N = Qn(1 + \alpha + \beta)$$

式中　N——零件的生产纲领;

　　　Q——产品的生产纲领;

　　　n——每台产品中该零件的数量;

　　　α——零件的备品率;

　　　β——零件的平均废品率。

2. 生产类型

根据产品的大小、复杂程度、生产纲领及企业专业化程度,机械制造生产分为单件生产、成批生产、大量生产三种类型。

(1) 单件生产。单个制造一种零件(或产品),很少重复或不重复的生产,称为单件生产。例如,重型机器厂或机修车间的生产及新产品试制等。

(2) 成批生产。成批制造相同的零件(或产品),一般是周期性地重复进行生产,称为成批生产。按照批量的大小和产品的特征,它又分为小批生产、中批生产和大批生产。

(3) 大量生产。同一种零件(或产品)的制造数量很多,且在大多数工作地点经常重复地进行一种零件的某一工序的加工,称为大量生产。例如,汽车厂、轴承厂等的生产,一般都属于大量生产。

由于小批生产与单件生产的工艺特点很相似,大批生产与大量生产的工艺特点较相近,故生产中常称为单件小批生产、大批大量生产,而成批生产指中批生产。生产类型的划分见表12.1。生产类型不同,在生产组织、管理和设备布置以及毛坯制造和机床、夹

具、刀具、量具的配备等方面均有所不同。各种生产类型的工艺特征见表12.2。

表 12.1　生产类型的划分

生产类型		零件的年产量/件		
		重型零件	中型零件	轻型零件
单件生产		< 5	< 10	< 100
成批生产	小　批	5～100	10～200	100～500
	中　批	100～300	200～500	500～5 000
	大　批	300～1 000	500～5 000	5 000～50 000
大量生产		> 1 000	> 5 000	> 50 000

表 12.2　各种生产类型的工艺特征

	单件生产	成批生产	大量生产
机床设备	通用的(万能的)设备	用通用的和部分专用的设备	广泛使用高效率专用的设备
夹　具	通用夹具	部分使用专用夹具	广泛使用高效率专用夹具
刀具和量具	一般刀具,通用量具	部分采用专用刀具和量具	使用高效率专用刀具和量具
毛　坯	手工砂型铸造,自由锻	部分采用金属模铸造和模锻	机器造型、压力铸造、模锻、滚锻等
对工人的技术要求	需要技术熟练的工人	需要技术比较熟练的工人	调整工要求技术熟练,操作工要求熟练程度低

二、生产过程和工艺过程

(1)生产过程。将原材料转变为成品的全过程,称为生产过程。它包括:原材料运输和保管、生产准备工作、毛坯制造、机械加工、热处理、装配、检验、调试、油漆和包装等。

(2)工艺过程。生产过程中,直接改变原材料或毛坯的形状、尺寸和性能等,使其成为成品或半成品的过程,称为工艺过程。工艺过程是生产过程中的主要部分。机械加工车间生产过程中的主要部分,称为机械加工工艺过程;装配车间生产过程中的主要部分,称为装配工艺过程。

三、机械加工工艺过程及其组成

机械加工工艺过程是指用机械加工方法,按一定顺序逐步改变毛坯的形状、尺寸和表面质量,使之成为合格零件的全过程。在机械加工工艺过程中,有时需穿插热处理过程,以改变材料性能。

机械加工工艺过程由一系列工序组成。工序是指一个或一组工人在一台机床或一个工作场地上,对一个(或同时几个)工件进行连续加工所完成的那一部分工艺过程。在同一工序中,工件可能要经过几次安装。安装是指工件经一次装夹后所完成的那一部分工序。

四、工件的装夹

将工件在机床上或夹具中定位、夹紧的过程称为装夹。

工件装夹是否正确、迅速,直接影响工件的加工精度、生产率和制造成本。根据生产条件的不同,工件的装夹方法有直接找正装夹、划线找正装夹和专用夹具装夹。

(1) 直接找正装夹。将工件夹持在机床的工作台或通用夹具(如三爪自定心卡盘、四爪单动卡盘和平口虎钳等)上,以工件上某个表面作为找正的基准面,用目测或划针盘、90°角尺、千分表等工具找正,以确定工件在机床或夹具上的正确位置。用找正定位后再夹紧,这种方法称为直接找正装夹。如图 12.1 所示,加工内孔前是在外圆上用千分表找正其位置的,以便使其外圆轴线与机床主轴回转线重合,所以就能保证该外圆对进一步镗出内孔的同轴度要求,该外圆面叫找正面或定位基准面。此法定位精度较高,可达0.01 mm 左右。又如,在图 12.2 中,装夹法兰盘毛坯时,常用目测或划针盘检查端面,使其与车床主轴回转轴线大致垂直,这种方法定位精度不高。

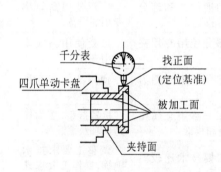

图 12.1　用千分表直接找正装夹

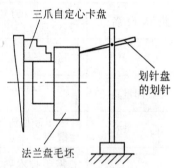

图 12.2　用划针盘直接找正装夹

直接找正装夹时,找正面的精度、表面粗糙度及找正时所用的工具和工人的技术水平,直接影响定位精度,这种方法找正时间长、生产率低,所以多用在单件小批生产及修理中。

(2) 划线找正装夹。在毛坯上划出加工表面的轮廓线或加工线作为找正的依据,从而确定工件在机床或通用夹具上的正确位置,找正之后再夹紧,这种方法称为划线找正装夹。由于划线和找正时误差都较大,因而工件的定位精度较低,一般仅能达 0.2 ~ 0.5 mm,而且用这种方法找正工件也较费时,一般在单件小批生产中使用。

形状复杂的铸件毛坯和加工余量较多的锻件毛坯,一般精度都较低,各表面间位置偏差较大,在单件小批生产中,采用这种划线找正法,还可以通过划线来调整加工余量,使各被加工表面都能留有足够的加工余量,以预先避免某个表面因余量不够而报废。此外,用划线的方法,还能使加工表面与不加工表面之间相互位置的偏差不致过大。

(3) 专用夹具装夹。专用夹具是根据工件加工过程中某一工序的具体情况设计的,按加工要求布置夹具的定位元件和夹紧装置。在操作时可迅速可靠地保证工件与机床和刀具具有正确的相对位置,无需再进行找正。如图 12.3 所示,在钻床上用夹具装夹轴套钻孔。轴套工件工件以孔和一个端面定位装夹在夹具上,拧紧压紧螺母,通过开口垫圈将轴套压紧,即可进行钻孔。钻完后松开压紧螺母,取下开口垫圈,即可卸下轴套。这种装夹方法生产率高,但生产准备时间较长,生产费用较高,多用于大批大量生产。有时在单件小批生产中,当被加工表面的位置精度要求较高而用其他方法难以保证时,也常用简单的专用夹具来装夹工件。

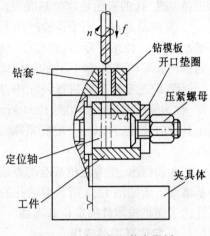

图 12.3　专用夹具装夹举例

　　从上述可知,无论采用哪种装夹方法都要根据工件上指定的表面(或划线)作为基准来决定工件在机床或夹具上的正确位置,因而正确选择定位基准十分重要。

五、基准

1. 基准及其分类

　　基准就是"依据"的意思。在零件工作图或实际零件上,要确定一些点、线、面的位置,总要用一些指定的点、线、面作为依据,这些作为依据的点、线、面,称为基准。根据基准的作用不同,常把基准分为设计基准和工艺基准两大类。

　　(1) 设计基准。在设计零件图时,需用一定的尺寸来表示零件各表面之间的相互位置,在标注尺寸时,作为依据的那些点、线、面就叫做零件的设计基准。如图 12.4 所示,齿轮的内孔、外圆和分度圆的设计基准是齿轮的中心线。图 12.5 为机体的示意图,机体的表面 2、3 和孔 4 轴线的设计基准是表面 1,孔 5 轴线的设计基准是孔 4 的轴线。

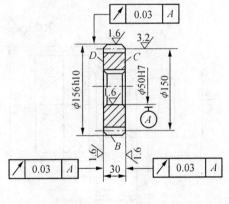

图 12.4　齿轮

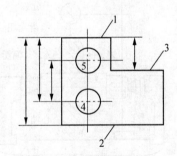

图 12.5　机体设计基准示意图

　　(2) 工艺基准。零件在加工、度量和装配中,用来作为依据的那些点、线、面叫做工艺基准。工艺基准分为定位基准、度量基准和装配基准。

　　① 定位基准。工件在切削加工过程中,用于确定工件在机床或夹具上的正确位置所采用的基准,称为定位基准。如图 12.4 所示,精车齿轮的外圆 B 和端面 D 时,为了保证它们对孔轴线的圆跳动的要求,工件以精加工后的孔定位装夹在锥度心轴上,孔的轴线是

定位基准,孔的表面是定位基准面。

② 度量基准。用于检验已加工表面的尺寸及各表面之间位置精度的基准,称为度量基准。如图 12.6 所示,在偏摆仪上利用锥度心轴检验齿轮坯外圆和两个端面相对孔轴线的径向和端面圆跳动时,孔的轴线即为度量基准。

③ 装配基准。在机器装配中,用于确定零件或部件在机器中正确位置所采用的基准,称为装配基准。例如图 12.4 所示的齿轮,装配时内孔以一定的配合精度装在轴上决定其径向位置,并以一个端面紧靠轴肩决定轴向位置,齿轮孔的轴线和该端面即为装配基准。

必须指出,作为定位基准的点或线,总是以具体表面来体现的,这种表面就称为定位基准面。例如图 12.4 所示齿轮孔的轴线并不具体存在,而是由孔的表面来体现的,因而孔内表面是该零件的定位基准面。

2. 定位基准的选择

在零件的加工过程中,合理选择定位基准对保证零件的尺寸精度和位置精度有着决定性的作用。

定位基准分为粗基准和精基准。在加工过程的第一道工序中,只能用毛坯的未加工的表面作为定位基准,称为粗基准。在以后的工序中,一般用加工过的表面作为定位基准,称为精基准。

(1) 粗基准的选择。粗基准的选择一般遵循如下原则:

① 尽量选择不要求加工的表面作为粗基准。这样可使加工表面与不加工表面之间的位置误差最小,同时还可以在一次装夹中加工出更多的表面。如图 12.7 所示铸铁件,用不需要加工的小外圆 A 作粗基准,不仅能保证 $\phi90H7$ 孔的壁厚均匀,而且能在一次装夹中车削出除小端面以外的全部加工表面,能保证 $\phi160Js6$ 孔与 $\phi90H7$ 孔的同轴度,以及大端面和内台阶端面与孔轴线的垂直度。

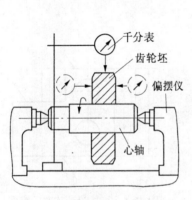

图 12.6　在偏摆仪上齿轮坯圆跳
动的检验

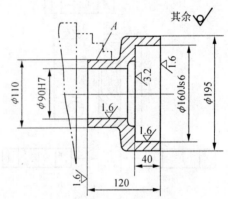

图 12.7　用不加工表面作粗基准

② 若零件的所有表面都需加工,应选择加工余量和公差最小的表面作为粗基准。这样可保证作为粗基准的表面在加工时,余量均匀。例如,车床床身(图 12.8)要求导轨面耐磨性好,希望在加工时只切除一层薄而均匀的金属,使其表层硬度高且具有均匀一致的金相组织。若先选择导轨面作粗基准,加工床腿的底平面(图12.8(a)),然后以床腿的底

平面为精基准加工导轨面(图 12.8(b)),就可达到此目的。

③ 选择光洁、平整、面积足够大、装夹稳定的表面作粗基准。若有毛刺和毛边等,应予以清除,否则定位误差过大,同时工件也不易夹牢。

④ 粗基准一般只在第一道工序中使用,以后应尽量避免重复使用。作为粗基准的表面,精度低、表面粗糙,多次使用无法保证各加工表面之间的位置精度。

(2) 精基准的选择。精基准的选择一般遵循如下原则:

① 基准重合原则。尽可能选用设计基准作为定位基准,这样可避免因定位基准与设计基准不重合而引起的定位误差,以保证加工面与设计基准间的位置精度。如图 12.9(a)所示为

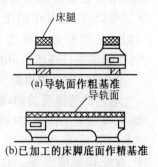

(a)导轨面作粗基准

(b)已加工的床脚底面作精基准

图 12.8　床身加工的粗基准

轴承座,1、2 面已精加工过,现欲加工孔 3,要求孔的轴线与设计基准 1 面之间的尺寸为 $A_0^{+\delta_A}$。如果按图 12.9(b)所示用 2 面作为精基准,则因 2 面与 1 面之间的尺寸有公差 δ_B,当加工一批零件时,在孔 3 轴线与 1 面之间尺寸 A 的误差中,除了因其他原因产生的加工误差外,还要包括因定位基准与设计基准 1 不重合引起的定位误差。此项误差可能的最大值为 $\varepsilon_{定位} = \delta_B$。如果按图 12.9(c)所示,用 1 面作为精基准,则 $\varepsilon_{定位} = 0$。

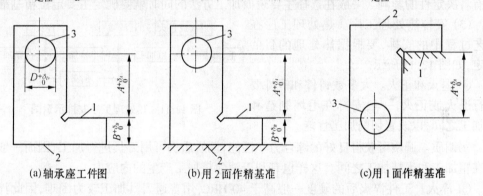

(a)轴承座工件图　　　　(b)用 2 面作精基准　　　　(c)用 1 面作精基准

图 12.9　定位误差与定位基准选择的关系

② 基准同一原则。应使尽可能多的表面加工都用同一个定位基准,这样有利于保证各加工面之间的位置精度。例如,车削和磨削图 12.10 所示轴两端的外圆时,均采用轴线作为定位基准,即用前、后顶尖孔定位。

③ 选择面积较大、精度较高、安装稳定可靠的表面作精基准,而且所选的精基准应使夹具结构简单,装夹和加工工件方便。

在实际生产中,精基准的选择要完全符合上述原则,有时是不可能的,这时就要根据具体情况进行分析,选择最合理的方案。

六、机械加工工艺过程的制定

制定机械加工工艺过程的内容及步骤如下:

1. 研究图样及其技术要求

首先认真看清零件图样,对零件的结构、尺寸、精度、表面粗糙度、材料、热处理及数量

均需作全面系统的了解和分析,以便掌握全局,找出其中的工艺技术关键问题。必要时还应熟悉产品的装配图,了解该零件在产品中的作用。

2. 选择毛坯的类型

毛坯的选择直接影响工艺过程安排、机械加工工作量、材料消耗和生产成本。常见的毛坯有型材、坯料、铸件、锻件和焊接件等。毛坯选择要根据零件的材料、形状、尺寸、批量和工厂现有条件等因素综合考虑决定。

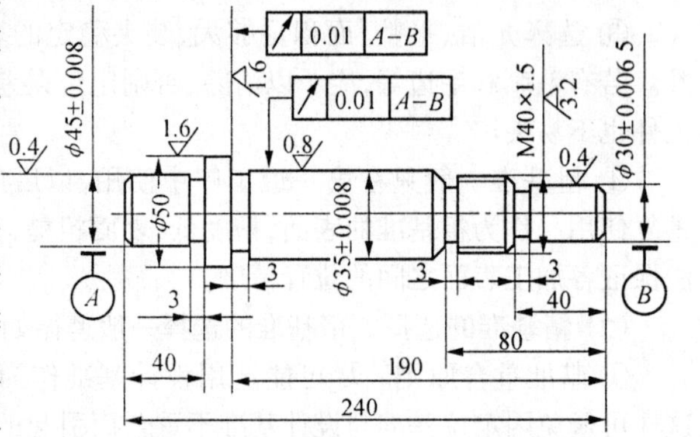

图 12.10　轴

3. 进行工艺分析

工艺分析应重点处理好以下三个问题:

(1) 确定主要表面的加工方案和步骤。主要表面的加工质量直接影响零件和产品的质量,因此应根据零件的全部技术要求,认真选择加工方法和拟订加工步骤。

(2) 确定主要精基准。合理确定主要精基准,对保证零件的技术要求和确定工序安排有着决定性的影响。一般在选择主要表面加工方法的同时就要确定主要定位精基准。

(3) 安排热处理工序。热处理工序在工艺过程中的安排,要根据热处理的目的决定,如图 12.11 所示。

① 退火和正火。大多数铸件和锻件要进行退火或正火,一般安排在毛坯制造和粗加工之间,以改善切削加工性能。

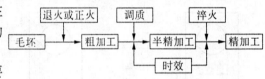

图 12.11　热处理工序安排示意图

② 调质。调质可获得良好的综合力学性能,调质后仍可用刀具进行加工,因而一般安排在粗加工和半精加工之间。这样也有利于消除粗加工产生的内应力。

③ 淬火。工件淬火后的硬度一般高于 40 HRC,用普通刀具加工较为困难,因此淬火通常安排在半精加工之后磨削之前。

④ 时效。对于尺寸稳定性要求高的精密零件,必须进行时效处理。根据零件精度和刚性不同,时效可以安排一次或多次。一次时效一般安排在粗加工和半精加工之间,二次时效安排在半精加工和精加工之间。

4. 拟订工艺过程

拟订工艺过程就是把零件各表面的加工,按顺序作合理的安排,这是制定零件加工工艺的主要一步。工序安排一般要考虑以下三条原则:

(1) 基准先行原则。作为精基准的表面一般应首先加工,以便用它定位加工其他表面。例如,轴类零件的中心孔、支架箱体类零件的主要平面等,一般应首先加工。

(2) 粗、精加工分开原则。对于具有较高精度表面的零件,一般应在全部粗加工之后再进行较高精度表面的精加工。这样有利于减小或消除粗加工时因切削力、切削热和内应力释放等因素所引起的变形,以保证零件的质量。此外,粗加工切除的余量较大,容易发现毛坯内部缺陷,便于及时处理,以免浪费精加工工时。

（3）先主后次原则。主要表面一般是指零件上的工作表面、装配基准面等，它们的技术要求较高，加工工作量较大，故应先安排加工。其他次要表面如非工作面、键槽、螺钉孔、螺纹孔等，一般可穿插在主要表面加工工序之间，或稍后进行加工，但应安排在主要表面最后精加工或光整加工之前。

在拟订工艺过程中，还应确定各工序所用的机床、装夹方法、加工方法和度量方法。

5. 确定各工序的加工余量

切削加工时需从毛坯上切除的那层材料称为加工余量。毛坯尺寸与零件图样的设计尺寸之差称为加工总余量（毛坯余量）。相邻两工序的尺寸之差称为该工序的工序余量。工序余量的大小应按加工要求来确定。余量过大，既浪费材料，又增加切削工时；余量过小，会使工件的局部表面切削不到，影响加工质量，甚至造成废品。

6. 编制工艺卡片

上述各项内容确定之后，将工序号、工序内容、工序简图、所用机床等内容填入规定的卡片中，经工厂审批后就成为正式的工艺文件。单件小批生产的工艺卡片较为简单，大批大量生产的工艺卡片较为详细。

12.2　典型零件加工工艺

一、轴类零件的机械加工工艺过程

以图 12.12 所示小轴的加工为例，说明在单件小批生产中，一般轴类零件的机械加工工艺过程。

1. 零件技术要求的分析

（1）小轴的 $\phi28^{-0.007}_{-0.020}$ 轴段外圆和 $\phi36$ 轴段右端面分别对 $\phi26^{0}_{-0.013}$ 轴段外圆轴线有同轴度公差为 0.01 mm 和端面跳动公差为 0.012 mm 的要求。

（2）通槽 10×47 和键槽 6×16 的中心平面对 $\phi26^{0}_{-0.013}$ 外圆轴线的对称度公差分别为 0.030 mm 和 0.025 mm。

（3）小孔 $\phi6^{+0.018}_{0}$ 的轴线对 10×47 通槽对称平面的垂直度公差为 0.08 mm。

2. 毛坯的选择

小轴的各段轴径相差不大，可选热轧圆钢为坯料。轴的最大直径为 $\phi36$，根据查表或计算取整，确定直径加工总余量为 4 mm，坯料的直径取为 $\phi40$。小轴总长 146 mm，两端各取余量为 2 mm，毛坯的长度取 150 mm。

3. 定位基准的选择

（1）轴的两轴段之间有同轴度要求，轴左段的右端面对轴线有端面跳动要求，一般选用两端中心孔为定位基准面。由于坯料的直径和长度都不大，可以在车床的三爪自定心卡盘上，以坯料外圆为粗基准，依次在两端加工端面和钻中心孔，然后以两端中心孔为精基准面加工各段外圆、槽和台肩面等。

（2）为了保证通槽 10×47 和键槽 6×16 对 $\phi26^{0}_{-0.013}$ 外圆轴线的对称度，加工两槽时以粗磨后的 $\phi26^{0}_{-0.013}$ 外圆为定位基准面，用 V 形架定位。

（3）加工 14 mm 通槽和 $\phi6^{+0.018}_{0}$ 的孔时，仍以 $\phi26^{0}_{-0.013}$ 外圆为定位基准面，并必须再

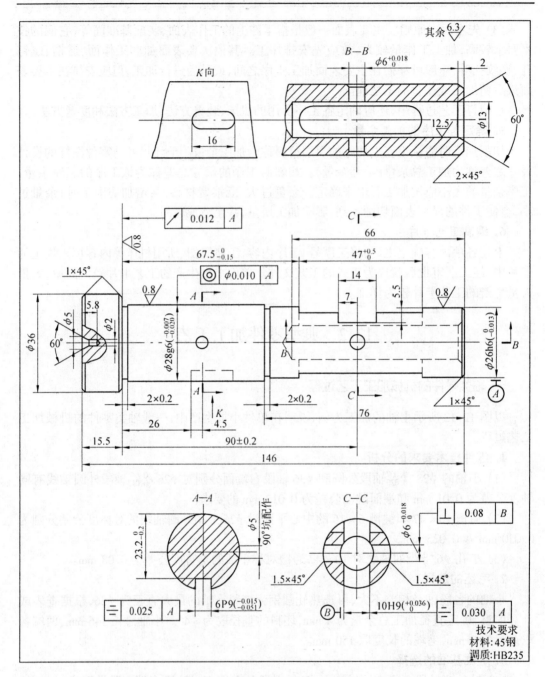

图 12.12　小轴

限制小轴绕轴线转动的自由度,从而保证其位置精度要求。其机构如图 12.13 所示。

4. 加工方法的选择

$\phi28^{-0.007}_{-0.020}$、$\phi26^{\ 0}_{-0.013}$轴段直径的尺寸公差等级为 IT6,表面粗糙度 Ra 值为 $0.8\ \mu m$,需经粗车→半精车→磨削。$\phi36$ 段直径尺寸的公差等级为 IT9,表面粗糙度 Ra 值为 $6.3\ \mu m$,只需粗车→半精车即可,但其台肩右端面表面粗糙度 Ra 值为 $0.8\ \mu m$,并且有端面跳动公差要求,需在磨床上用砂轮靠磨。键槽和通槽可在立式铣床上用键槽铣刀铣出。$\phi13\times66$

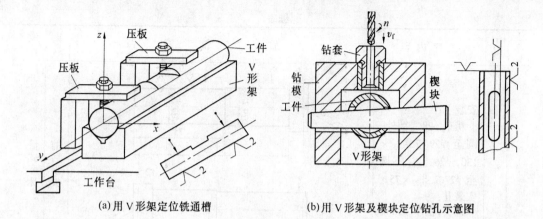

(a)用 V 形架定位铣通槽　　　　　　(b)用 V 形架及楔块定位钻孔示意图

图 12.13　用 V 形架定位

孔在车床上钻出,$\phi 6^{+0.018}_{0}$的孔在台式钻床上钻出。

5. 加工顺序的安排

两端中心孔是以后加工各外圆面、台肩面的定位基准面,故应先加工。

车削外圆时,应粗、精加工分阶段进行。粗车与半精车之间安排调质热处理,以消除内应力。

为了保证铣 10 × 47 和 6 × 16 槽时有一个精度较高的定位基准 – 把粗磨 $\phi 28^{-0.007}_{-0.020}$ 和 $\phi 26^{0}_{-0.013}$ 外圆安排在铣槽前,即半精车后进行。

以后的加工顺序为铣通槽 14 × 5.5(图 12.13(a))、钻孔 $\phi 6^{+0.018}_{0}$(图 12.13(b))、半精磨。

机械加工完毕,最终要进行检验。

6. 小轴的机械加工工艺过程卡片的填写(表 12.3)

表 12.3　小轴的机械加工工艺过程卡片

工序号	工种	工序内容	加 工 简 图	夹具	设备
1	下料	下料 $\phi 40 \times 150$			锯床
2	车	安装Ⅰ: 粗车、半精车一端面,钻中心孔 安装Ⅱ: 调头,粗车、半精车另一端面,保证总长 146,钻中心孔		三爪自定心卡盘	卧式车床

续表

工序号	工种	工序内容	加 工 简 图	夹具	设备
3	车	安装Ⅰ: 　粗车 $\phi28^{-0.007}_{-0.020}$外圆至 $\phi29.7^{0}_{-0.33}\times130$, $\phi26^{0}_{-0.013}$ 外圆至 $\phi27.7^{0}_{-0.33}\times75$ 安装Ⅱ: 　调头,粗车 $\phi36$ 外圆至 $\phi37.3$		前后顶尖	卧式车床
4	热	调质 235 HB			
5	(钳)	修研中心孔			
6	车	安装Ⅰ: 　半精车 $\phi28^{-0.007}_{-0.020}$ 外圆至 $\phi28.4^{0}_{-0.13}\times130.5$, $\phi26^{0}_{-0.013}$外圆至 $\phi26.4^{0}_{-0.13}\times76$,并切槽 2×0.4 两个,倒角 $1\times45^{\circ}$ 安装Ⅱ: 　调头,半精车 $\phi36$ 外圆至 $\phi36.4$,并倒角 $1\times45^{\circ}$两处		前后顶尖	卧式车床
7	钻	钻 $\phi13\times66$ 内孔,用大中心钻钻 $60^{\circ}\times2$ 内锥面		三爪自定心卡盘	卧式车床
8	磨	粗磨 $\phi28^{-0.007}_{-0.020}$外圆至 $\phi28.2^{0}_{-0.084}$, $\phi26^{0}_{-0.013}$ 外 圆 至 $\phi26.2^{0}_{-0.084}$,并靠磨 $\phi36$ 轴肩右端面		前后顶尖	外圆磨床

续表

工序号	工种	工序内容	加 工 简 图	夹具	设备
9	钳	划线			
10	铣	粗铣、半精铣键槽 $6^{-0.015}_{-0.051} \times 16$，通槽 $10^{+0.036}_{0} \times 47^{+0.5}_{0}$	$67.5^{0}_{-0.15}$　$47^{+0.5}_{0}$　26　16　$6^{-0.015}_{-0.051}$　$10^{+0.036}_{0}$　$23.3^{0}_{-0.2}$	V形架	立式铣床
11	铣	用 V 形架定位（图 12.13（a）），并根据划线找正槽位置，铣通槽 14×5.5	14　7　90 ± 0.2　5.5	V形架	立式铣床
12	钳	用 V 形架和楔块定位（图 12.13（b）），钻铰通孔 $\phi6^{+0.013}_{0}$，去毛刺	$\phi6^{+0.013}_{0}$　90 ± 0.2	专用夹具	台钻
13	(钳)	修研中心孔			
14	磨	半精磨 $\phi28^{-0.007}_{-0.020}$，$\phi26^{0}_{-0.013}$外圆，并靠磨 $\phi36$ 轴肩右端面	$\phi26^{0}_{-0.013}$　$\phi28^{-0.007}_{-0.020}$　$\phi26^{0}_{-0.013}$　0.8	前后顶尖	外圆磨床
15	检	检验			

二、盘套类零件的机械加工工艺过程

如图 12.14 所示齿轮的加工为例,说明在单件小批生产中,一般盘套类零件的工艺过程。

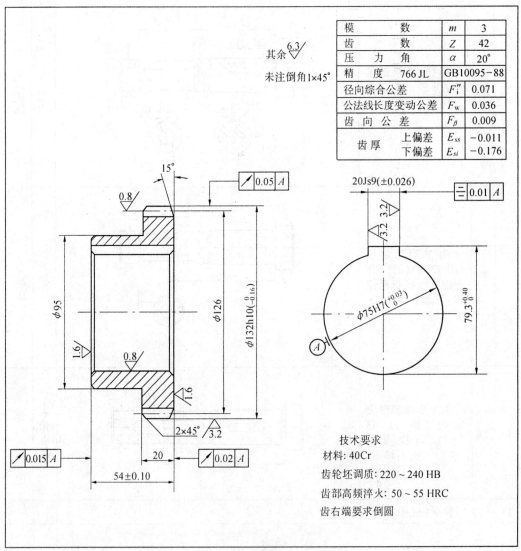

模　　　　数	m	3
齿　　　　数	Z	42
压　力　角	α	20°
精　　　　度	766 JL	GB10095−88
径向综合公差	F_i''	0.071
公法线长度变动公差	F_w	0.036
齿　向　公　差	F_β	0.009
齿　厚　上偏差	E_{ss}	−0.011
下偏差	E_{si}	−0.176

图 12.14　齿轮

1. 零件技术要求的分析

(1) 齿顶圆 $\phi132_{-0.16}^{0}$ 对孔 $\phi75_{0}^{+0.03}$ 轴线有公差为 0.05 mm 的径向圆跳动要求。

(2) 两端面对孔 $\phi75_{0}^{+0.03}$ 轴线分别有公差为 0.015 mm 和 0.02 mm 的端面圆跳动要求。

(3) 键槽两侧面对孔 $\phi75_{0}^{+0.03}$ 轴线有公差为 0.01 mm 的对称度要求。

2. 毛坯的选择

该齿轮的材料为 40 Cr,齿轮的孔和外圆直径较大,批量为单件小批生产,毛坯应选用锻件。锻件毛坯图如图 12.15 所示。

3. 定位基准的选择

为保证齿顶圆 $\phi132_{-0.16}^{0}$ 对孔 $\phi75_{0}^{+0.03}$ 的径向圆跳动要求和大端面对孔 $\phi75_{0}^{+0.03}$ 的端面圆跳动要求,加工时,在一次装夹中完成内孔、大端外圆和大端面的加工,再以大端面为基准磨出小端面,以保证小端面对内孔的端面圆跳动要求。

4. 加工方法的选择

两端面表面粗糙度 Ra 值为 1.6 μm、内孔(IT7) Ra 值为 0.8 μm,需粗车－半精车－粗磨。大外圆(IT10)和小外圆表面粗糙度 Ra 值分别为 3.2 μm、6.3 μm,用粗车—半精车即可达到。键槽 Ra 为 3.2 μm,用插削加工,粗插之后再半精插。齿面 Ra 为 0.8 μm,可采用插齿(或滚齿)之后进行磨齿,这样既能保证表面粗糙度 Ra 值的要求,又可保证精度等级的要求。

5. 加工顺序的安排

(1) 各外圆、端面、内孔粗车之后,进行调质处理,然后再进行半精车、精车。其中大外圆、大端面和内孔在一次装夹中完成,因此以大端面为定位基准,磨削小端面,以保证位置精度。

(2) 插齿之后,进行齿端倒圆,然后对齿面进行高频淬火。

(3) 用分度圆夹具装夹(图 12.16),用分度圆定位(心)保证磨出的孔与分度圆的同轴度要求。磨内孔之后,采用心轴装夹进行磨齿。

(4) 插键槽之后,去毛刺。

6. 机械加工工艺过程卡片的填写(表 12.4)

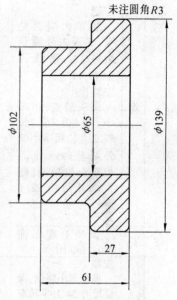

图 12.15　齿轮锻件毛坯

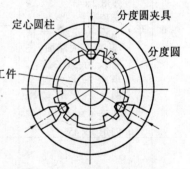

图 12.16　分度圆定位(心)磨内孔

表12.4　齿轮工艺过程卡片

工序号	工种	工序内容	加　工　简　图	夹具	设备
1	下料				锯床
2	锻	锻造毛坯			
3	热	正火			

续表

工序号	工种	工序内容	加 工 简 图	夹具	设备
4	车	安装Ⅰ： 　粗车大端面见平，粗车大外圆至$\phi134_{-0.40}^{0}$，粗镗孔至$\phi70.1_{0}^{+0.30}$ 安装Ⅱ： 　调头装夹，粗车小端面至长$57.2_{-0.30}^{0}$，粗车小端外圆至$\phi96.8_{-0.35}^{0}$，粗车台阶端面，使大端外圆长22.6mm		三爪自定心卡盘	卧式车床
5	热	调质处理保证$220\sim240$HB			
6	车	安装Ⅰ： 　半精车小端面，保证尺寸34.3，半精车小端外圆至$\phi95$，倒内、外角$1\times45°$，倒两外角$2\times45°$ 安装Ⅱ： 　调头安装，半精车、精车大端面，使总长为$54.3_{-0.19}^{0}$，半精车大外圆至$\phi132_{-0.16}^{0}$，半精镗孔至$\phi74.6_{0}^{+0.12}$，倒内角$1\times45°$		三爪自定心卡盘	卧式车床
7	磨	磨小端面，使总长为54 ± 0.10	参看图8.48	电磁吸盘	平面磨床
8	齿	插齿，给齿厚留磨削余量0.2mm		心轴	插齿机

续表

工序号	工种	工序内容	加工简图	夹具	设备
9	齿	齿端倒圆		心轴	齿轮倒角机
10	热	齿面高频淬火，保证 50~55 HRC			
11	磨	用分度圆夹具装夹(图12.16)，以分度圆定位(心)，磨内孔到图样规定尺寸 $\phi 75^{+0.03}_{0}$		分度圆夹具	内圆磨床
12	齿	磨齿		锥度心轴	磨齿机
13	钳	划键槽加工线			
14	插	插键槽到图样规定尺寸		螺钉、压板	插床
15	钳	去毛刺			
16	检	检验			

第十三章 零件结构工艺性

13.1 零件结构工艺性的概念

零件结构的设计,对加工质量、生产效率和经济效益有重要的影响。为了获得较好的技术经济效果,在设计零件结构时,既要保证其使用要求,又要便于制造毛坯、切削加工、测量、装配和维修。

零件的结构工艺性,是指所设计的零件在满足使用要求的前提下,制造的可行性和经济性。设计的零件结构,在一定的生产条件下若能高效低耗地制造出来,并便于装配和维修,则认为该零件具有良好的结构工艺性。

13.2 零件结构的切削加工工艺性举例

零件的结构工艺性,与加工方法和工艺过程有密切的联系。本节通过常见实例,分析切削加工对零件结构的要求。

一、便于装夹

零件的结构应使装夹方便、稳定可靠,同时尽量减少装夹次数。

1. 保证装夹方便、稳定可靠

图 13.1(a)所示为数控铣床的床身,在加工导轨面 A 时,工件定位装夹困难,可在零件上设置图 13.1(b)所示的工艺凸台 C,先加工 B、C 两面并使其等高,然后以 B、C 两平面定位加工导轨面 A。

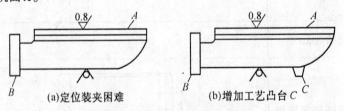

(a)定位装夹困难　　　(b)增加工艺凸台 C

图 13.1　数控铣床床身的结构

图 13.2(a)所示是一种曲柄零件,但平面 D 太小,加工时不便于装夹。图 13.2(b)所示的结构增设两个工艺凸台 G、H,即可稳定可靠地装夹。G、H 的直径小于孔 E、F 的直径,当两孔钻通时凸台自然脱落。此外,三个平面 A、B、C 在同一平面上,可一次加工完成,减少了刀具调整次数,使生产率得到提高。

图 13.3(a)所示的结构,加工上平面时无法用压板压紧工件,零件也无法吊运,应在零件的两侧各设置两个工艺孔,如图 13.3(b)所示。

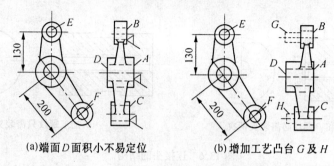

图 13.2　曲柄零件的结构

(a)端面 D 面积小不易定位　　　　(b)增加工艺凸台 G 及 H

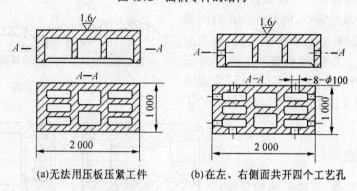

(a)无法用压板压紧工件　　　　(b)在左、右侧面共开四个工艺孔

图 13.3　划线大平板的结构

图 13.4 所示锥度心轴，在车削和磨削时，均采用顶尖、卡箍和拨盘装夹，但图 13.4(a)所示的结构无法安装卡箍，应改成图 13.4(b)所示的结构。

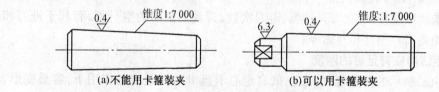

(a)不能用卡箍装夹　　　　(b)可以用卡箍装夹

图 13.4　锥度心轴的结构

2. 尽量减少装夹次数

图 13.5(a)所示的轴上的两个键槽，铣削时需装夹、找正两次，而图 13.5(b)所示的两个键槽的加工，只需装夹、找正一次。

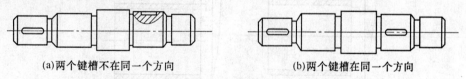

(a)两个键槽不在同一个方向　　　　(b)两个键槽在同一个方向

图 13.5　轴上多键槽的布局

图 13.6(a)所示连接头有同旋向的内螺纹 A、B，需要两次装夹，调头加工。图 13.6(b)所示的结构，既可减少装夹次数，又可保证两端的螺纹孔在同一轴线上。

图 13.7(a)所示的轴承盖上的螺孔若设计成倾斜的，则既增加了装夹次数，又不便于钻孔和攻螺纹，可改成图 13.7(b)所示的结构。

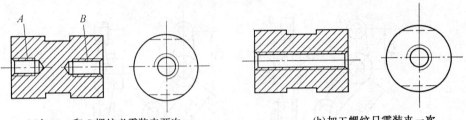

(a)加工 *A* 和 *B* 螺纹必需装夹两次　　　　　(b)加工螺纹只需装夹一次

图 13.6　连接头的结构

3. 有位置精度要求的表面,最好能一次装夹加工

图 13.8 所示的零件,两端的内孔有同轴度要求,若按图 13.8(a)所示的结构,加工左右两端的内孔,必须调头装夹,若改为图 13.8(b)所示的结构,则一次装夹就可完成两孔的加工,不但保证了同轴度要求,还缩短了辅助时间。

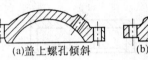
(a)盖上螺孔倾斜

(b)螺孔与底面垂直

图 13.7　轴承盖

二、便于加工

为了提高效率,零件的结构要便于加工。在设计零件的结构时,应考虑如下几方面:零件的结构应有足够的刚度,尽量避免内表面的加工,减

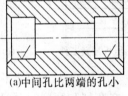
(a)中间孔比两端的孔小

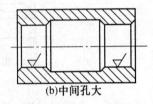
(b)中间孔大

图 13.8　轴套

少加工面积、机床调整次数、刀具种类、走刀次数、刀具切削时的空行程,有利于进刀和退刀,有助于提高刀具刚性和寿命等。

1. 零件结构应有足够的刚度

图 13.9(a)所示的薄壁套筒,在三爪自定心卡盘卡爪夹紧力的作用下,容易变形,车削后形状误差较大。若改成 13.9(b)所示的结构,可增加刚性,提高加工精度。

图 13.10(a)所示的床身导轨,加工时切削力使边缘变形,产生较大的加工误差。若改成图 13.10(b)所示的结构,增设加强筋板,则可提高其刚性。

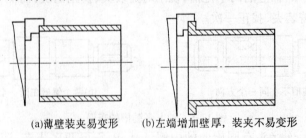

(a)薄壁装夹易变形　　　(b)左端增加壁厚,装夹不易变形

图 13.9　薄壁套

2. 尽量避免内表面的加工

如图 13.11(a)所示,在箱体内部需要安装轴承座,配合平面设置在内部,加工极为不便,装配也很困难。若改成图 13.11(b)的结构,将箱体内表面的加工改为外表面的加工,

不仅加工方便,装配也较容易。

3. 减少加工面积

图 13.12(b)所示支座的底面与图 13.12(a)所示的结构相比,既可减少加工面积,又能保证装配时零件间配合较好。

4. 减少机床调整次数

图 13.13(a)所示轴上两处有锥度,在车削、磨削时需两次调整机床,改成图 13.13(b)所示结

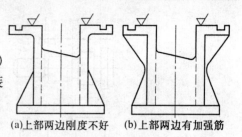

(a)上部两边刚度不好　　(b)上部两边有加强筋

图 13.10　床身导轨

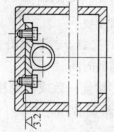 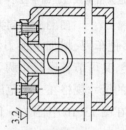

(a)轴承座安装在内表面上　　(b)轴承座安装在箱体外表面上

图 13.11　在箱体内安装轴承座的结构

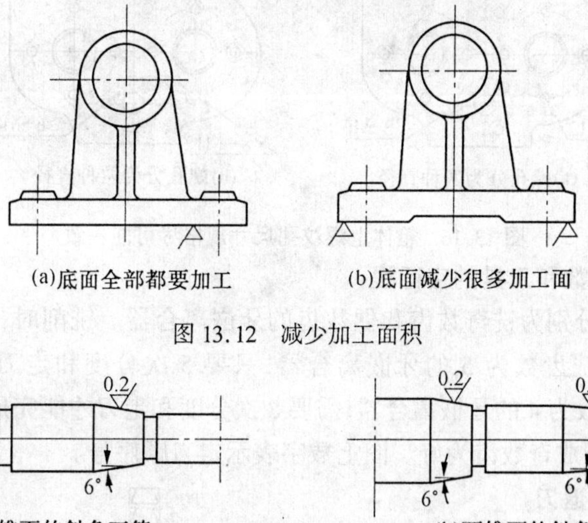

(a)底面全部都要加工　　　　(b)底面减少很多加工面

图 13.12　减少加工面积

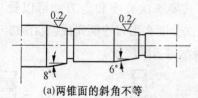 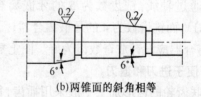

(a)两锥面的斜角不等　　　　　　(b)两锥面的斜角相等

图 13.13　轴上锥度尽可能一致

构,使锥度值一致,可减少机床的调整次数。

图 13.14(a)所示的零件,有不同高度的凸台表面,铣削或刨削时需要多次调整工作台的高度。如果把凸台设计得等高(见图 13.14(b)),则可一次走刀加工所有凸台表面,节省大量的辅助时间。

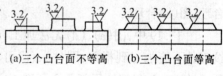

(a)三个凸台面不等高　　(b)三个凸台面等高

图 13.14　加工面应等高

5. 减少刀具种类

图 13.15(a)所示的阶梯轴,车削其上的退刀

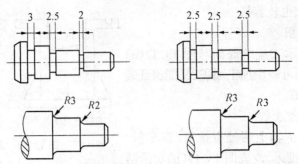

(a)退刀槽宽或过渡圆半径不等　(b)退刀槽宽或过渡圆半径相等

图 13.15　同类结构要素要统一

槽或过渡圆角,需要多把车刀,增加了换刀和调刀的次数。若改为图 13.15(b)所示的结构,既可减少刀具种类,又可节省换刀和调刀等的辅助时间。

箱体上的螺纹孔的尺寸规格在一定范围内应尽可能一致或减少种类,以减少加工时钻头和丝锥的种类。在图 13.16 中,图(a)不合理,图(b)合理。

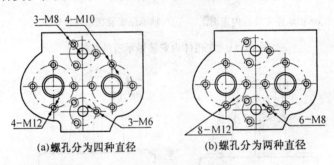

(a)螺孔分为四种直径　　　(b)螺孔分为两种直径

图 13.16　箱体上螺纹孔尺寸规格尽可能一致

6. 减少走刀次数和刀具的空行程

图 13.17 所示分别为铣奇数齿和偶数齿的牙嵌离合器。铣削时,要求离合器齿形的两侧面通过轴线,铣齿数为 5 的牙嵌离合器,只要 5 次分度和走刀就可以铣出(见图 13.17(a)),而铣齿数为 4 的牙嵌离合器,需要 8 次分度和走刀才能完成(见图 13.17(b))。因此,离合器应设计成奇数齿为好。图上数字表示走刀顺序号。

7. 便于进刀和退刀

多联齿轮的齿形加工一般采用插齿,每两齿轮之间应设置越程槽,其最小宽度 $h_{\min} \geqslant 5$ mm,以便插齿时越程。在图 13.18 中,图(a)不合理,图(b)合理。

图 13.19 中,图(a)、(d)无法加工,因为螺纹刀具不能加工到根部;图(b)、(e)可以用板牙、丝锥加工,但螺纹尾部几个牙型不完整,为此 l 必须大于螺纹的实际旋合长度;图(c)、(f)

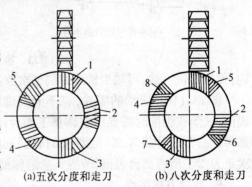

(a)五次分度和走刀　　(b)八次分度和走刀

图 13.17　铣牙嵌离合器

设置螺纹退刀槽,车螺纹时退刀方便,且可在螺纹全长上获得完整的牙型。若为左旋螺纹,则此槽可供进刀用。

需要磨削的外圆面、外锥面、内圆面、内锥面及台肩面,其根部应有砂轮越程槽。在图 13.20 中,图(a)不合理,图(b)合理。

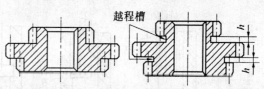

(a)每两齿轮之间无越程槽　(b)每两齿轮之间有越程槽

图 13.18　多联齿轮的越程槽

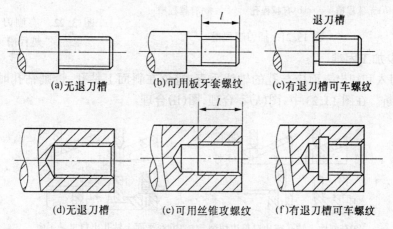

(a)无退刀槽　　(b)可用板牙套螺纹　　(c)有退刀槽可车螺纹

(d)无退刀槽　　(e)可用丝锥攻螺纹　　(f)有退刀槽可车螺纹

图 13.19　螺纹尾部的结构

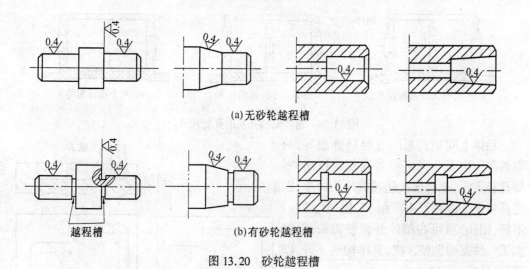

(a)无砂轮越程槽

越程槽　　　(b)有砂轮越程槽

图 13.20　砂轮越程槽

在套筒上插削不通的键槽时,在键槽端部应设置越程槽或一个孔,以便插刀越程。在图 13.21 中,图(a)不合理,图(b)、(c)合理。

刨削时刨刀要超越加工面一段距离,因此,若刨削表面端部有凸肩,则必须有足够宽度的越程槽,如图 13.22 所示。

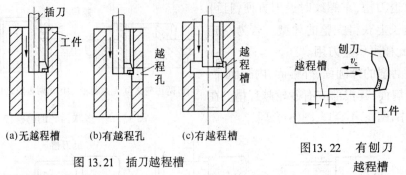

(a)无越程槽　　(b)有越程孔　　(c)有越程槽

图13.21　插刀越程槽

图13.22　有刨刀越程槽

8. 减少加工困难

钻头切入和切出表面应与孔的轴线垂直,避免在斜面上钻孔,否则钻孔时钻头易引偏,甚至折断。在图13.23中,图(a)不合理,图(b)合理。

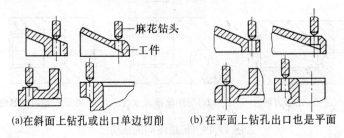

(a)在斜面上钻孔或出口单边切削　　(b)在平面上钻孔出口也是平面

图13.23　钻头进出表面的结构

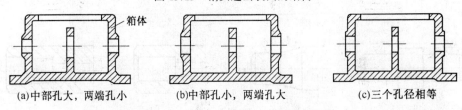

(a)中部孔大,两端孔小　　(b)中部孔小,两端孔大　　(c)三个孔径相等

图13.24　箱体同轴孔系的孔径尺寸

箱体上同轴孔系的直径最好相等,只需调整一次刀头即可将各孔依次镗出;需要孔径不同,也应依次递减或外大内小,以便在箱体外调整刀头。图13.24中,图(a)不好,图(b)虽可在箱体外调整刀头,但每加工一件需要调整3次,其结构也不好,以图(c)最好,图13.24。

如图13.25(b)所示零件的凹下表面,其内圆角必须用立铣刀清边,因此,其内圆角的半径必须等于标准立铣刀的半径。如果设计成图13.25(a)的形状,则很难加工出来。

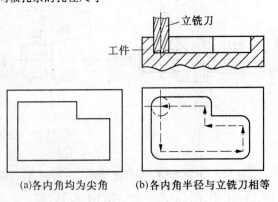

(a)各内角均为尖角　　(b)各内角半径与立铣刀相等

图13.25　凹下表面的形状

三、便于测量

零件的结构应便于检验时测量。测量包括尺寸误差和形状误差的测量。

图 13.26 所示的精密端盖,数量为 5 件,$\phi 180_{-0.025}^{0}$ 外圆应用百分尺测量,由于该外圆的长度只有 5 mm,测量头无法接触测量面(见图 13.26(a))。改进的方法有:若结构允许,加长 $\phi 180_{-0.025}^{0}$ 外圆(见图 13.26(b));结构不允许,先加长 $\phi 180_{-0.025}^{0}$ 外圆,待测量后再切除多余部分。应当指出,如果该端盖批量较大,可以制造专用卡规进行测量,原结构还是合理的。

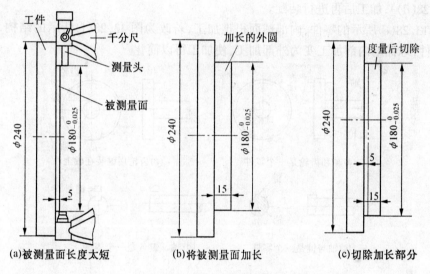

(a)被测量面长度太短　　(b)将被测量面加长　　(c)切除加长部分

图 13.26　便于尺寸度量图例

在图 13.27 中,图(a)孔与基准面 A 的平行度误差很难测量准确,图(b)增设工艺凸台,使测量大为方便,这样也便于加工时装夹工件。

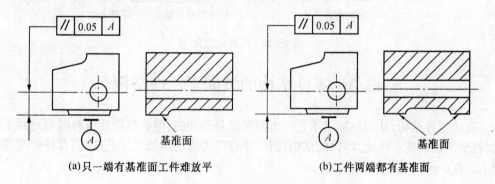

(a)只一端有基准面工件难放平　　　　(b)工件两端都有基准面

图 13.27　便于位置误差度量的图例

四、尽量采用标准化参数

在设计零件时,有些参数应尽量采用标准化数值,以便使用标准刀具和量具,也便于维修更换。

五、合理采用零件的组合

为了满足使用要求,有的零件结构较复杂,或不便于加工,可以采用组合件,使加工简化,既可减少劳动量,也易于保证加工质量。

如图 13.28(a)所示,当齿轮较小、轴较短时,可以把齿轮和轴做成一体;当齿轮较大、轴较长时,做成一体则难以加工,必须分成三件,即齿轮、轴和键,加工完之后再装配到一起(图 13.28(b)),这样加工很方便。

图 13.28(c)为轴和键的组合,如轴与键做成一体,则轴不能车削加工,必须分为两件(图 13.28(d)),加工后再进行装配。

图 13.28(e)所示的零件,内部球面很难加工,若改为图 13.28(f)所示的结构,把零件分为两件,球面的内部加工变为外部加工,使加工得以简化。

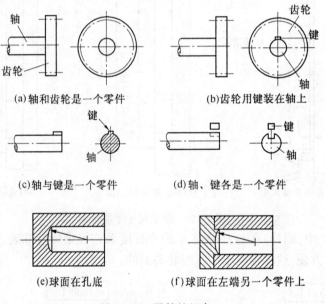

(a)轴和齿轮是一个零件　　　　　(b)齿轮用键装在轴上

(c)轴与键是一个零件　　　　　(d)轴、键各是一个零件

(e)球面在孔底　　　　　(f)球面在左端另一个零件上

图 13.28　零件的组合

13.3　零件结构的装配工艺性举例

有的零件结构,从切削加工工艺性方面考虑是合理的,但在装配或维修时却遇到了困难,甚至无法装配。因此,零件的结构设计,不仅要考虑切削加工工艺性,而且还要考虑装配工艺性。

一、便于装配

图 13.29(a)所示的结构装配不方便,端部毛刺也容易划伤配合表面,应改成图 13.29(b)所示的结构,使装配较为方便。

在螺钉连接处,应考虑安放螺钉的空间和扳手活动的空间。在图 13.30 中,图(a)、(c)不合理,图(b)、(d)合理。

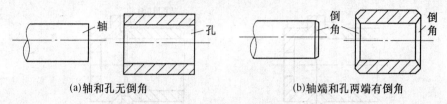

(a)轴和孔无倒角　　　　　　　(b)轴端和孔两端有倒角

图 13.29　配合件端部结构

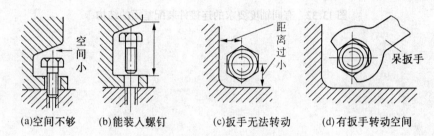

(a)空间不够　　(b)能装入螺钉　　(c)扳手无法转动　　(d)有扳手转动空间

图 13.30　安放螺钉和扳手活动空间的布局

二、便于维修

图 13.31 为滚动轴承安装在轴上及箱体支承孔内的情况。图 13.31(a)轴肩直径大于轴承内环外径,图 13.31(c)内孔台肩直径小于轴承外环内径,轴承将无法拆卸。若改成图 13.31(b)、(d)的结构,轴承即可拆卸。

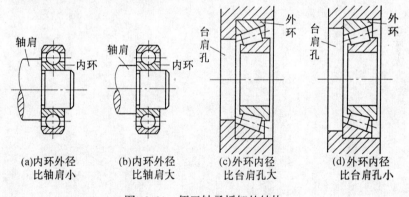

(a)内环外径　　(b)内环外径　　(c)外环内径　　(d)外环内径
比轴肩小　　　比轴肩大　　　比台肩孔大　　比台肩孔小

图 13.31　便于轴承拆卸的结构

三、应有正确的装配基面

两个有同轴度要求的零件连接时,应有合理的装配基面。在图 13.32 中,图(a)的结构不合理,图(b)的结构合理。

此外,零件的结构从装配工艺性方面考虑,还应有合适的调整补偿环,机器部件应尽可能分解成独立的装配单元等。

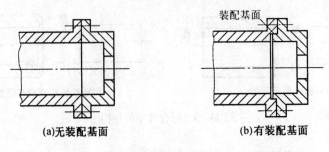

(a)无装配基面   (b)有装配基面

图 13.32　有同轴度要求的连接件装配基面的结构

第十四章 数控加工

数控就是数字控制的简称,即用数字和符号构成的程序来控制机床自动进行加工。按照给定程序自动进行加工的机床,称为数字控制机床,简称数控机床,也称为 NC 机床。

14.1 数控加工的基本原理

一、数控机床的工作原理

现在数控技术已经应用在各种机床上,例如数控车床、数控铣床、数控磨床、数控电火花线切割机床等。图 14.1 所示为数控立式铣床工作过程框图。从分析加工零件图样到机床进行加工,需经过以下四个环节:

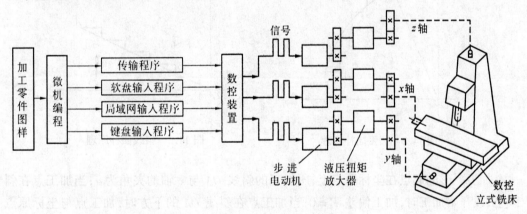

图 14.1 数控立式铣床工作过程框图

(1)根据加工的零件图样在微机上编出程序单。

(2)微机编出的程序,可以直接传输或用软盘,也可以用局域网、短程序,还可以用键盘将程序输入数据装置。

(3)伺服机构接受数控装置输出的电脉冲信号,经步进电动机和液压扭矩放大器驱动数控铣床在 x、y、z 三个坐标方向作相应的进给移动。

二、数控机床加工的插补原理

数控机床的工作台在 x、y 方向及铣床主轴头 z 方向的进给移动都是沿各坐标轴方向的直线移动,但需要加工的工件轮廓多数是斜线和圆弧。所以需要用很小的直线移动来逼近斜线或圆弧,把用细密折线来逼近斜线或圆弧的方法称为插补。通常是采用逐点比较法来插补。数控装置每输出一个进给脉冲,移动部件在 x、y、z 任一个方向所移动的距离称为脉冲当量。一般数控机床的脉冲当量为 0.01 mm/脉冲,小型精密数控机床为 0.001 ~ 0.005 mm/脉冲。

下面以加工 x、y 平面内的图形为例,来研究圆弧和斜线的插补过程。

1. 圆弧插补(图 14.2)

加工图形的圆心在坐标原点上,半径为 R,逆时针走向的圆弧为 $\overset{\frown}{AB}$,用 F 表示加工偏差。开始加工时加工点在圆上 A 点,此时 $F=0$,即加工点 A 至圆心的距离等于 R;若加工点在圆内,则加工点至圆心的距离小于 R,加工偏差 $F<0$;若加工点在圆外,则加工点至圆心的距离大于 R,加工偏差 $F>0$。对加工时铣刀的走向规定为:当 $F\geqslant0$ 时向 x 轴负方向进给一步;当 $F<0$ 时向 y 轴正方向进给一步。这样从 A 点开始经 $A\rightarrow1\rightarrow2\rightarrow3\rightarrow\cdots\rightarrow B$,用很多在 x 或 y 走向的微小折线来逼近所要加工的圆弧。

2. 斜线插补(图 14.3)

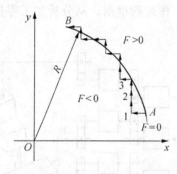

图 14.2　圆弧插补原理

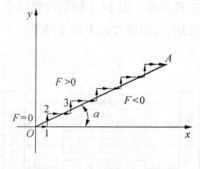

图 14.3　斜线插补原理

加工图形的起点在坐标原点上,所加工的斜线 OA 与 x 轴的夹角为 α;当加工点在斜线上,或开始加工时,加工偏差 $F=0$;当加工点在斜线 OA 的下方时,加工点与坐标原点连线与 x 轴的夹角小于 α,加工偏差 $F<0$;当加工点在斜线上方时,加工点与坐标原点连线与 x 轴的夹角大于 α,加工偏差 $F>0$。对加工时铣刀的走向规定为:当 $F\geqslant0$ 时向 x 轴正向进给一步;当 $F<0$ 时向 y 轴正向进给一步。这样从 O 点开始经 $0\rightarrow1\rightarrow2\rightarrow3\rightarrow\cdots\rightarrow A$,用很多在 x 或 y 方向的微小折线来逼近所要加工的斜线。

根据上述原理的插补误差一般不大于一个脉冲当量,所以上述折线的轨迹很接近所要加工的圆弧或斜线。零件的轮廓形状虽然多种多样,但大多数都由直线和圆弧组成,特殊的曲线也可近似地用圆弧和直线去代替。其他象限的插补可以用与分析第一象限同样的原理和类似的方法去理解。

三、数控程序及其格式

我国的数控程序是采用国际标准化组织的标准代码,即 ISO 代码来编写。数控程序由若干程序段组成,最常用的程序段格式为地址程序段格式。一般的程序段格式为:

		程序段							
N－	G－	X－	Y－	⋯	F－	S－	T－	M－	LF－
顺序号字	准备功能字	尺寸字			进给功能字	主轴转速功能字	刀具功能字	辅助功能字	程序段结束

在同一程序段中,X、Y、F、S、T 等字不能重复,但不同组的 G 功能或 M 功能可以多于一个,不需要的字可以略去。与上一程序段相同的模态(续效)字可以省略。

下面写出一段程序并逐字对其说明。

N001　G02　X38.0　Y－16.0　I－4.0　J－19.596　F100

1. 顺序号字 N001

N 为地址码,后面的三位数字表示程序段的顺序。

2. 准备功能字(G 功能字)

G 为地址码,后面的两位数字表示不同的准备功能,G 的代码共 100 种。例如 G00 为快速进给、定位,G90 为用绝对尺寸方式(ABS)编程输入,G91 为用增量尺寸方式(INC)编程输入,G01 为直线插补,G02 为顺时针方向圆弧插补,G03 为逆时针方向圆弧插补,G17 为选择 X、Y 平面。

3. 尺寸字

X、Y、I、J、R 为地址码,后面为带正、负号的数字,数字中使用小数点。

尺寸字可采用绝对尺寸方式(ABS)或增量尺寸方式(INC)两种。在用绝对尺寸方式编程时,X、Y 后面是该线段带"＋"或"－"号的终点总坐标值;在用增量尺寸方式编程时,X、Y 后面是该线段带"＋"或"－"号的终点相对于起点(即以起点作分坐标原点)的坐标值。I、J 后面是圆弧圆心相对于圆弧起点(即以圆弧起点作分坐标原点)的带"＋"或"－"号的坐标值,I、J 的值不论是在 G90 还是 G91 中都是以增量方式确定。R 后面是圆弧半径的值。

4. 进给功能字

由地址码 F 及其后面的若干位数字构成,F100 表示进给速度为 100 mm/min。

14.2　数控机床的分类

一、按机床的类别分类

按机床的类别,数控机床可分为:数控车床、数控铣床、数控钻床、数控磨床、数控电火花加工机床、数控电火花线切割机床、数控激光切割机床等。

二、按刀具(或工件)的运动轨迹分类

按刀具(或工件)的运动轨迹,数控机床可分为:

1. 点位控制

点位控制只要求控制刀具从一点移动到另一点的准确加工坐标位置,在移动途中刀具不进行切削(图 14.4(a)),如数控钻床。

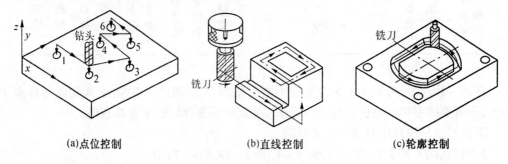

　　(a)点位控制　　　　　　　　　(b)直线控制　　　　　　　　(c)轮廓控制

图 14.4　按运动轨迹分类

2. 直线控制

直线控制除了要求控制起、终点的准确位置外,还要控制在起、终点之间沿一个坐标轴方向进行直线进给切削(图 14.4(b)),并按指定的进给速度进给。如数控车床、数控铣床、数控磨床等。

3. 轮廓控制

除了控制起、终点的坐标外,还要能对两个或两个以上坐标方向的切削进给运动严格不间断地连续进行控制,故也称连续控制(图 14.4(c))。如在数控铣床上铣圆弧,在数控车床上车锥面、车圆弧面等。

三、按伺服驱动系统的反馈形式分类

1. 开环控制

如图 14.5 所示,工作台的移动量没有检测、反馈和校正装置,因此工作台的位移精度主要取决于步进电动机、齿轮和滚珠丝杠等的传动误差,故精度低。但结构简单,稳定性好,调试维修都较方便,成本也低。常用在精度要求不高的中小型机床上。

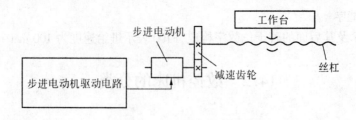

图 14.5　开环伺服系统

2. 闭环控制

如图 14.6 所示,在工作台上装有位置检测装置,能测出工作台进给的实际位移量,发出相应的反馈信号到比较环节,与原指令信号比较,根据两者的差值进行控制,直到差值消除为止。这种系统的精度高。其缺点是系统复杂、调试维修困难、成本较高,一般用在大型精密数控机床上。

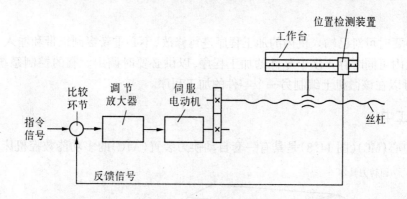

图 14.6　闭环伺服系统

3. 半闭环控制

如图 14.7 所示,该系统的检测装置不是装在工作台上,而是装在滚珠丝杠上测定其转角(可换成脉冲值),并进行偏差反馈控制。它的稳定性比闭环好,检测装置结构简单、造价低、调试方便。但因检测元件以后的各种传动误差不能由系统得到补偿,而使其精度介于开环和闭环系统之间。此系统当前应用较广。

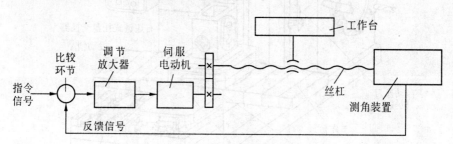

图 14.7　半闭环伺服系统

14.3　计算机数控机床

普通数控(NC)机床的数控装置,其插补运算和控制功能是由特殊的固定逻辑电路构成的专用计算机来完成的。控制功能难以改变,又称为硬连接数控。它功能不强、适应性差、成本高,目前很少生产。

一、计算机数控机床

计算机数控(CNC)机床的主要特点是,用微型计算机或小型计算机代替专用计算机。这样,要改进和增加控制功能,只要改变控制软件即可。因此,它具有更大的灵活性和通用性,故又称为软连接数控。

计算机数控机床还有下列优点:

(1)控制功能强。控制机床各部分的运动和动作可达 10 多个,在加工过程中可以同步显示刀具加工轨迹,也可利用诊断和监测程序进行故障检测,还可显示故障原因,以便于维修。

（2）必要时可对已输入机内的加工程序进行修改，不必重新穿制纸带和输入。

（3）机内可同时存入多个零件的加工程序，以供必要时调用。有的控制系统在加工的同时还可以在该微机上编制另一个零件的加工程序。

二、加工中心

加工中心（MC）（图 14.8）是具有一套自动换刀装置（ATC）的多功能数控机床，自动换

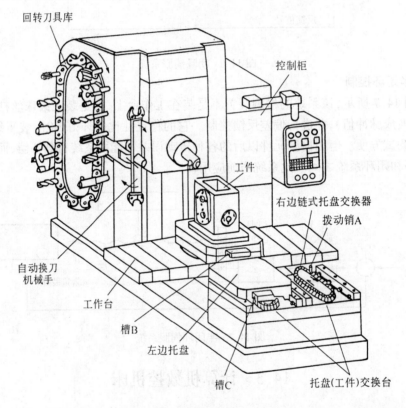

图 14.8　加工中心

刀装置包括一定容量（几十把）的回转刀具库和自动换刀的机械手。加工中机床数控装置能控制 ATC 按照加工程序自动地更换刀具，实现多工序的连续加工。因此，加工中心也称为自动换刀数控机床。

加工中心功能上最主要的特点是可实现工序高度集中的加工，即可在一台加工中心上实现原先需在多台数控机床上才能实现的加工功能。例如，在加工中心上加工箱体类零件时，一次装夹就可对除装夹面以外的其他各个方位的加工表面连续进行铣、钻、镗、扩、铰和攻螺纹等各种加工。

工件可直接装夹在托盘上，也可以装夹在托盘上的随行夹具中。工件加工完毕时，工作台向右移动，使托盘和其上的工件移至与右边的托盘交换台相对应的位置，右边链式托盘交换器上的拨销 A 随链移动至进入工作台上托盘的槽 B 中，继续移动就将该托盘移到右边的托盘交换台上，再把工件卸下运走。左边链式托盘交换器上的拨销 A 移动至左边

托盘的槽 C 中时,当继续向工作台方向移动时,就将左边托盘连同其上已装夹好的工件一起送上机床工作台进行加工。

加工中心主要用于加工复杂、工序多、技术要求高、需用多种类型的普通机床和多种刀夹具,并需经过多次装夹和调整,才能完成加工的零件。例如,加工具有多个不同位置的平面和孔系的箱体或多棱零件;零件上不同类型表面(如内孔、外圆表面与平面)之间有较高位置精度要求,若更换机床加工时,很难保证加工要求的零件。

加工中心最主要的优点是:工序高度集中,显著减少了多台机床加工时工件装夹、调整、机床间工件运送和工件在各台机床加工前的等待时间,因而加工效率比普通数控机床高;它还避免了多次装夹工件带来的加工误差,更有利于保证各加工表面之间的位置精度。但它的价格比普通数控机床贵,故应根据需要来选用。

14.4　柔性自动化加工

所谓柔性主要是指加工对象的灵活可变性,即很容易地在一定范围内从一种零件的加工更换为另一种零件的加工功能。柔性自动化加工是通过软件(零件加工程序)来控制机床进行加工的。更换另一种零件时,只需改变零件加工程序和少量工夹具(在某些情况下甚至可以不必更换工夹具),一般不必对机床进行人工调整,就可实现对另一种零件的加工,进行批量生产或同时对多个品种零件进行混流生产。这显著地缩短了多品种生产中的设备调整和生产准备时间。

各种柔性自动化加工方法的加工设备都可实现机床操纵和加工过程的自动化。一些较复杂和功能完善的系统还可实现工件和其他物料在加工过程中的自动搬运、存储和交换,以及加工过程的自动监控、误差自动补偿、故障自动诊断、自适应控制和自动化调度等功能。

一、柔性制造单元

柔性制造单元(FMC)一般由一两台加工中心和单元内部的自动化工件运输、交换和存储设备组成(图 14.9),规模较小。工件在单元内部的输送方式有以下两种:

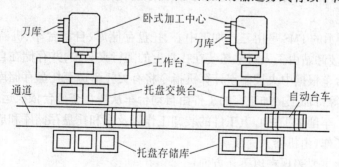

图 14.9　托盘输送方式 FMC

(1)托盘输送方式(图 14.9),适用于加工箱体或非回转体类零件的 FMC。为便于工件输送及其在机床上夹紧,工件(或装有工件的夹具)被装夹在托盘上。工件的输送及在机床上的夹紧都通过托盘来实现。具体设备包括托盘输送装置、托盘存储库和托盘自动交换装置。

(2) 直接输送方式(图 14.10),适用于加工回转体零件的 FMC。工件直接由机器人或机械手搬运到车削加工中心被夹紧加工。机床附近设有料台存储毛坯或工件。若 FMC 需与外部系统联系,则料台为托盘交换台,工件连同托盘由外部输送设备(小车)将其输入单元或自单元输出。

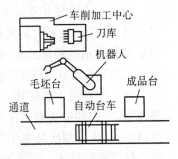

图 14.10　直接输送方式 FMC

柔性制造单元可作为独立的加工设备使用,也可以作为其他柔性加工系统的基本组成模块。FMC 除了具有加工中心所具有的自动化切削加工功能外,还可实现工件搬运及在机床上装夹的自动化,而使其具有以下优点:

① 提高了工件搬运和在机床上装夹的效率,减轻了操作者的劳动强度。

② 工件装卸是在装卸工位而不在机床上进行,它可以与加工同时进行而不必中断加工,机床利用率和加工效率比加工中心高。

③ 可实现晚间第二、三班无人看管生产,大幅度提高机床的利用率和经济效益。

④ 可方便地进行多种零件(本单元所限定的零件族范围内)的同时混流生产。

适宜于用 FMC 加工的零件范围与加工中心的类似。

二、柔性制造系统

柔性制造系统(FMS)与 FMC 的主要区别是:

(1) FMS 的规模比 FMC 大,具有 3~10 台加工中心,它可包含若干个 FMC。

(2) FMC 只具有单元内部的工件储运系统,而 FMS 则具有加工单元外部的物流系统,可实现各单元之间,单元与仓库、装卸站、清洗站、检验站等之间的物料运送、搬运和存储。搬运对象除工件外,还包括其他刀具、废屑、切削液等物料。

(3) FMS 的信息量大,各个子系统和单元都有各自的信息流系统。为了统一协调和管理,系统采用比 FMC 层次更多的多级计算机控制。

(4) FMS 比 FMC 具有更多、更完善的功能,如优化作业计划、自动加工调度以及容忍故障的柔性功能。

图 14.11 所示的 FMS 是由三台加工中心、托盘存储库、自动台车、机器人和自动仓库等组成。在工件装卸站由工人将毛坯装在托盘上的随行夹具中,并存储在自动仓库相应的位置上。自动台车根据中央控制室计算机指令将有关托盘送至托盘存储库或加工中心上的托盘交换台,等待加工。加工完的工件由自动台车从托盘交换台依次运送到清洗台、检验台和成品库。车削加工中心上工件的装卸工作以及它和托盘存储库和成品台之间毛坯和成品的运输工作,由机器人完成。

FMS 的柔性主要表现在以下几方面:

(1) 随机加工能力。即同时可以加工一种以上零件的能力,若工件在品种、类型、要求或数量方面有变化时,能很好地适应。

(2) 容忍故障的能力。某台机床出现故障时,可自动安排其他机床代替,工件运输系

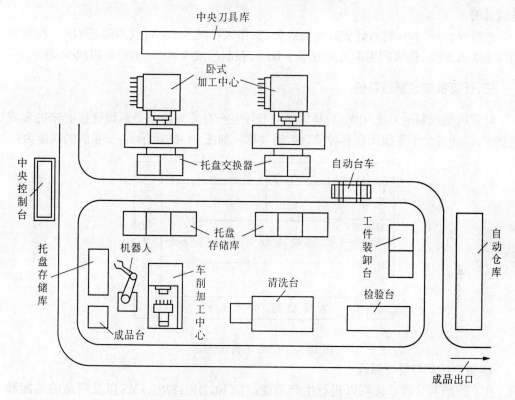

中央刀具库

卧式
加工中心

中央控制台

托盘交换器

自动台车

托盘存储库

机器人

托盘存储库

车削加工中心

清洗台

工件装卸台

检验台

成品台

自动仓库

成品出口

图 14.11　一种 FMS 的组成简图

统会相应调整工件的运输路线,使系统继续运行。

（3）工作和生产能力的柔性。系统实际上可在无人照管的情况下运行,因而各项工作可在时间上灵活合理安排。例如,工件的装夹和系统的维护工作可全部集中安排在白天班进行,而加工作业则可根据需要安排在第一、二或三班进行。

（4）系统生产方式的柔性。系统的规模可根据生产方式的改变而方便地加以调整,不需要像刚性自动线那样对设备作较多的拆迁、调整或更换。

FMS 具有下列优点:

（1）解决了多品种、中小批量生产的生产率与柔性之间的矛盾,便于发展新品种和扩大改进(变)新型产品的生产。

（2）由计算机集中控制,灵活性好,加工过程中工件输送和刀具更换等实现自动化,人的介入可减到最少。

（3）缩短了生产周期。因减少了工件在各工序之间的等待时间、更换工件所需的调整时间,故提高了生产的连续性和设备的利用率。

（4）实现实时在线检测。提高了加工质量,通过计算机的数据处理,在加工过程中采用自动检测设备(如测量头装置等),可以发现机床精度、刀具磨损及加工质量等方面出现的问题,便于及时采取措施。又由于加工自动化水平高,工件装夹次数和经过的机床台数减少等因素,提高了加工质量。

（5）降低加工费用。由于上述原因,FMS 在生产批量变化较大的范围内,其生产成本是较低的。

据报导,FMS 所获得的经济效益大致为:操作人员减少 50%,成本降低 60%,在制时间为原来的 50%,机床利用率可达 60% ~ 80%,在制品减少 80%,生产面积减少 40%。

三、计算机集成制造系统

计算机集成制造系统(CIMS),是建立一个与生产有关的各个子系统连接起来的集成数据库,以使各个子系统所有各种信息数据共享。如图 14.12 所示,各子系统的功能为:

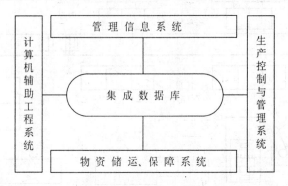

图 14.12　CIMS 的构成框图

1. 生产控制与管理系统

生产控制与管理系统可以进行生产调度,对 CNC、MC、FMC、FMS 以及产品的装配和检验进行自动控制。

2. 计算机辅助工程系统

计算机辅助工程系统可以进行产品的计算机辅助设计(CAD)、计算机辅助工艺过程设计(CAPP)、计算机编制零件的数控加工程序、工夹具的设计与制造等。

3. 管理信息系统

根据市场预测进行生产决策,制定生产计划和设备物资供应计划及进行成本核算等。

4. 物资储运、保障系统

物资储运、保障系统可以进行物资供应、仓库管理、检验、毛坯、零件、工夹具的自动运输以及产品的自动包装和储运等。

CIMS 是多级计算机控制的、高度集成的全盘自动化的制造系统,可以按预先编好的程序进行全面控制和指挥整个工厂的生产,是现代机械制造自动化的最高形式——无人自动化工厂。

参 考 文 献

[1] 邓文英.金属工艺学[M].北京:高等教育出版社,1997.

[2] 陈洪勋.张学仁.金属工艺学实习教材[M].北京:机械工业出版社,1995.

[3] 李硕本.冲压工艺学[M].北京:机械工业出版社,1982.

[4] 王仲仁.特种塑性成形[M].北京:机械工业出版社,1995.

[5] 杨玉英.大型薄板成形技术[M].北京:国防工业出版社,1996.

[6] 金问楷.机械加工工艺基础[M].北京:高等教育出版社,1997.

[7] 孟少农.机械加工工艺手册[M].北京:机械工业出版社,1992.

[8] 徐圣群.简明机械加工工艺手册[M].上海:上海科学技术出版社,1991.

[9] (苏)A M 达利斯基主编.结构材料工艺学[M].张学仁,等译.北京:高等教育出版社,1990.

[10] (苏)M 3 埃尔马诺克著.有色金属拉伸.钱淑英,等译.北京:冶金工业出版社,1988.

[11] 何世禹.机械工程材料[M].哈尔滨:哈尔滨工业大学出版社,1990.

[12] 王运炎.金属材料与热处理[M].北京:机械工业出版社,1984.

[13] 张万昌.热加工工艺基础[M].北京:高等教育出版社,1991.

[14] 陈寿祖.金属工艺学[M].北京:高等教育出版社,1987.

[15] 艾兴,肖诗钢编.切削用量手册[M].北京:机械工业出版社,1985.

[16] 刘忠伟.先进制造技术[M].北京:国防工业出版社,2006.

[17] 李伟.先进制造技术[M].北京:机械工业出版社,2005.

[18] 任家隆.机械制造基础[M].北京:高等教育出版社,2005.

[19] 黄鹤汀.机械制造装备[M].北京.机械工业出版社,2004.

[20] 乐兑谦.金属切削刀具[M].北京.机械工业出版社,1998.

[21] 吴焱明,陶晓杰.齿轮数控加工技术的研究[M].合肥:合肥工业大学出版社,2006.